"十三五"普通高等教育本科规划教材

概率论与数理统计

（第 2 版）

主编 李 媛 张 倩 王升瑞

U0274321

同济大学 出版社

TONGJI UNIVERSITY PRESS

·上海·

内 容 提 要

本书是根据高等工程技术教育的办学定位和工程技术型人才培养的目标,参考高等院校"概率论与数理统计"教学大纲与基本要求,结合笔者多年教学实践经验编写而成.

本书第1—5章是概率论部分,包含了随机事件及其概率、随机变量及其概率分布、二维随机变量及其概率分布、随机变量的数字特征、大数定律与中心极限定理;第6—8章是数理统计部分,包含了样本及其分布、参数估计、假设检验.每章配有习题并在书后附答案.本书还有配套的学习辅导书,另附有多媒体课件.本书在编写过程中着重把握"以应用为主,必须够用为度",注重学生基本分析问题和运算能力的培养,取材少而精,文字叙述通俗易懂,论述确切;条理清晰,循序渐进;重点突出、难点分散;例题较多,典型性强;深广度合适,非常便于教与学.

本书可作为高等院校(含独立学院、民办高校、应用技术学院)理工类及经管类各专业应用型人才培养的教材,也可以作为高等技术教育、成人教育的本科教材,以及自学者学习概率论与数理统计的参考书.

图书在版编目(CIP)数据

概率论与数理统计 / 李媛,张倩,王升瑞主编. --
2版. -- 上海:同济大学出版社,2019.6(2025.1重印)
ISBN 978-7-5608-8465-3

Ⅰ.①概… Ⅱ.①李… ②张… ③王… Ⅲ.①概率论
—高等学校—教材 ②数理统计—高等学校—教材 Ⅳ.①021

中国版本图书馆 CIP 数据核字(2019)第 123307 号

"十三五"普通高等教育本科规划教材

概率论与数理统计(第 2 版)

主编 李 媛 张 倩 王升瑞
责任编辑 陈佳蔚　　责任校对 徐逢乔　　封面设计 潘向蓁

出版发行　同济大学出版社　　www.TongjiPress.com.cn
　　　　　(地址:上海市四平路 1239 号　邮编:200092　电话:021-65985622)
经　销　全国各地新华书店
印　刷　常熟市大宏印刷有限公司
开　本　710 mm×960 mm　1/16
印　张　14.5
印　数　6201—7300
字　数　290 000
版　次　2019 年 6 月第 2 版
印　次　2025 年 1 月第 3 次印刷
书　号　ISBN 978-7-5608-8465-3

定　价　38.00 元

前　　言

随着社会对高素质应用型人才大量需求,目前我国对高等工程技术教育日益强化,迫切需要我们编写与这种教学层次特征相适应的优秀教材,其中包含针对高等院校(尤其是独立学院、民办高校、应用技术学院)的数学教材.

在编写本书的过程中,根据高等院校"概率论与数理统计"教学大纲与基本要求,参考了兄弟院校的有关资料,结合编者多年教学实践经验,在适度注意本课程自身的系统性与逻辑性的同时,着重把握"以应用为主,必须够用为度"的原则,侧重于学生完整而全面地掌握基本概念、基本方法,强调培养和提高学生基本运算能力.本书取材少而精,文字叙述通俗易懂,论述确切,对超出基本要求的内容一般不编入.对一些理论性较强的内容尽量做好背景的铺垫,并通过典型的例题,简洁细腻的解题方法帮助学生掌握本课程的知识.

学习本课程需要具备一定的数学基础知识,包括集合论、排列组合、函数的导数、定积分、变上限积分求导、偏导数和二重积分等.

本书由李媛组织策划,制定编写计划和思路,第1,2章由张倩编写,第3,4章由王升瑞编写;第5—8章由李媛编写.由王升瑞对本书进行全面审核,统稿,编写配套的多媒体课件.本书的编者都是在教学第一线工作多年,教学经验丰富的教师.在编写和审定的过程中,紧扣指导思想和编写原则,准确定位,注重构建教材的体系和特色,并严谨细致地对内容的排序、例题和习题的选择深入探讨、斟字酌句,倾注了大量的心血,为提高本书质量提供了重要的保障.

由于编者水平有限,书中如有不足之处,欢迎批评指正.

编　者
2019 年 5 月

目　　录

附录

参考答案

第1章 随机事件及其概率

1.1 随机事件与样本空间

1.1.1 随机现象

人类社会和自然界发生的现象是多种多样的,一般分为两大类,其中一类称为必然(确定)现象,其规律为只要具备一定的条件,该现象就一定会发生或一定不会发生.例如,物体在重力的作用下(条件),必然做下落运动(现象);在常温下(条件),铜铁一定不熔化(现象).这样的例子可以举出很多,我们称在一定条件下必定会发生或必定不会发生的现象为必然现象.研究必然现象的数学工具是微积分、线性代数等.

与必然现象不同的另一类现象称为随机(不确定)现象,其规律是在一定条件下该现象可能发生,也可能不发生.例如,人的寿命(条件)达到 90 岁(现象);某人买彩票(条件)中奖(现象).这些都是可能发生,也可能不发生的现象.我们称在一定条件下可能发生也可能不发生的现象为**随机现象**.正是由于有了随机现象才使我们的世界丰富多彩.可以知道,在一定条件下对随机现象进行大量重复观察后就会发现,随机现象的发生具有统计规律性.概率论与数理统计就是研究随机现象统计规律性的学科.

1.1.2 随机试验

要发现并掌握随机现象在数量方面的规律性,必须对随机现象进行深入观察.我们把在一定条件下对某种随机现象特征的一次观察称为**随机试验**(简称试验),其必须满足三个条件:

(1) 可以在相同情况下重复进行(可重复性);

(2) 每次试验的结果具有多种可能性,并能事先知道试验的所有可能结果(结果具有多个性);

(3) 试验前不能确定会出现哪种结果(结果具有随机性).

随机试验用字母 E 表示.为了区分不同的试验,可用 E_1,E_2,…符号表示.

这里试验的含义十分广泛,它包括各种各样的科学试验,也包括对事物的某一特征的观察.

例 1.1 E_1:将一枚硬币抛三次,观察正面出现的次数;

E_2:将一枚硬币抛三次,观察正面、反面出现的情况;

E_3:将一颗均匀的骰子掷一次,观察出现的点数;

E_4:从标有 1,2,3,4,5,6 号码的六张卡片(其中 4 张红色,2 张白色)中任取一张,观察抽得的号码;

E_5:同 E_4 的条件,观察抽得卡片的颜色;

E_6:记录寻呼台 1 min 内接到呼叫的次数;

E_7:在一批电子元件中任意抽取一只,测试它的寿命;

E_8:记录某地一昼夜的最高温度和最低温度.

对于一个随机试验,必须注意试验条件要相同,观察特征也要相同.观察的特征不同,其可能结果也不同,如 E_4,E_5 就是如此.观察特征相同但条件不同(如 E_1,E_2),其结果也不相同.我们所说:"在一定条件下,进行一次试验",实际上是包括试验条件和观察特征两方面的内容.

1.1.3 样本空间

定义 1.1 试验 E 的所有可能结果所组成的集合,称为 E 的**样本空间**,记为 Ω 或 S.样本空间的元素,即 E 的每个结果为 $\omega_i(i = 1, 2, \cdots, n)$,称为**样本点**.

如例 1.1 中,抛一枚硬币,用 H 表示出现正面,T 表示出现反面.E_1 的样本空间 $\Omega_1 = \{0, 1, 2, 3\}$;$E_2$ 的样本空间 $\Omega_2 = \{HHH, HHT, HTH, THH, HTT, THT, TTH, TTT\}$;$E_3$ 的样本空间 $\Omega_3 = \{1, 2, 3, 4, 5, 6\}$;$E_7$ 的样本空间 $\Omega_7 = \{t \mid t \geqslant 0\}$;$E_8$ 的样本空间 $\Omega_8 = \{(x, y) \mid T_0 \leqslant x < y \leqslant T_1\}$. 其中,$x$ 为最低温度,y 为最高温度,并设这一地区的温度不会低于 T_0,也不会高于 T_1.

注意 样本空间的元素由试验目的所确定,即使试验条件相同,试验目的不一样,其样本空间也不一样,如 Ω_1,Ω_2.

例 1.2 设试验 E 是甲、乙二人各自对目标射出一发子弹,观察命中目标情况,试写出 E 的样本空间.

解 因为 E 的所有可能结果为:$\omega_1 = $"甲中,乙不中",$\omega_2 = $"甲中,乙中",$\omega_3 = $"甲不中,乙中",$\omega_4 = $"甲不中,乙不中". 则 E 的样本空间是 $S = \{\omega_1, \omega_2,$

ω_3，ω_4}.

1.1.4 随机事件

定义 1.2 随机试验 E 的样本空间的子集称为**随机事件**（简称事件）. 随机事件一般用大写字母 A，B，C，…表示.

注意 只要做试验，就会产生一个结果，即样本空间 Ω 就会有一个样本点 ω 出现，当 $\omega \in A$ 时，称事件 A 发生了. 例如，

E_1 中用事件 A 表示"正面出现 1 次".

E_2 中用事件 A 表示"第一次出现的是正面".

E_3 中用事件 A_k 表示"抛出的骰子上面的点数为 k"（$k = 1, 2, 3, 4, 5, 6$）. 用事件 B_3 表示"抛出的骰子上面的点数小于 3".

E_7 中用事件 B_1 表示"电子元件是次品"，$B_1 = \{t \mid t < 1\,000\}$；

用事件 B_2 表示"电子元件是合格品"，$B_2 = \{t \mid t \geqslant 1\,000\}$；

用事件 B_3 表示"电子元件是一级品"，$B_3 = \{t \mid t \geqslant 5\,000\}$.

随机事件是本课程主要的研究对象. 下面，我们要特别强调随机事件中几种有特殊意义的事件.

1. 必然事件

随机试验 E 中一定会发生的结果称为**必然事件**，记为 S.

例如，E_3 中"抛出的点数小于等于 6"；E_7 中"电子元件的寿命不小于 0"，即 $\{t \mid t \geqslant 0\}$，均为必然事件.

2. 不可能事件

在随机试验 E 中一定不发生的结果称为**不可能事件**，记为 $\varnothing$.

例如，E_3 中"抛出的点数大于 6"；E_7 中"电子元件的寿命小于 0"，均为不可能事件.

必然事件与不可能事件是随机事件的特例.

注意 （1）由于样本空间 Ω 包含了所有的样本点，且是样本空间自身的一个子集，所以在每次试验中 Ω 总是发生. 因此 Ω 为必然事件.

（2）空集 $\varnothing$ 不包含任何样本点，但它也是样本空间 Ω 的一个子集，由于它在每次试验中肯定不会发生，所以称 $\varnothing$ 为不可能事件.

在 E_3 中事件 $B_3 =$ "抛出的骰子的点数小于 3"要比事件 $A_1 =$ "抛出的骰子的点数为 1"，$A_2 =$ "抛出的骰子的点数为 2"复杂些.

实际上，B_3 是由 A_1，A_2 构成的. 这就是说，事件 B_3 还可以再分开. 但 A_1，A_2

就不能再分开了.或者说,对于所观察的特征来说不能再分了.我们把这种最简单的事件叫做基本事件.

3. 基本事件

定义 1.3 随机试验 E 中只含有一个结果的事件,称为**基本事件**.设试验 E 的基本事件满足:

(1) 在任何一次试验中这些结果至少有一个发生(即除这些结果外,试验 E 没有其他结果),这种性质称为**完备性**.

(2) 在任何一次试验中这些结果至多有一个发生,这种性质称为**互不相容(互斥)性**.

例如 E_4 中,$A_1 = \{1\}$,$A_2 = \{2\}$,$\cdots$,$A_6 = \{6\}$ 为 6 个基本事件.

注意 基本事件有可列的、不可列的、有限的和无限的之分.

4. 复合事件

若干个基本事件组合而成的事件称为**复合事件**.复合事件在一次试验中发生是指组成复合事件的某一个基本事件发生.

例如 E_4 中,$B = $ "抽到的号码小于 3" 是由 A_1,A_2 组合而成的复合事件.

例 1.3 一口袋中装有编号分别为 $1, 2, \cdots, 10$ 的 10 个形状相同的球,从袋中任取一球(取后放回),观察球的号数.

样本空间 $S = \{1, 2, \cdots, 10\}$;

基本事件 $A_1 = \{1\}$,$A_2 = \{2\}$,$\cdots$,$A_{10} = \{10\}$;

必然事件 S;

不可能事件 $\varnothing$;

复合事件 $B_1 = \{1, 3, 5, 7, 9\}$,$B_2 = \{2, 4, 6, 8, 10\}$,$B_3 = \{8, 9, 10\}$,$B_4 = \{1, 4\}$,$\cdots$

1.2 事件的关系与运算

一个随机试验有多个不同的事件发生,这些事件有的简单,有的复杂,详细分析寻求它们之间的关系是学习概率论的基础.

由于事件是一个集合,因此事件间的关系和运算自然要按照集合论中的集合之间的关系和运算来处理.概率论中所说的事件的"和""差""积"等运算与初等代数中的和、差、积概念是有区别的.在学习中要把握住运算的含义,掌握其运算规律.

1.2.1　事件的包含与相等

定义 1.4　若事件 A 发生必导致事件 B 发生,则称事件 B **包含**事件 A,记为 $A \subset B$ 或 $B \supset A$,如图 1-1 所示.

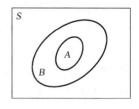

图 1-1

用集合语言表示为:若对任意 $\omega \in A$,总有 $\omega \in B$,则称集合 B 包含了集合 A,记为 $B \supset A$.

定义 1.5　若 $A \subset B$ 且 $B \subset A$,则称事件 A 与事件 B **相等**,记为 $A = B$.

如例 1.3 中,设 $A =$ "球号 $\geqslant 2$",$B =$ "球号为 2, 4",$C =$ "球号为偶数",$D =$ "球号数能被 2 整除".

由定义 1.4 可知:$A \supset B$, $A \supset C$, $A \supset D$, $C \supset B$, $D \supset B$.

由定义 1.5 可知:$C = D$.

例 1.4　同时抛两个硬币,观察出现正、反面的情况,事件 $A =$ "正好一个正面",$B =$ "都是正面",$C =$ "至少一个正面",$D =$ "无反面".

则 $A \subset C$, $B \subset C$, $B = D$.

1.2.2　事件的运算与关系

1. 事件的和(和运算)

定义 1.6　由"事件 A 与事件 B 至少有一个发生"所构成的事件称为事件 A 与 B 的**和事件**,记为 $A \bigcup B$ 或 $A + B$,如图 1-2 所示阴影部分. 即

$$A \bigcup B = \{\omega \mid \omega \in A \text{ 或 } \omega \in B\}.$$

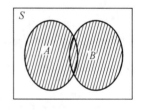

图 1-2

若 A 与 B 有公共元素,此元素在 $A \bigcup B$ 中只出现一次.

例如,$A = \{a, b, c, d\}$, $B = \{c, d, e, f\}$, $A \bigcup B = \{a, b, c, d, e, f\}$.

又如,工地上 $A_1 =$ "缺水泥",$A_2 =$ "缺黄沙",则 $B = A_1 \bigcup A_2 =$ "缺水泥或黄沙".

类似地,由"事件 A_1, A_2, $\cdots$, A_n 中至少有一个发生"所构成的事件,称为 A_1, A_2, $\cdots$, A_n 的和,记为 $A_1 \bigcup A_2 \bigcup \cdots \bigcup A_n$ 或 $A_1 + A_2 + \cdots + A_n$.

例如,设事件 $A_1 =$ "甲没来",$A_2 =$ "乙没来",事件 $B =$ "甲、乙至少有一个没来",则 $B = A_1 \bigcup A_2$.

例 1.5　如图 1-3 所示电路中,设事件:$A_1 =$ "开关 K_1 闭合",$A_2 =$ "开关 K_2 闭合",$A_3 =$ "开关 K_3 闭合",$B =$ "灯亮".

因为只要开关 K_1，K_2，K_3 中至少有一个闭合（包括 K_1，K_2，K_3 中仅有一个闭合；K_1，K_2，K_3 中任意两个闭合；K_1，K_2，K_3 三者都闭合），便有"灯亮"发生.这就是说,事件 B 是由事件 A_1，A_2，A_3 至少一个发生构成的.于是有 $B = A_1 \cup A_2 \cup A_3$.

2. 事件的积(积运算)

定义 1.7 由"事件 A 与事件 B 同时都发生"所构成的事件,称为事件 A 与事件 B 的**积事件**,记为 $A \cap B$ 或 AB,如图 1-4 所示阴影部分.即

$$A \cap B = \{\omega \mid \omega \in A \text{ 且 } \omega \in B\}.$$

例如, $A = \{a, b, c, d\}$, $B = \{c, d, e, f\}$, $A \cap B = \{c, d\}$.

例 1.6 如图 1-5 所示电路中,设事件 $A_1 =$ "开关 K_1 闭合", 事件 $A_2 =$ "开关 K_2 闭合", 事件 $B =$ "灯亮".

因为只有当开关 K_1，K_2 同时都闭合上,才有"灯亮"发生,于是有 $B = A_1 \cap A_2$.

若 $A \cap B \neq \varnothing$,则称事件 A 与事件 B 是相容的.

类似地,由"事件 A_1，A_2，$\cdots$，A_n 同时都发生"所构成的事件 B 称为事件 A_1，A_2，$\cdots$，A_n 的积,记为 $B = A_1 \cap A_2 \cap \cdots \cap A_n$ 或 $B = A_1 A_2 \cdots A_n$.

例如,设以 A_1，A_2，$\cdots$，A_n 分别表示毕业班一名学生各门课程(n 门)合格,则 $B = A_1 \cap A_2 \cap \cdots \cap A_n$ 表示该名学生 n 门课程都合格.

由图可见,事件 $A \cup B$ 包含了事件 A，B 和 AB.

3. 事件的差(差运算)

定义 1.8 由"事件 A 发生,而事件 B 不发生"构成的事件称为事件 A 与事件 B 的**差事件**,记为

$$A - B.$$

即 $A - B = \{\omega \mid \omega \in A \text{ 且 } \omega \notin B\}$,同时,$A - B = A - AB$,如图 1-6 所示阴影部分.

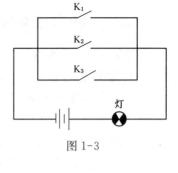

图 1-3

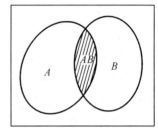

图 1-4

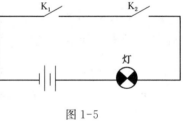

图 1-5

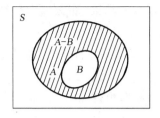 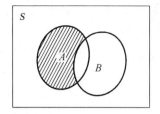

图 1-6　$A-B$

例如，$A=\{a,b,c,d\}$，$B=\{c,d,e,f\}$，$A-B=\{a,b\}$.

又如，某人体检，设事件 $A_1=$"身高合格"，事件 $A_2=$"体重不合格"，事件 $B=$"身高与体重都合格"，则 $B=A_1-A_2$.

例 1.1 中 E_7，$S_7:\{t\mid t\geqslant 0\}$ 中差事件 B_2-B_3 表示电子元件是合格品但不是一级品.

4. 互不相容事件

定义 1.9　若事件 A 与事件 B 不能同时发生，即

$$A\bigcap B=\varnothing,$$

则称事件 A 与事件 B 是**互不相容(互斥)**的.

图 1-7 中，区域 A 与区域 B 互不相交，它直观地表现了事件 A 与事件 B 互不相容.

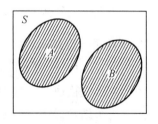

图 1-7　A 与 B 互不相容

例 1.3 中，令事件 $A=$"偶数号"；事件 $B=$"摸到 3 号球"，则 $AB=\varnothing$，即 A 与 B 互不相容. 对于 n 个事件 A_1，A_2，$\cdots$，A_n，如果它们两两互不相容，即 $A_iA_j=\varnothing$ $(i\neq j;i,j=1,2,\cdots,n)$，则称事件 A_1，A_2，$\cdots$，A_n 为**互不相容(互斥)**事件.

例如，任何试验 E 的基本事件是互不相容的，如产品检验，检验出产品是一等品、二等品、次品是互不相容的.

5. 对立事件

定义 1.10　若事件 A 与事件 B 满足 $A\bigcup B=S$，且 $A\bigcap B=\varnothing$，则称事件 A 与事件 B 相互为**对立事件**(或称 A 与 B **互逆**)，如图 1-8 所示.

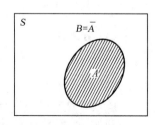

图 1-8　A 与 B 互逆

对立事件即对每次试验而言，事件 A 与事件 B 中必有一个发生，且仅有一个发生. A 的对立事件记为 $\overline{A}$，$\overline{A}=S-A$.

从定义可知,若试验 E 只有两个互不相容的结果,那么这两个结果便构成对立事件.

例如,设事件 $A=$ "地震后一建筑物倒塌了",则事件 $\overline{A}=$ "地震后一建筑物没有倒塌".

又如,检查一产品,记事件 $A=$ "产品合格",事件 $\overline{A}=$ "产品不合格",二者均为对立(互逆)事件.

再如,设 A_1,A_2,$\cdots$,A_n 分别表示毕业班某名学生的各门功课合格,则其对立事件的和 $B=\overline{A}_1 \bigcup \overline{A}_2 \bigcup \cdots \bigcup \overline{A}_n$ 表示这名学生至少有一门功课不合格.

6. 完备事件组

定义 1.11 若 n 个事件 A_1,A_2,$\cdots$,A_n 运算满足:

(1) $A_1 \bigcup A_2 \bigcup \cdots \bigcup A_n=S$;

(2) $A_i A_j=\varnothing$ $(i \neq j; i, j=1, 2, \cdots, n)$,

则称事件 A_1,A_2,$\cdots$,A_n 为**完备事件组**,如图1-9所示.

例如,学生的考试成绩由 0 至 100 分的 101 个完备事件组成.

1.2.3 事件的运算规律

在进行事件运算时,经常用到下述运算律.

设 A,B,C 为事件,则有:

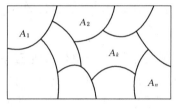

图 1-9

(1) **交换律** $A \bigcup B=B \bigcup A$, $A \bigcap B=B \bigcap A$.

(2) **结合律** $A \bigcup (B \bigcup C)=(A \bigcup B) \bigcup C$,

$A \bigcap (B \bigcap C)=(A \bigcap B) \bigcap C$.

特别地, $A \bigcup A=A$, $A \bigcap A=A$,

$A \bigcup \varnothing=A$, $A \bigcap \varnothing=\varnothing$,

$A \bigcup \overline{A}=S$, $A \bigcap \overline{A}=\varnothing$,

$A \bigcup S=S$, $A \bigcap S=A$.

(3) **分配律** $A \bigcup (B \bigcap C)=(A \bigcup B) \bigcap (A \bigcup C)$,

$A \bigcap (B \bigcup C)=(A \bigcap B) \bigcup (A \bigcap C)$.

(4) **德·摩根律** $\overline{A \bigcup B}=\overline{A} \bigcap \overline{B}$, $\overline{A \bigcap B}=\overline{A} \bigcup \overline{B}$.

这些运算规律除用定义可验证其正确性外,还可通过图形直观地看出.

例如,$A \bigcap S=A$,因为 S 是必然事件,有 $S \supset A$. $A \bigcap S$ 表示 A 与 S 同时发生. 图 1-10 中表示 A 与 S 的公共部分(阴影部分),就是 A 所包含的部分,故 $A \bigcap$

$S = A$.

同样,只要 $A \supset B$ 则有

$$A \cap B = B, \quad A \cup B = A, \quad B - A = \varnothing, \quad \overline{A} \subset \overline{B}.$$

易证, $A - B = A - AB = A\overline{B}, A = AB \cup A\overline{B}$.

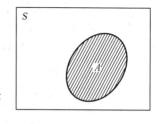

图 1-10

例 1.7　在试验 E_2 中事件 $A_1 = $"第一次出现的是 H",即

$$A_1 = \{HHH, HHT, HTH, HTT\}.$$

事件 $A_2 = $"三次出现同一面",即

$$A_2 = \{HHH, TTT\}.$$

则　$A_1 \cup A_2 = \{HHH, HHT, HTH, HTT, TTT\}$,
　　$A_1 \cap A_2 = \{HHH\}, \quad A_2 - A_1 = \{TTT\}$,
　　$A_1 - A_2 = \{HHT, HTH, HTT\}$.

例 1.8　如图 1-11 所示电路中,设事件
$A_1 = $"开关 K_1 闭合"; $A_2 = $"开关 K_2 闭合";
$A_3 = $"开关 K_3 闭合"; $B = $"灯亮".

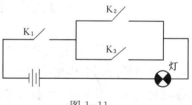

图 1-11

可见, $A_1 A_2 \subset B$, $A_1 A_3 \subset B$, $A_1 A_2 \cup A_1 A_3 = B$,而 $\overline{A_1} B = \varnothing$,即事件 $\overline{A_1}$ 与事件 B 互不相容.

例 1.9　从一批产品中每次取出一个产品进行检验(每次取出的产品不放回),事件 A_k 表示第 k 次取到合格品 ($k = 1, 2, 3$). 试用事件的运算符号表示下列事件:三次都取到合格品;三次中至少有一次取到合格品;三次中恰有两次取到合格品;三次中最多有一次取到合格品.

解　三次全取到合格品: $A_1 A_2 A_3$;

三次中至少有一次取到合格品: $A_1 \cup A_2 \cup A_3$;

三次中恰有两次取到合格品: $A_1 A_2 \overline{A_3} \cup A_1 \overline{A_2} A_3 \cup \overline{A_1} A_2 A_3$;

三次中最多有一次取到合格品: $\overline{A_1} \overline{A_2} \cup \overline{A_1} \overline{A_3} \cup \overline{A_2} \overline{A_3}$.

例 1.10　一名射手连续向某个目标射击三次,事件 A_k 表示该射手第 k 次射击时击中目标 ($k = 1, 2, 3$). 试用文字叙述下列事件: $A_1 \cup A_2$; $\overline{A_2}$; $A_1 \cup A_2 \cup A_3$; $A_1 A_2 A_3$; $A_3 - A_2$; $A_3 \overline{A_2}$; $\overline{A_1} \overline{A_2}$; $\overline{A_1 \cup A_2}$; $\overline{A_2} \cup \overline{A_3}$; $\overline{A_2 A_3}$; $A_1 A_2 \cup A_1 A_3 \cup A_2 A_3$.

解　$A_1 \cup A_2$:前两次中至少有一次击中目标;

$\overline{A_2}$:第二次射击未击中目标;

$A_1 \cup A_2 \cup A_3$:三次射击中至少有一次击中目标;

$A_1 A_2 A_3$:三次射击都击中了目标;

$A_3 - A_2 = A_3 \overline{A_2}$:第三次击中但第二次未击中目标;

$\overline{A_1 \cup A_2} = \overline{A_1}\, \overline{A_2}$:前两次均未击中目标;

$\overline{A_2} \cup \overline{A_3} = \overline{A_2 A_3}$:后两次中至少有一次未击中目标;

$A_1 A_2 \cup A_1 A_3 \cup A_2 A_3$:三次射击中至少有两次击中目标.

例 1.11 已知事件 $A =$ "甲产品畅销,乙产品滞销",写出 $\overline{A}$ 所表示的事件.

解 设事件 $B =$ "甲产品畅销",$C =$ "乙产品畅销",则

$$A = B\overline{C}, \quad \overline{A} = \overline{B\overline{C}} = \overline{B} \cup C,$$

所以 $\overline{A} =$ "甲产品滞销或乙产品畅销".

1.3 概率的概念与性质

在一定条件下,随机事件的出现具有偶然性,但随机事件出现的可能性大小是可以比较的. 例如,甲射手是久经训练的射击运动员,乙射手是新手. 现甲、乙二人各对靶射出一发子弹,在射击之前人们总会认为甲命中的可能性大些. 既然随机试验中随机事件出现的可能性有大有小,自然使人想到用一个与随机事件 A 相联系的实数 $P(A)$ 来表示事件 A 出现的可能性的大小. 若出现的可能性大,就用较大的数表示;若出现的可能性小,就用较小的数表示. 例如,人们常说"有百分之百的把握完成某项任务",实际上是用一个较大的数($100\% = 1$)来表示在一定条件下"完成这项任务"这个事件出现的可能性. 用来表示随机事件出现的可能性大小的这个数 $P(A)$ 称为事件 A 的概率(后面有定义). 然而对于一个事件 A,怎样确定实数 $P(A)$ 呢? 这就是下面我们所要介绍的事件的概率.

1.3.1 概率的概念

概率是概率论中最基本的概念,在引入概率这一术语之前,先介绍频率的概念.

定义 1.12 将试验 E 重复 n 次,设事件 A 在 n 次试验中出现 n_A 次,则称比值

$$f_n(A) = \frac{n_A}{n}$$

为事件 A 在 n 次试验中出现的**频率**.

比如进行抛掷硬币的试验,共抛掷 100 次,如果出现正面 51 次,则"出现正面"这一事件 A 的频率为

$$f_{100}(A) = \frac{51}{100}.$$

通过实验,人们发现当试验次数 n 很大时,事件 A 发生的频率 $f_n(A)$ 总会在某个确定的数值附近摆动.

例如,某射手对靶进行 10 次射击,现将结果列于表 1-1 中,并设 $A = $ "命中靶".

表 1-1

序号	累计射击发数 n	中靶次数 n_A	命中频率 $f_n(A) = \dfrac{n_A}{n}$
1	10	7	0.70
2	20	15	0.75
3	30	24	0.80
4	40	33	0.83
5	50	41	0.82
6	60	49	0.82
7	70	56	0.80
8	80	63	0.79
9	90	72	0.80
10	100	81	0.81

为便于看出频率的规律性,把结果绘成图 1-12.

由表 1-1 与图 1-12 可以看出,事件 A(命中靶)的频率 $f_n(A)$ 具有波动性,特别是当 n 较小时,这种波动性较大. 例如,当 $n = 10$ 时,$f_{10}(A) = 0.70$;当 $n = 30$ 时,$f_{30}(A) = 0.80$.

但当 n 较大时,频率 $f_n(A)$ 总是在 0.80 附近摆动,而且随着试

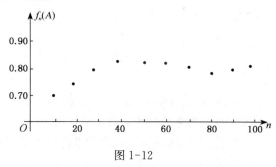

图 1-12

验次数 n 的增大,摆动的幅度越来越小.这一事实显示了频率的特性——稳定性.

在现实生活中,频率稳定性的例子很多,历史上不少人做过抛掷硬币的试验,设 A 表示"出现正面"的事件,下面记录了几个人的试验结果,见表 1-2.

表 1-2   **抛掷硬币试验的记录**

试验者	抛掷次数 n	出现正面次数 n_A	频率 $f_n(A) = \dfrac{n_A}{n}$
蒲丰	4 040	2 048	0.506 9
皮尔逊	12 000	6 019	0.501 6
皮尔逊	24 000	12 012	0.500 5
维尼	30 000	14 994	0.499 8

由表 1-2 可以看出,抛掷次数越多时,正面出现的频率逐渐在 0.5 附近稳定下来.

又如,有人对英文字母被使用情况作了统计,发现"字母 E 被使用"这一事件的频率稳定于 0.1,而"字母 Z 被使用"这一事件的频率稳定于 0.001.

随机事件发生的频率具有稳定性是客观规律,其稳定值可以通过大量重复试验估计出来.这自然会想到,若事件 A 出现的可能性愈大,其频率 $f_n(A) = \dfrac{n_A}{n}$ 也愈大;反之,若 $f_n(A)$ 愈大,可以推断事件 A 出现的可能性也愈大.由于事件 A 发生的可能性大小与其频率大小有如此密切的关系,加之频率又具有稳定性,故有理由通过频率来定义概率.

定义 1.13(概率的统计定义) 将试验 E 重复 n 次,如果当 n 很大时,事件 A 出现的频率 $f_n(A) = \dfrac{n_A}{n}$ 稳定地在某一数值 p 的附近摆动;而且一般随着试验次数的增多,这种摆动的幅度愈变愈小,则称数值 p 为事件 A 发生的**概率**,记为 $P(A) = p$.

在这个定义中,p 是未知的实常数.试验 E 中,任何一个事件 A 都有一个常数 p 与之相对应.这个常数虽然总是未知的,但只要试验的次数足够多就可以近似地认为 $f_n(A) = p$.

例如,产品合格率、植物的发芽率、电话机的使用率、天气预报准确率以及器件可靠度等都是通过频率来确定概率的.

在某些简单的情况下,作为事件发生可能性大小的度量,概率还可以采用其他方法求得.例如,在抛掷硬币的随机试验中只可能发生两种情况:出现正面 A 与出

现反面 $\overline{A}$.假设硬币正反面同性,出现正面或出现反面的可能性是一样的.因此 $P(A)$ 可以这样计算:总情况 2 种,出现正面为其中 1 种,则应有 $P(A) = \dfrac{1}{2}$.

例 1.12 进行抛掷一颗骰子的随机试验,设事件

$$A_k = \text{“出现 } k \text{ 点”} \quad (k = 1, 2, 3, 4, 5, 6).$$

以上 6 个事件是试验的基本事件.考虑到骰子的对称性,故出现各个基本事件的可能性应该是相同的,即有

$$P(A_k) = \frac{1}{6} \quad (k = 1, 2, \cdots, 6).$$

而其他随机事件应该由以上基本事件组成.如设 $A = $“出现偶数点”,$B = $“出现点数小于 3”等.$A$ 包含 A_2,A_4,A_6 三个基本事件,B 包含 A_1,A_2 两个基本事件,则有

$$P(A) = \frac{3}{6} = \frac{1}{2}, \quad P(B) = \frac{2}{6} = \frac{1}{3}.$$

定义 1.14(概率的公理化定义) 设随机试验 E 的样本空间为 S,按照某种法则对于 E 中的每一个事件 A 赋予一个实数 p,记 $P(A) = p$,称此为事件 A 的概率,其满足如下三个公理:

(1) **非负性** $P(A) \geqslant 0$;

(2) **归一性** $P(S) = 1$;

(3) **可列可加性** 若 A_1,A_2,$\cdots$ 是两两互不相容的事件,则

$$P(A_1 \bigcup A_2 \bigcup \cdots) = P(A_1) + P(A_2) + \cdots.$$

注意 这里的函数 $P(A)$ 与以前所学的函数不同,不同之处在于 $P(A)$ 的自变量是事件(集合).

不难看出,这里事件概率的定义是在频率性质的基础上提出来的.结论为频率 $f_n(A)$ 在某种意义下收敛到概率 $P(A)$.基于这一点,我们有理由用上述定义的概率 $P(A)$ 来度量事件 A 在一次试验中发生的可能性的大小.

根据定义可推得概率的重要性质.

1.3.2 概率的基本性质

性质 1 $0 \leqslant P(A) \leqslant 1$, $P(S) = 1$, $P(\varnothing) = 0$.

证明 试验进行 n 次,事件 A 发生 n_A 次,$0 \leqslant n_A \leqslant n$,有

$$0 \leqslant f_n(A) = \frac{n_A}{n} \leqslant 1,$$

因为概率 $P(A)$ 是频率 $f_n(A)$ 的稳定值,从而有

$$0 \leqslant P(A) \leqslant 1.$$

进行试验 n 次,必然事件 S 必然发生 n 次,即

$$f_n(S) = 1,$$

从而

$$P(S) = 1.$$

又因不可能事件 $\varnothing$ 一次也不发生,故 $f_n(\varnothing) = 0$,从而 $P(\varnothing) = 0$.

性质 2 若 $AB = \varnothing$,则 $P(A \bigcup B) = P(A) + P(B)$.

证明 进行 n 次试验,事件 A 发生 n_A 次,事件 B 发生 n_B 次,因为 A,B 互不相容,事件 $A \bigcup B$ 发生的次数为 $n_{A \bigcup B} = n_A + n_B$,因而有

$$f_n(A \bigcup B) = \frac{n_{A \bigcup B}}{n} = \frac{n_A + n_B}{n} = \frac{n_A}{n} + \frac{n_B}{n}.$$

$P(A \bigcup B)$ 是 $f_n(A \bigcup B)$ 的稳定值,$f_n(A) = \dfrac{n_A}{n}$,$f_n(B) = \dfrac{n_B}{n}$ 的稳定值是 $P(A)$,$P(B)$,从而有

$$P(A \bigcup B) = P(A) + P(B).$$

此性质可以推广到有限多个互不相容事件的情形.设 A_1,A_2,$\cdots$,A_n 为 n 个互不相容事件,则

$$P(A_1 \bigcup A_2 \bigcup \cdots \bigcup A_n) = P(A_1) + P(A_2) + \cdots + P(A_n),$$

即

$$P\left(\bigcup_{k=1}^{n} A_k\right) = \sum_{k=1}^{n} P(A_k).$$

这一性质称为**概率的有限可加性**.同样,设 A_1,A_2,$\cdots$,A_n,$\cdots$ 为无穷多个互不相容事件,则

$$P(A_1 \bigcup A_2 \bigcup \cdots \bigcup A_n \bigcup \cdots) = P(A_1) + P(A_2) + \cdots + P(A_n) + \cdots$$

即

$$P(\bigcup_{k=1}^{\infty} A_k) = \sum_{k=1}^{\infty} P(A_k).$$

这一性质称为**概率的可列可加性**.

以上性质是概率的基本性质,概率的其他性质均可用以上基本性质证明.

性质 3　$P(A) = 1 - P(\overline{A}).$

证明　因 $A \bigcup \overline{A} = S$,又 $A\overline{A} = \varnothing$,由性质 2 有

$$1 = P(S) = P(A \bigcup \overline{A}) = P(A) + P(\overline{A}),$$

从而得

$$P(A) = 1 - P(\overline{A}).$$

这个性质给出了计算事件概率的另一个途径,即若事件 A 的概率不容易求,而其对立事件 $\overline{A}$ 的概率容易计算,则先求出 $P(\overline{A})$,然后再计算 $P(A)$.

性质 4　若 $A \subset B$,则

$$P(B-A) = P(B) - P(A), \quad P(A) \leqslant P(B).$$

证明　因为 $A \subset B$,如图 1-13 所示,又因 $B = A \bigcup (B-A)$ 且 A 与 $B-A$ 互不相容,由性质 2 有

$$P(B) = P(A) + P(B-A),$$

从而　$P(B-A) = P(B) - P(A).$

又因　　　$P(B-A) \geqslant 0,$

所以

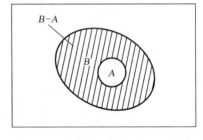

图 1-13

$$P(B) \geqslant P(A).$$

注意　如果事件 A 与事件 B 相容,则 $B = AB \bigcup (B-A)$,事件 AB 与事件 $B-A$ 互不相容,因为 $P(B) = P(AB) + P(B-A)$,所以 $P(B-A) = P(B) - P(AB)$,此性质称为**概率的减法法则**.

性质 5　设 A, B 为两个事件,则

$$P(A \bigcup B) = P(A) + P(B) - P(AB).$$

证明　对于任意事件 A 与 B,有 $A \bigcup B = A \bigcup (B-AB)$,如图 1-14 所示.又因 A 与 $B-AB$ 互不相容,由性质 2 得

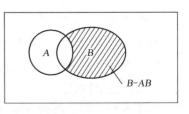

图 1-14

$$P(A \bigcup B) = P(A) + P(B-AB).$$

又因 $AB \subset B$，由性质 4，有

$$P(B - AB) = P(B) - P(AB),$$

从而 $\qquad P(A \bigcup B) = P(A) + P(B) - P(AB).$

此性质也称为**概率的加法法则**.

对于互不相容的两个事件 A，B，由于 $AB = \varnothing$，所以

$$P(AB) = P(\varnothing) = 0.$$

加法法则简化为 $P(A \bigcup B) = P(A) + P(B)$.

可见，性质 3 是性质 4 的特殊情况，在使用这条性质时，要特别注意 A 与 B 相容时，$P(A \bigcup B) \neq P(A) + P(B)$，而是

$$P(A \bigcup B) = P(A) + P(B) - P(AB).$$

概率的加法公式还可推广到多个事件. 例如，三个事件 A_1，A_2，A_3 的加法公式是

$$P(A_1 \bigcup A_2 \bigcup A_3) = P(A_1) + P(A_2) + P(A_3) - P(A_1 A_2) -$$
$$P(A_1 A_3) - P(A_2 A_3) + P(A_1 A_2 A_3).$$

证明 由性质 5，有

$$P(A_1 \bigcup A_2 \bigcup A_3) = P[(A_1 \bigcup A_2) \bigcup A_3]$$
$$= P(A_1 \bigcup A_2) + P(A_3) - P[(A_1 \bigcup A_2)A_3],$$

而 $\qquad (A_1 \bigcup A_2)A_3 = A_1 A_3 \bigcup A_2 A_3, \quad (A_1 A_3)(A_2 A_3) = A_1 A_2 A_3,$

从而 $\qquad P(A_1 \bigcup A_2 \bigcup A_3) = P(A_1) + P(A_2) - P(A_1 A_2) + P(A_3) -$
$$[P(A_1 A_3) + P(A_2 A_3) - P(A_1 A_2 A_3)]$$
$$= P(A_1) + P(A_2) + P(A_3) - P(A_1 A_2) -$$
$$P(A_1 A_3) - P(A_2 A_3) + P(A_1 A_2 A_3).$$

例 1.13 如图 1-15 所示电路，设 K_1 合上的概率为 0.6，K_2 合上的概率为 0.7，K_1，K_2 同时合上的概率为 0.5，求灯亮的概率.

解 设事件 $A_1 =$ "K_1 合上"，$A_2 =$ "K_2 合上"；$B =$ "灯亮". 由题意可知，$P(A_1) = 0.6$，$P(A_2) = 0.7$，$P(A_1 A_2) = 0.5$，$B = A_1 \bigcup A_2$.

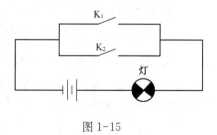

图 1-15

$$P(B) = P(A_1 \bigcup A_2) = P(A_1) + P(A_2) - P(A_1 A_2)$$
$$= 0.6 + 0.7 - 0.5 = 0.8.$$

例 1.14　已知 $P(A) = 0.3$，$P(B) = 0.6$，在下列两种情况下，求 $P(A-B)$ 和 $P(B-A)$．(1) A，B 互不相容；(2) A，B 有包含关系．

解　(1) 因为 $AB = \varnothing$，有

$$A - B = A - AB = A, \quad B - A = B - AB = B,$$

所以　　　$P(A-B) = P(A) = 0.3, \quad P(B-A) = P(B) = 0.6.$

(2) 因为 $P(A) < P(B)$，有 $A \subset B$，$AB = A$，所以

$$P(A-B) = P(\varnothing) = 0, \quad P(B-A) = P(B) - P(A) = 0.3.$$

例 1.15　已知 $P(A) = 0.5$，$P(B) = 0.3$，$P(A \bigcup B) = 0.6$，求 $P(A-B)$．
解　由 $P(A \bigcup B) = P(A) + P(B) - P(AB)$，得

$$P(AB) = P(A) + P(B) - P(A \bigcup B) = 0.2,$$

则　　$P(A-B) = P(A-AB) = P(A) - P(AB) = 0.5 - 0.2 = 0.3.$

例 1.16　已知 $P(A) = P(B) = P(C) = 0.25$，$P(AC) = 0.125$，$P(AB) = P(BC) = 0$，求 A，B，C 中至少有一个发生的概率．

解　$P(A \bigcup B \bigcup C) = P(A) + P(B) + P(C) - P(AB) -$
$$P(AC) - P(BC) + P(ABC),$$

因为　　　　　　$ABC \subset AB, P(ABC) \leqslant P(AB) = 0,$
所以　　　　　　　　$P(ABC) = 0,$

$$P(A \bigcup B \bigcup C) = 0.75 - 0.125 = 0.625.$$

例 1.17　已知 $P(A) = P(B) = 0.5$，证明 $P(AB) = P(\overline{A}\,\overline{B})$．
证明　$P(\overline{A}\,\overline{B}) = P(\overline{A \bigcup B}) = 1 - P(A \bigcup B)$
$$= 1 - P(A) - P(B) + P(AB) = P(AB).$$

例 1.18　已知 $P(A \bigcup B) = 0.6$，$P(B) = 0.3$，求 $P(A\overline{B})$．
解　因为　　$P(A \bigcup B) = P(A) + P(B) - P(AB)$，
所以　　　$P(A\overline{B}) = P(A-AB) = P(A) - P(AB) = P(A \bigcup B) - P(B)$
$$= 0.6 - 0.3 = 0.3.$$

例 1.19 某地发行 A，B，C 三种报纸,已知居民中订阅 A 报的有 45%;订阅 B 报的有 35%;订阅 C 报的有 30%;同时订阅 A，B 报的有 10%；A，C 报的有 8%；B，C 报的有 5%；A，B，C 报的有 3%.现任取一居民,试求下列事件的概率.(1) 只订 A 报;(2) 只订 A，B 报;(3) 至少订一种报;(4) 不订任何报.

解 分别用 A，B，C 表示市民订 A 报,B 报,C 报的事件.由题意可知, $P(A) = 0.45$，$P(B) = 0.35$，$P(C) = 0.30$，$P(AB) = 0.10$，$P(AC) = 0.08$，$P(BC) = 0.05$，$P(ABC) = 0.03$.

(1) 只订 A 报的事件为 $A\overline{B}\,\overline{C}$,则

$$
\begin{aligned}
P(A\overline{B}\,\overline{C}) &= P(A\overline{B \cup C}) = P[A(S - B \cup C)] \\
&= P[A - A(B \cup C)] = P(A) - P(AB \cup AC) \\
&= P(A) - P(AB) - P(AC) + P(ABC) \\
&= 0.3.
\end{aligned}
$$

(2) 只订 A，B 报的事件为 $AB\overline{C}$,则

$$
\begin{aligned}
P(AB\overline{C}) &= P[AB(S - C)] = P(AB - ABC) \\
&= P(AB) - P(ABC) \\
&= 0.07.
\end{aligned}
$$

(3) 至少订一种报的事件为 $A \cup B \cup C$,则

$$
\begin{aligned}
P(A \cup B \cup C) &= P(A) + P(B) + P(C) - P(AB) - P(AC) - \\
&\quad P(BC) + P(ABC) \\
&= 0.9.
\end{aligned}
$$

(4) 不订任何报的事件为 $\overline{A}\,\overline{B}\,\overline{C}$ 或 $\overline{A \cup B \cup C}$,则

$$
P(\overline{A}\,\overline{B}\,\overline{C}) = P(\overline{A \cup B \cup C}) = 1 - P(A \cup B \cup C) = 1 - 0.9 = 0.1.
$$

1.3.3 古典概型

"概型"是指某种概率模型,古典概型是概率论发展历史上最先被人们研究的概率模型.

以掷一枚密度均匀的正六面体骰子为例,容易想到,因为骰子密度均匀,形体对称,所以投掷一次时出现每一面的可能性都应该一样.因此有理由认为,出现每一面的可能性都是 $\dfrac{1}{6}$.人们根据研究对象的物理或几何性质所具有的对称性,得到计算概率的一种方法.

定义 1.15　设随机试验 E 满足：

(1) 它的样本空间只有 n 个（n 为有限）基本事件；

(2) 每一个基本事件在一次试验中发生的可能性相等，

则称 E 为**古典概型**.

古典概型中随机试验 E 的样本空间为 $S = \{w_1, w_2, \cdots, w_n\}$. 由于试验中每个基本事件发生的可能性相同，又由于基本事件是两两互不相容的，于是有

$$1 = P(S) = P(w_1 \bigcup w_2 \bigcup \cdots \bigcup w_n) = P(w_1) + P(w_2) + \cdots + P(w_n),$$

从而

$$P(w_k) = \frac{1}{n} \quad (k = 1, 2, \cdots, n).$$

若事件 A 由 k 个基本事件组成，即

$$A = \{w_{i_1} \bigcup w_{i_2} \bigcup \cdots \bigcup w_{i_k}\} \quad (1 \leqslant i_1 < i_2 < \cdots < i_k \leqslant n),$$

则有

$$P(A) = \sum_{j=1}^{k} P(w_{i_j}) = \frac{k}{n} = \frac{A \text{ 中包含的基本事件数}}{S \text{ 中基本事件的总数}}.$$

此为古典概型中事件 A 的概率的计算公式.

例 1.20　在一口袋中装有编号分别为 $1, 2, \cdots, 10$ 的 10 个形状相同的球. 从袋中任取一球. 设事件 $A =$ "取到 1 号球"，$B =$ "取到偶数号球"，$C =$ "取到的球号数 $\geqslant 7$"，求 $P(A)$，$P(B)$，$P(C)$.

解　样本空间 $S = \{1, 2, \cdots, 10\}$，所有可能出现的基本事件总数 $n = 10$.

$$A = \{1\}, \quad n_A = 1, \quad P(A) = \frac{n_A}{n} = \frac{1}{10};$$

$$B = \{2, 4, 6, 8, 10\}, \quad n_B = 5, \quad P(B) = \frac{n_B}{n} = \frac{5}{10} = \frac{1}{2};$$

$$C = \{7, 8, 9, 10\}, \quad n_C = 4, \quad P(C) = \frac{n_C}{n} = \frac{4}{10} = \frac{2}{5}.$$

例 1.21　在箱中装有 100 个产品，其中有 3 个次品，从这箱产品中任意抽取 5 个产品. 设事件 $A =$ "恰有 1 个次品"，$B =$ "没有次品"，求 $P(A)$，$P(B)$.

解　从 100 个产品中任意抽取 5 个产品，共有 C_{100}^5 种抽法，即基本事件总数 $n = C_{100}^5$. $A =$ "有 1 个次品，4 个正品". 这一事件包含的基本事件个数可以这样计

算:1 个次品是从 3 个次品中取得,共有 C_3^1 种取法;4 个正品是从 97 个正品中取得,共有 C_{97}^4 种取法,因而 A 包含的基本事件个数 $n_A = C_3^1 C_{97}^4$,所以

$$P(A) = \frac{C_3^1 C_{97}^4}{C_{100}^5} \approx 0.138.$$

事件 B 包含的基本事件个数 $n_B = C_{97}^5$,所以

$$P(B) = \frac{C_{97}^5}{C_{100}^5} \approx 0.856.$$

例 1.22 设有 N 个产品,其中有 M 个次品.今从中任取 n 个,问其中恰有 k ($k \leqslant M$) 个次品的概率是多少?

解 在 N 个产品中抽取 n 个(这里是指不放回抽样),所有可能的取法共有 C_N^n 种,每一种取法为一基本事件.又因为在 M 个次品中取 k 个,所有可能的取法有 C_M^k 种.在 $N-M$ 个正品中取 $n-k$ 个所有可能的取法有 C_{N-M}^{n-k} 种.由乘法原理知在 N 个产品中取 n 个,其中恰有 k 个次品的取法共有 $C_M^k C_{N-M}^{n-k}$ 种,于是所求的概率为

$$p = \frac{C_M^k C_{N-M}^{n-k}}{C_N^n}.$$

例 1.23(续例 1.21) 设事件 $A =$ "抽取的 5 个产品中,至少有 1 个次品",$B =$ "抽取的 5 个产品中至多有 1 个次品",求 $P(A)$,$P(B)$.

解 设 $A_k = \{$恰有 k 个次品$\}$ ($k = 1, 2, 3$),则事件 $A = A_1 \bigcup A_2 \bigcup A_3$,又 A_1,A_2,A_3 是两两互不相容的,所以有

$$P(A) = P(A_1) + P(A_2) + P(A_3)$$

$$= \frac{C_3^1 C_{97}^4}{C_{100}^5} + \frac{C_3^2 C_{97}^3}{C_{100}^5} + \frac{C_{97}^2}{C_{100}^5} \approx 0.144.$$

由此可见,利用概率性质将复杂事件分解为简单事件来处理,这对复杂事件的概率运算是有益的.

本题更简捷的解法是利用 A 的对立事件 $\overline{A} =$ "没有抽到次品" 去解,因为 $P(\overline{A}) = \frac{C_{97}^5}{C_{100}^5} \approx 0.856$,从而有

$$P(A) = 1 - P(\overline{A}) = 0.144.$$

设事件 $B_1 = \{$没有抽到次品$\}$,事件 $B_2 = \{$恰抽到 1 个次品$\}$,则 $B = B_1 \bigcup B_2$,

又 B_1，B_2 互不相容，所以有

$$P(B) = P(B_1) + P(B_2) = \frac{C_{97}^5}{C_{100}^5} + \frac{C_3^1 C_{97}^4}{C_{100}^5} \approx 0.994.$$

例 1.24　总经理的 5 名秘书中有 2 名精通英语. 今遇到其中 3 名，求下列事件的概率.（1）$A =$ "其中恰有一名精通英语"；（2）$B =$ "其中恰有两名精通英语"；（3）$C =$ "有人精通英语".

解　在 5 名秘书中任取 3 名的可能取法数为

$$n = C_5^3 = \frac{5 \times 4 \times 3}{3!} = 10.$$

（1）A 指其中只有 1 名精通英语，由乘法原理有

$$n_A = C_2^1 C_3^2 = 2 \times 3 = 6, \quad P(A) = \frac{n_A}{n} = \frac{6}{10} = 0.6.$$

（2）B 是指其中有 2 名精通英语，同时另一名不精通英语，则

$$n_B = C_2^2 C_3^1 = 3, \quad P(B) = \frac{n_B}{n} = \frac{3}{10} = 0.3.$$

（3）C 是指至少有一名精通英语，是 3 名都不精通英语的逆事件，即

$$P(C) = 1 - P(\overline{C}) = 1 - \frac{C_3^3}{C_5^3} = 0.9.$$

例 1.25　把甲、乙、丙 3 名同学依次随机地分配到 5 间宿舍，假定每间宿舍可住 4 人，求下列事件的概率.（1）$A =$ "这 3 名同学住不同宿舍"；（2）$B =$ "这 3 名同学中至少有 2 名住同一宿舍".

解　由于每名同学都可能分配到这 5 间宿舍中的任意一间，因此共有 $n = 5^3 = 125$ 种分配方案.

（1）A 表示这 3 名学生住不同宿舍. 对甲有 5 种分配方案，乙有 4 种，丙有 3 种，$n_A = 5 \times 4 \times 3 = 60$，所以

$$P(A) = \frac{n_A}{n} = \frac{60}{125} = 0.48.$$

（2）由分析可知 B 是 A 的对立事件，所以

$$P(B) = P(\overline{A}) = 1 - P(A) = 0.52.$$

从上面的例题看到,运用古典概型计算概率首先要明确涉及的试验是否符合古典概型的条件. 若符合,则要辨明基本事件是什么,并求出试验中所有基本事件的个数 n;然后分析所考虑的事件包含了哪些基本事件,并计算这个事件包含基本事件的个数 k;最后用公式 $p = \dfrac{k}{n}$ 求得事件的概率. 用古典概型计算概率的问题很多,其中有的题难度很大,鉴于古典概型并非全书的重点,从应用角度不必用过多的精力去钻研难题,而应将精力集中于概率的基本理论与方法上. 遇到古典概型题一时不会做也是常见的事,见识多了解题能力自然会提高.

1.4 条件概率与乘法公式

1.4.1 条件概率

在对随机现象的研究中,常遇到另一类概率计算问题,如两个足球队比赛的胜负预测.

设事件 $A =$ "甲队上半场负", $B =$ "甲队最终获胜".

(1) 问事件 B 发生的可能性大小;

(2) 若事件 A 已发生,再问事件 B 发生的可能性的大小.

显然在以上两种情况下,事件 B 的概率不同,随机事件是相互影响的.

例 1.26 甲、乙两家工厂生产同类产品结果见表 1-2.

表 1-2

	合格品数	废品数	合 计
甲厂产品数	67	3	70
乙厂产品数	28	2	30
合 计	95	5	100

从这 100 件产品中随机抽取一件,设事件

$A =$ "取到甲厂的产品", $\overline{A} =$ "取到乙厂的产品";

$B =$ "取到的是合格品", $\overline{B} =$ "取到的是次品".

则 $AB =$ "取到的是甲厂的产品,且是合格品";

$B \mid A =$ "在取得甲厂产品的条件下,取得的是合格品".

试验 E 是从 100 件产品中任取一件,可用古典概型的计算法得

$$P(A) = \frac{70}{100}, \quad P(B) = \frac{95}{100}, \quad P(AB) = \frac{67}{100}.$$

现在要问:如果已知取到的产品是甲厂生产的,那么这件产品是合格品的概率是多少?这实质上是求在事件 A 已经发生的前提下,事件 B 发生的条件概率.由于甲厂共生产了 70 件产品,而其中有 67 件合格品,故

$$P(B \mid A) = \frac{67}{70}.$$

类似地可以求出　$P(B \mid \overline{A}) = \frac{28}{30}, \quad P(A \mid B) = \frac{67}{95}, \quad P(\overline{A} \mid B) = \frac{28}{95}.$

由此可见,$P(B)$ 与 $P(B \mid A)$,$P(A)$ 与 $P(A \mid B)$ 的含义都是不相同的.

例 1.27　一批产品中有 N 件正品,M 件次品,无放回地抽取两次,每次取一件,求(1) 在第一次取到正品的条件下,第二次取到正品的概率;

(2) 在第一次取到次品的条件下,第二次取到正品的概率.

解　设事件 $A =$ "第一次取到正品",$B =$ "第二次取到正品".

(1) 原有 $N + M$ 件产品,其第一次取到正品后,还有 $N + M - 1$ 件产品,其中 $N - 1$ 件正品,故

$$P(B \mid A) = \frac{N - 1}{N + M - 1}.$$

(2) 原有 $N + M$ 件产品,其中正品数仍为 N,第一次取到次品后,还有 $N + M - 1$ 件产品,其中 N 件正品,故

$$P(B \mid \overline{A}) = \frac{N}{N + M - 1}.$$

定义 1.16　若 A,B 是随机试验的两个事件,且 $P(A) > 0$,则称 A 发生的条件下 B 发生的概率为 A 发生条件下 B 发生的条件概率,记为 $P(B \mid A)$ 且

$$P(B \mid A) = \frac{P(AB)}{P(A)} \quad (P(A) > 0).$$

上式在古典概型试验 E 中是普遍成立的.因为若试验 E 有 n 个基本事件,事件 A 包含 $m \ (m > 0)$ 个基本事件,AB 包含 k 个基本事件,则 $B \mid A$ 表示在事件 A 已发生的条件下,事件 B 发生.实际上相当于有另一个试验 E_A,它的样本空间只

含有 m 个基本事件,如图 1-16 所示. 在试验 E_A 下,事件 B(即 $B \mid A$)也只含 k 个基本事件,于是有

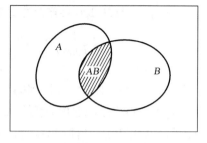

$$P(B \mid A) = \frac{k}{m} = \frac{\dfrac{k}{n}}{\dfrac{m}{n}} = \frac{P(AB)}{P(A)}.$$

图 1-16

这里的第一个等式是在古典概型试验 E_A 下(样本空间基本事件只有 m 个)考虑事件 B 发生的概率. 由于这时 B 实际上只包含 k 个基本事件,故可由古典概率计算公式直接得到. 第二个等式是普通的代数运算,其目的是将结果转化为 E 中事件的概率. 第三个等式是根据古典概率计算公式,将所得结果与试验 E 中事件 A,AB 的概率联系起来,得出 $P(B \mid A) = \dfrac{P(AB)}{P(A)}$.

在这个公式的推导中,除了要求 $m > 0$ 外,无其他限制. 因此公式在古典概率中是普遍成立的.

例 1.28 设某种产品仅有长度、光洁度两个质量指标(只计合格与不合格). 今有 100 件这种产品,其中有 90 件长度合格,光洁度也合格;有 96 件长度合格;有 94 件光洁度合格. 若从这 100 件产品中任取 1 件,并发现长度合格,求此件产品为合格品(即光洁度也合格)的概率.

解 设事件 A = "长度合格",B = "光洁度合格",则

$$AB = \text{"长度合格,且光洁度合格"},$$

$$B \mid A = \text{"已知长度合格情况下,光洁度合格"}.$$

因为

$$P(A) = \frac{96}{100}, \quad P(AB) = \frac{90}{100},$$

所以

$$P(B \mid A) = \frac{P(AB)}{P(A)} = \frac{\dfrac{90}{100}}{\dfrac{96}{100}} = \frac{90}{96} \approx 0.94.$$

条件概率的性质如下.

性质 1 对于任一事件 B,$P(B \mid A) \geqslant 0$.

性质 2　$P(S \mid A) = 1$.

性质 3　设 B_1，B_2 互不相容，则

$$P[(B_1 \bigcup B_2) \mid A] = P(B_1 \mid A) + P(B_2 \mid A).$$

性质 4　$P(\overline{B} \mid A) = 1 - P(B \mid A)$.

性质 5　$P[(B_1 \bigcup B_2) \mid A] = P(B_1 \mid A) + P(B_2 \mid A) - P(B_1 B_2 \mid A)$.

例 1.29　某建筑物按设计要求，使用寿命超过 50 年的概率为 0.8；超过 60 年的概率为 0.6. 该建筑物经历 50 年之后，求它将在 10 年内倒塌的概率有多大？

解　设事件 A ＝"该建筑物使用寿命超过 50 年"，B ＝"该建筑物使用寿命超过 60 年". 由题意得

$$P(A) = 0.8, \quad P(B) = 0.6.$$

因为 $A \supset B$，所以 $P(AB) = P(B) = 0.6$，于是

$$P(\overline{B} \mid A) = 1 - P(B \mid A) = 1 - \frac{P(AB)}{P(A)} = 1 - \frac{0.6}{0.8} = 0.25.$$

例 1.30　设随机事件 A，B 与 C 是互不相容的，且 $P(AB) = \dfrac{1}{2}$，$P(C) = \dfrac{1}{3}$，求 $P(AB \mid \overline{C})$.

解　因为 $P(AB \mid \overline{C}) = \dfrac{P(AB\overline{C})}{P(\overline{C})}$，其中 $P(\overline{C}) = 1 - P(C) = \dfrac{2}{3}$，则

$$P(AB\overline{C}) = P(AB) - P(ABC) = \frac{1}{2} - 0 = \frac{1}{2},$$

所以，$P(AB \mid \overline{C}) = \dfrac{3}{4}$.

1.4.2　乘法公式

由条件概率可以得到两个事件乘积的概率等于其中一个事件的概率与另一事件在前一事件已经发生条件下的条件概率的乘积，即

$$P(AB) = P(A)P(B \mid A) \quad (P(A) > 0)$$

或　　　　　　　$$P(AB) = P(B)P(A \mid B) \quad (P(B) > 0).$$

此两式称为概率的**乘法公式**.

A，B，C 为任意三个事件，则

$$P(ABC) = P(A)P(B \mid A)P(C \mid AB).$$

这样不难推广到更多事件，A_1，A_2，$\cdots$，A_n 的乘法公式为

$$P(A_1 A_2 \cdots A_n) = P(A_1)P(A_2 \mid A_1)P(A_3 \mid A_1 A_2) \cdots P(A_n \mid A_1 A_2 \cdots A_{n-1}).$$

例 1.31　盒中有 10 件同型产品，其中 8 件正品，2 件次品，现从盒中无放回地连取 2 件，求第一次，第二次都取得正品的概率.

解　设事件 $A =$ "第一次取得正品"，$B =$ "第二次取得正品"，则

$$AB = \text{"第一次取得正品，第二次也取正品".}$$

因为在第一次已取得正品数的条件下，第二次再取产品时，盒中只有 9 件产品，其中正品只有 7 件，所以

$$P(B \mid A) = \frac{7}{9}.$$

由乘法公式得

$$P(AB) = P(A)P(B \mid A) = \frac{8}{10} \times \frac{7}{9} = \frac{28}{45}.$$

$P(AB)$ 也可用古典概率公式计算：从 10 件产品中无放回连取 2 件，事件"第一次，第二次都取得正品"等价于"从 10 件产品中任取 2 件，2 件都是正品事件".由古典概率公式可得

$$P(AB) = \frac{k}{n} = \frac{C_8^2 C_2^0}{C_{10}^2} = \frac{28}{45}.$$

例 1.32　一批产品有 3% 的废品，而合格品中一等品占 45%，从这批产品中任取一件，求该产品是一等品的概率.

解　设事件 $A =$ "取出一等品"，$B =$ "取出合格品"，$C =$ "取出废品".由题意可知

$$P(C) = \frac{3}{100}, \quad P(A \mid B) = \frac{45}{100}.$$

因为 $A \subset B$，所以

$$A = AB.$$

由乘法公式得

$$P(A) = P(AB) = P(B)P(A \mid B)$$

$$= [1 - P(C)]P(A \mid B) = \left(1 - \frac{3}{100}\right) \times \frac{45}{100} = 43.65\%.$$

例 1.33　袋中有 10 个球,其中 9 个白球,1 个黑球.10 个人依次从袋中取出一球.每人取一球后不再放回,求第 k 个人取得黑球的概率.

解　设事件 $A_k =$ "第 k 人取得黑球" $(k = 1, 2, \cdots, 10)$,显然 $P(A_1) = \frac{1}{10}$,因为 $A_2 \subset \overline{A}_1$,所以 $A_2 = \overline{A}_1 A_2$,于是有

$$P(A_2) = P(\overline{A}_1 A_2) = P(\overline{A}_1)P(A_2 \mid \overline{A}_1) = \frac{10-1}{10} \times \frac{1}{10-1} = \frac{1}{10}.$$

类似地,有

$$P(A_3) = P(\overline{A}_1 \, \overline{A}_2 A_3) = P(\overline{A}_1)P(\overline{A}_2 \mid \overline{A}_1)P(A_3 \mid \overline{A}_1 \, \overline{A}_2)$$

$$= \frac{10-1}{10} \times \frac{10-2}{10-1} \times \frac{1}{10-2} = \frac{1}{10}.$$

依此类推,最后得

$$P(A_{10}) = P(\overline{A}_1 \, \overline{A}_2 \cdots \overline{A}_9 A_{10})$$

$$= P(\overline{A}_1)P(\overline{A}_2 \mid \overline{A}_1) \cdots P(\overline{A}_9 \mid \overline{A}_1 \, \overline{A}_2 \cdots \overline{A}_8)P(A_{10} \mid \overline{A}_1 \, \overline{A}_2 \cdots \overline{A}_9)$$

$$= \frac{9}{10} \times \frac{8}{9} \times \cdots \times \frac{1}{2} \times 1 = \frac{1}{10}.$$

因此,第 k 人 $(k = 1, 2, \cdots, 10)$ 取得黑球的概率是相同的,皆为 $\frac{1}{10}$.

例 1.34　一批零件共有 100 件,其中有 10 件次品.每次从中任取一个零件,取后不放回.如果取到一个合格品就不再取下去,求在 3 次内取到合格品的概率.

解　设事件 $A_k =$ "第 k 次取到合格品" $(k = 1, 2, 3)$.

事件 $A =$ "三次内取到合格品",则由题意可知 $A = A_1 \bigcup \overline{A}_1 A_2 \bigcup \overline{A}_1 \, \overline{A}_2 A_3$ 且 $A_1, \overline{A}_1 A_2, \overline{A}_1 \, \overline{A}_2 A_3$ 互不相容,所以

$$P(A) = P(A_1) + P(\overline{A}_1 A_2) + P(\overline{A}_1 \, \overline{A}_2 A_3)$$

$$= P(A_1) + P(\overline{A}_1)P(A_2 \mid \overline{A}_1) + P(\overline{A}_1)P(\overline{A}_2 \mid \overline{A}_1)P(A_3 \mid \overline{A}_1 \, \overline{A}_2) \approx 0.9993.$$

例 1.35　袋中有同型号小球,其中 b 个黑球, r 个红球. 每次从袋中任取一球, 观其颜色后放回,并再放入同颜色、同型号的小球 k 个. 设事件 $B=$ "第一、第三次 取到红球,第二次取到黑球",求 $P(B)$.

解　设 $A_k=$ "第 k 次取到红球" $(k=1,2,3)$,则 $B=A_1\overline{A_2}A_3$,所以

$$P(B)=P(A_1\overline{A_2}A_3)=P(A_1)P(\overline{A_2}\mid A_1)P(A_3\mid A_1\overline{A_2})$$

$$=\frac{r}{b+r}\cdot\frac{b}{b+(r+k)}\cdot\frac{r+k}{(b+k)+(r+k)}.$$

1.4.3　事件的独立性

1. 两个事件的独立性

(1) 独立性的概念

直观地讲,如果两个事件 A 与 B 中任何一个事件是否发生都不影响另一个事件是否发生的可能性,则称事件 A 与 B **相互独立**.

例如,甲、乙二人同时向一目标射击各一次,彼此互不影响. 设事件 $A=$ "甲击中"; $B=$ "乙击中",则 A, B 是相互独立的. "乙击中"与否并不影响"甲击中"的概率,即

$$P(A\mid B)=P(A).$$

同样,"甲击中"与否并不影响"乙击中"的概率,亦即

$$P(B\mid A)=P(B).$$

因此, A, B 两个事件相互独立的等价说法是:在 B 已经发生的条件下, A 的条件概率等于 A 的无条件概率;或者在 A 已经发生的条件下, B 的条件概率等于 B 的无条件概率. 在 $P(A)\neq 0$, $P(B)\neq 0$ 的情况下,有

$$A,B\text{ 相互独立}\Longleftrightarrow P(A\mid B)=P(A)\Longleftrightarrow P(B\mid A)=P(B).$$

事件的独立性是一个重要的概念,在实际问题中两个事件是否独立,通常不是通过计算来验证的,而是根据具体问题中的实际意义来判断.

例如,两台机床互不联系地各自运转,则"这台机床发生故障"与"那台机床发生故障"是相互独立的;而地球上"甲地地震"与"乙地地震"就不能轻易判定是相互独立的,因为它们可能存在某种内在的联系,甲地地震与否对乙地地震的概率具有一定的影响.

（2）独立事件的乘法公式

一般来说，$P(B \mid A) \neq P(B)$，如果 $P(B \mid A) = P(B)$，则乘法公式为

$$P(AB) = P(A)P(B);$$

反之，如果 $P(AB) = P(A)P(B)$，则有

$$P(B \mid A) = P(B).$$

$P(AB) = P(A)P(B)$ 表示事件 A 与事件 B 之间具有"其中一个发生不影响另一个发生的概率"，这种关系表示了 A 与 B 具有相互独立的特点.

定义 1.17　设 A，B 是随机试验 E 的两个事件，如果

$$P(AB) = P(A)P(B),$$

则称事件 A 与事件 B **相互独立**.

定理 1.1　若事件 A 与 B 相互独立，则 A 与 $\overline{B}$，$\overline{A}$ 与 B，$\overline{A}$ 与 $\overline{B}$ 也相互独立.

证明　这里仅证明第一个，其余可运用第一个结论得到（或类似地证明）.

$$P(A\overline{B}) = P(A) - P(AB) = P(A) - P(A)P(B)$$
$$= P(A)[1 - P(B)] = P(A)P(\overline{B}),$$

这表明事件 A 与 $\overline{B}$ 相互独立.

根据实际情况判断两个事件相互独立的例子很多. 例 1.28 中提到事件 $A =$ "长度合格"与 $B =$ "光洁度合格"两个事件. 可认为没有任何必然联系，是独立事件. 从实际情况看，如果其中一个事件发生并不影响另一个事件发生的概率，或影响十分轻微，那么就可以认为二者相互独立.

（3）独立事件的加法公式

若事件 A 与 B 相互独立，则

$$P(A \bigcup B) = P(A) + P(B) - P(A)P(B),$$

亦可表示为

$$P(A \bigcup B) = 1 - P(\overline{A})P(\overline{B}).$$

第一个式子可由 $P(AB) = P(A)P(B)$ 及任意事件的加法公式立即推得，现证第二个式子

$$P(A \bigcup B) = 1 - P(\overline{A \bigcup B}) = 1 - P(\overline{A}\overline{B}) = 1 - P(\overline{A})P(\overline{B}).$$

例 1.36　从一副不含大小王的扑克牌中任取一张，记事件 $A =$ "抽到 K"，

$B =$"抽到的牌是黑色的",问事件 A, B 是否独立?

解 由题意可知

$$P(A) = \frac{4}{52} = \frac{1}{13}, \quad P(B) = \frac{26}{52} = \frac{13}{26}, \quad P(AB) = \frac{2}{52} = \frac{1}{26}.$$

显然 $P(AB) = P(A)P(B)$,说明事件 A, B 相互独立.

例 1.37 甲、乙两射手同时独立地向某一目标各射击一次,命中率分别为 p_1, $p_2(0 < p_1, p_2 < 1)$,求(1) 两人同时命中的概率;(2) 甲中、乙不中的概率;(3) 甲、乙恰有一人命中的概率;(4) 至少有一人命中的概率.

解 设事件 $A =$"甲命中目标",事件 $B =$"乙命中目标".

(1) $P(AB) = P(A)P(B) = p_1 p_2$.

(2) $P(A\overline{B}) = P(A)P(\overline{B}) = p_1(1 - p_2)$.

(3) $P(A\overline{B} \bigcup \overline{A}B) = P(A)P(\overline{B}) + P(\overline{A})P(B) = p_1(1 - p_2) + (1 - p_1)p_2$.

(4) 有两种解法(结果是一致的).

解法 1 $P(A \bigcup B) = P(A) + P(B) - P(A)P(B) = p_1 + p_2 - p_1 p_2$.

解法 2 $P(A \bigcup B) = 1 - P(\overline{A})P(\overline{B}) = 1 - (1 - p_1)(1 - p_2) = p_1 + p_2 - p_1 p_2$.

(4) 独立性和互不相容性的不同.

需要指出的是,事件 A, B 相互独立与 A, B 互不相容是两个不同的概念,切不可将其混淆起来.所谓 A, B 相互独立,其实质是事件 A 发生与事件 B 的发生毫无关系;所谓 A, B 互不相容,其实质是事件 B 的发生,必然导致事件 A 的不发生.

例 1.38 求证:若 $P(A) \neq 0$, $P(B) \neq 0$,则 A, B 独立与 A, B 互不相容不能同时成立.

证明 若 A, B 独立,则 $P(AB) = P(A)P(B) \neq 0$,故有 $AB \neq \varnothing$,即 A, B 相容;

若 A, B 互不相容,则 $P(AB) = P(\varnothing) = 0$,而 $P(A) \neq 0$, $P(B) \neq 0$,故有 $P(AB) \neq P(A)P(B)$,即 A, B 不独立.

注意 不难发现,$\varnothing$(或 Ω)与任何事件都是独立的;$\varnothing$ 与 Ω 独立且互不相容.

2. 多个事件的独立性

下面我们将独立性的概念推广到三个事件的情况.

定义 1.18 设三个事件 A, B, C 满足等式

$$P(AB) = P(A)P(B), \quad P(AC) = P(A)P(C), \quad P(BC) = P(B)P(C),$$
$$P(ABC) = P(A)P(B)P(C),$$

则称事件 A，B，C 相互独立.

一般地，设 $n\,(n\geqslant 2)$ 个事件 A_1，A_2，$\cdots$，A_n，如果对于其中任意 2 个，任意 3 个，$\cdots\cdots$，任意 n 个事件的积事件的概率，都等于各事件概率之积，则称事件 A_1，A_2，$\cdots$，A_n 相互独立，且有下面的乘法公式和加法公式.

$$P(A_1 A_2 \cdots A_n) = P(A_1)P(A_2)\cdots P(A_n),$$

$$P(A_1 \bigcup A_2 \bigcup \cdots \bigcup A_n) = 1 - P\overline{A_1 \bigcup A_2 \bigcup \cdots \bigcup A_n}$$

$$= 1 - P(\overline{A_1})P(\overline{A_2})\cdots P(\overline{A_n}).$$

例 1.39 有四张卡片，如图所示，现从中任取一张，设事件 A，B，C 分别表示抽到写有数字 1，2，3 的卡片，试判定事件 A，B，C 之间的关系.

$$\boxed{1}\quad\boxed{2}\quad\boxed{3}\quad\boxed{1,2,3}$$

解 由题意知

$$P(A) = \frac{1}{2}, \quad P(B) = \frac{1}{2}, \quad P(C) = \frac{1}{2},$$

$$P(AB) = \frac{1}{4}, \quad P(AC) = \frac{1}{4}, \quad P(BC) = \frac{1}{4}.$$

从而

$$P(AB) = P(A)P(B), \quad P(AC) = P(A)P(C), \quad P(BC) = P(B)P(C).$$

这说明 A，B，C 两两相互独立.

而 $$P(ABC) = \frac{1}{4}, \quad P(ABC) \neq P(A)P(B)P(C),$$

说明事件 A，B，C 不相互独立.

例 1.40 某人做一次试验获得成功的概率仅为 0.2，他持之以恒不断重复试验.求他做 10 次试验至少成功一次的概率.做 20 次结果又怎么样呢?

解 设做 k 次试验至少成功一次的概率为 p_k，$A_i =$ "第 i 次成功"（$i = 1$，2，$\cdots$），则

$$p_{10} = P(A_1 \bigcup A_2 \bigcup \cdots \bigcup A_{10}) = 1 - P(\overline{A_1 \bigcup A_2 \bigcup \cdots \bigcup A_{10}})$$

$$= 1 - P(\overline{A_1})P(\overline{A_2})\cdots P(\overline{A_{10}}) = 1 - (1 - 0.2)^{10} \approx 0.892\,6,$$

$$p_{20} = P(A_1 \bigcup A_2 \bigcup \cdots \bigcup A_{20}) = 1 - P(\overline{A_1})P(\overline{A_2})\cdots P(\overline{A_{20}})$$

$$= 1 - (1 - 0.2)^{20} \approx 0.988\,5.$$

例 1.41 设每名射手射击移动目标的命中率为 0.6,现有若干名射手同时独立地对移动目标进行一次射击,问需要多少名射手才能以 0.99 的把握击中移动目标?

解 设需要 n 名射手才能以 0.99 的把握击中移动目标,并设事件 $A_k =$ "第 k 位射手击中移动目标"$(k = 1, 2, \cdots, n)$, $B =$ "移动目标被击中". 依题意要求

$$P(B) = P(A_1 \bigcup A_2 \bigcup \cdots \bigcup A_n) \geqslant 0.99,$$

而

$$P(B) = 1 - P(\overline{A}_1)P(\overline{A}_2) \cdots P(\overline{A}_n) = 1 - 0.4^n \geqslant 0.99,$$

即

$$0.4^n \leqslant 0.01, \quad \text{故 } n \geqslant \frac{\ln 0.01}{\ln 0.4} \approx 5.06.$$

因此至少需要 6 名射手才能以 0.99 的把握击中移动目标.

例 1.42 已知 $0 < P(A) < 1$,且 $P(B \mid A) = P(B \mid \overline{A})$,求证事件 A 与 B 相互独立.

证明 已知 $P(B \mid A) = \dfrac{P(AB)}{P(A)}$,

$$P(B \mid \overline{A}) = \frac{P(\overline{A}B)}{P(\overline{A})} = \frac{P(B) - P(AB)}{1 - P(A)}.$$

因为 $P(B \mid A) = P(B \mid \overline{A})$,

则 $\dfrac{P(AB)}{P(A)} = \dfrac{P(B) - P(AB)}{1 - P(A)}$,

解得 $P(AB) = P(A)P(B)$,

所以事件 A 与 B 相互独立.

1.4.4 伯努利概型

有一类十分广泛存在的只有互相对立的两个结果的试验,即试验 E 只有两个基本事件 A 和 $\overline{A}$.

例如,对目标射击一次,只有"命中"与"不中";掷钱币,只有"正面朝上"与"反面朝上";出生婴儿,只有"男婴"与"女婴";从一批产品中任取一件,只有"合格"与"不合格".

定义 1.19 若试验 E 只有两个结果:A 与 $\overline{A}$,设 $P(A) = p$, $P(\overline{A}) = 1 - p = q\ (0 < p < 1)$. 将 E 独立重复进行 n 次,则称这 n 次独立重复试验为 **n 重伯努利**

试验,简称**伯努利试验**.这里所谓"重复"是指在每次试验中 $P(A) = p$ 保持不变.

伯努利试验是一种重要的数学模型,它的应用很广泛.在 n 重伯努利试验中,事件 A 正好出现 k 次的概率有个一般的计算公式,先看一个例题.

例 1.43　设某人打靶,每次命中的概率均为 0.7,现独立重复射击 4 次,求正好命中 2 次的概率.

解　设事件 $B =$ "独立重复射击 4 次正好命中 2 次",事件 $A_k =$ "第 k 次射击命中",则

$$P(A_k) = 0.7, \quad P(\overline{A_k}) = 0.3 \quad (k = 1, 2, 3, 4).$$

独立重复射击 4 次中正好命中 2 次,有下列 C_4^2 种互不相容的结果:

$$A_1 A_2 \overline{A_3}\, \overline{A_4}, \quad A_1 \overline{A_2} A_3 \overline{A_4}, \quad A_1 \overline{A_2}\, \overline{A_3} A_4,$$

$$\overline{A_1} A_2 A_3 \overline{A_4}, \quad \overline{A_1} A_2 \overline{A_3} A_4, \quad \overline{A_1}\, \overline{A_2} A_3 A_4.$$

由于各次射击相互独立,于是有

$$P(A_1 A_2 \overline{A_3}\, \overline{A_4}) = P(A_1 \overline{A_2} A_3 \overline{A_4}) = P(A_1 \overline{A_2}\, \overline{A_3} A_4) = P(\overline{A_1} A_2 A_3 \overline{A_4})$$

$$= P(\overline{A_1} A_2 \overline{A_3} A_4) = P(\overline{A_1}\, \overline{A_2} A_3 A_4) = 0.7^2 \times (0.3)^{4-2}.$$

又由于

$$B = A_1 A_2 \overline{A_3}\, \overline{A_4} \bigcup A_1 \overline{A_2} A_3 \overline{A_4} \bigcup \cdots \bigcup \overline{A_1}\, \overline{A_2} A_3 A_4,$$

右边共有互不相容的 C_4^2 个事件,且每个事件的概率都是

$$0.7^2 \times 0.3^{4-2},$$

故

$$P(B) = C_4^2 0.7^2 \times 0.3^{4-2} = 0.264\,6.$$

把这道题的解法一般化,就可以得到 n 重伯努利试验概型的计算公式.

定理 1.2(伯努利定理)　在 n 重伯努利试验中,事件 A 正好发生 k 次的概率为

$$P(A \text{ 正好发生 } k \text{ 次}) = C_n^k p^k q^{n-k} \quad (k = 0, 1, 2, \cdots, n),$$

其中,p 为一次试验中事件 A 发生的概率,$q = 1 - p$.

证明　设 $B_1, B_2, \cdots, B_m$ 为构成"A 正好发生 k 次"的那些试验结果,于是有

(1) "A 正好发生 k 次" $= B_1 \bigcup B_2 \bigcup \cdots \bigcup B_m$,且 $B_1, B_2, \cdots, B_m$ 互不相容;

(2) $P(B_1) = P(B_2) = \cdots = P(B_m) = p^k q^{n-k}$;

(3) $m = C_n^k$.

综上可得

$$P(A\text{ 正好发生 }k\text{ 次}) = C_n^k p^k q^{n-k} \quad (k = 0, 1, 2, \cdots, n).$$

例 1.44 从学校乘汽车去火车站一路上有 4 个交通岗,到各个岗遇到红灯是相互独立的,且概率为 0.3,求某人从学校到火车站途中 2 次遇到红灯的概率.

解 途中遇到 4 次交通岗可视为 4 重伯努利试验,其中 $p = 0.3$, $n = 4$,则

$$P(2\text{ 次遇到红灯}) = C_4^2 0.3^2 0.7^2 \approx 0.26.$$

例 1.45 购买一张彩票中奖的概率为 $p = 0.01$,问需要买多少张彩票才能使至少中一次奖的概率不小于 0.95?

解 设需要买 n 张彩票,X 表示中奖的次数,由题意

$$P(X \geqslant 1) = 1 - P(X = 0) = 1 - C_n^0 0.01^0 0.99^n = 1 - 0.99^n \geqslant 0.95,$$

于是

$$n \geqslant \frac{\ln 0.05}{\ln 0.99} = 299.57.$$

因此至少要买 300 张彩票才行.

例 1.46 设每台机床在一天内需要修理的概率为 0.02,某车间有 50 台这种机床,试求在一天内需要修理的机床.(1)不多于 2 台的概率;(2)至少有 1 台的概率;(3)2 台至 4 台的概率.

解 将观察每台机床在一天内是否需要修理看成一次伯努利试验. 设事件 $A =$ "需要修理",则 $P(A) = 0.02$, $P(\overline{A}) = 0.98$. 50 台机床是否需要修理可看成是相互独立的,故符合 50 重伯努利试验的条件.

(1) $P(\text{正好有 0 台需要修理}) = 0.98^{50} \approx 0.364$,

$P(\text{正好有 1 台需要修理}) = C_{50}^1 0.02^1 \times 0.98^{49} \approx 0.372$,

$P(\text{正好有 2 台需要修理}) = C_{50}^2 0.02^2 \times 0.98^{48} \approx 0.186$,

于是一天内需要修理的机床不多于 2 台的概率为上述三者之和,即

$$P(\text{不多于 2 台}) = 0.364 + 0.372 + 0.186 = 0.922.$$

(2) $P(\text{至少有一台}) = 1 - P(\text{正好有 0 台需要修理}) \approx 1 - 0.364 = 0.636$.

(3) $P(\text{正好有 3 台需要修理}) = C_{50}^3 0.02^3 \times 0.98^{47} \approx 0.061\ 313$;

$P(\text{正好有 4 台需要修理}) = C_{50}^4 0.02^4 \times 0.98^{46} \approx 0.015\ 328$;

$$P(\text{有 2 台至 4 台需要修理}) = \sum_{k=2}^{4} C_{50}^k 0.02^k 0.98^{50-k}$$

$$\approx 0.186 + 0.061\ 313 + 0.015\ 328 \approx 0.262.$$

可见要计算这些结果是很麻烦的,好在人们已经找到了近似公式. 当 n 很大 p 很小时,有下面的近似公式

$$C_n^k p^k q^{n-k} \approx \frac{(np)^k}{k!} e^{-np} \quad (k = 0, 1, 2, \cdots).$$

其中,$p + q = 1$,上式右端的结果还可通过查附表三(泊松分布表)求得.

伯努利概型是一个常用的概率模型,应用中只要分析所遇到的问题是否符合 n 重伯努利试验条件,如果符合,则概率的计算便可利用上述公式完成.

1.5　全概公式与逆概公式

全概公式与逆概公式(也称贝叶斯公式)是借助于较简单事件推算出较复杂事件的概率,这两个公式有密切联系,学习中要特别注意公式使用的条件(已知哪些简单事件的概率)与公式的结构,以及两个公式中问题的不同提法. 掌握这几点就可将某类复杂事件的概率通过全概公式和逆概公式计算出来.

1.5.1　全概公式

例 1.47　市场供应的保温杯中,甲厂产品占 50%,乙厂产品占 30%,丙厂产品占 20%. 甲厂产品的合格率为 90%,乙厂产品的合格率为 85%,丙厂产品的合格率为 80%,现随意购买一只保温杯,求买到的是合格品的概率.

本例中试验 E 是从市场买到一个保温杯.

解　设事件 $A_1 =$ "买到的是甲厂产品",$A_2 =$ "买到的是乙厂产品",$A_3 =$ "买到的是丙厂产品",$B =$ "买到的是合格品".

由题意可知

$$P(A_1) = 0.5, \quad P(A_2) = 0.3, \quad P(A_3) = 0.2,$$
$$P(B \mid A_1) = 0.9, \quad P(B \mid A_2) = 0.85, \quad P(B \mid A_3) = 0.8.$$

因为在试验 E 下有 $A_1 \cup A_2 \cup A_3 = S$,也就是任意买一个保温杯时,甲、乙、丙三厂产品至少有一个厂的产品被取得,且 A_1,A_2,A_3 两两互不相容,所以

$$B = BS = B(A_1 \cup A_2 \cup A_3) = BA_1 \cup BA_2 \cup BA_3.$$

这个等式把事件 B 分解成了已知简单事件的和. 而 BA_1,BA_2,BA_3 互不相容,运用互不相容事件的和的概率公式与概率的乘法公式便有

$$P(B) = P(BA_1) + P(BA_2) + P(BA_3)$$
$$= P(A_1)P(B \mid A_1) + P(A_2)P(B \mid A_2) + P(A_3)P(B \mid A_3),$$

而等式右端的概率都是已知的,故有

$$P(B) = 0.5 \times 0.9 + 0.3 \times 0.85 + 0.2 \times 0.8 = 0.865.$$

把这道题的解法一般化,就可以得到全概公式.

定理 1.3(全概公式) 若事件组 A_1, A_2, $\cdots$, A_n 满足:

(1) A_1, A_2, $\cdots$, A_n 两两互不相容,且

$$P(A_k) > 0 \quad (k = 1, 2, \cdots, n);$$

(2) $A_1 \cup A_2 \cup \cdots \cup A_n = S$ (完备性),则对任何事件 B 都有

$$P(B) = \sum_{k=1}^{n} P(A_k)P(B \mid A_k).$$

证明 因为

$$B = BS = B(A_1 \cup A_2 \cup \cdots \cup A_n) = BA_1 \cup BA_2 \cup \cdots \cup BA_n,$$

右端 n 个事件两两互不相容,于是

$$P(B) = P(BA_1) + P(BA_2) + \cdots + P(BA_n)$$
$$= P(A_1)P(B \mid A_1) + P(A_2)P(B \mid A_2) + \cdots + P(A_n)P(B \mid A_n).$$

此式称为**全概公式**.

满足定理 1.3 中两个条件的事件组 A_1, A_2, $\cdots$, A_n 称为**完备事件组**. 图 1-17 表示任何事件 B 被完备事件组包含,B 的发生可认为伴随着 A_1, A_2, $\cdots$, A_n 发生. 图中 $BA_1 = \varnothing$, 在这种情况下公式仍可用,只不过 $P(BA_1) = 0$.

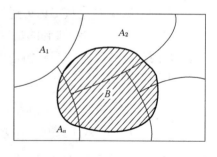

图 1-17

例 1.48 某仪器有 3 个灯泡,烧坏第一、第二、第三个灯泡的概率分别为 0.1, 0.2, 0.3.(1)当烧坏一个灯泡时,仪器发生故障的概率为 0.25;(2)当烧坏两个灯泡时,仪器发生故障的概率为 0.6;(3)当烧坏三个灯泡时,仪器发生故障的概率为 0.9.求仪器发生故障的概率.

解 设事件 $A_k = $ "恰有 k 个灯泡烧坏"($k = 1, 2, 3$); $B = $ "仪器发生故障".

由题意可知

$$P(A_1) = 0.1(1-0.2)(1-0.3) + (1-0.1) \times 0.2 \times (1-0.3) +$$
$$(1-0.1)(1-0.2) \times 0.3$$
$$= 0.398,$$
$$P(A_2) = 0.1 \times 0.2 \times 0.7 + 0.1 \times 0.8 \times 0.3 + 0.9 \times 0.2 \times 0.3 = 0.092,$$
$$P(A_3) = 0.1 \times 0.2 \times 0.3 = 0.006,$$
$$P(B \mid A_1) = 0.25, \quad P(B \mid A_2) = 0.6, \quad P(B \mid A_3) = 0.9,$$

则

$$P(A) = \sum_{k=1}^{3} P(A_k) P(B \mid A_k)$$
$$= 0.398 \times 0.25 + 0.092 \times 0.6 + 0.006 \times 0.9 = 0.208\ 7.$$

例 1.49　某厂生产的仪器每台以 0.7 的概率可以直接出厂,以 0.3 的概率需要进一步调试. 经调试后以 0.8 的概率可以出厂,以 0.2 的概率为不合格品不能出厂,求每台仪器能出厂的概率.

解　设事件 $A = $ "仪器需要调试",$\overline{A} = $ "仪器不需要调试",$B = $ "仪器可以出厂",由题意有

$$P(A) = 0.3, \quad P(\overline{A}) = 0.7, \quad P(B \mid A) = 0.8, \quad P(B \mid \overline{A}) = 1,$$

于是

$$P(B) = P(A)P(B \mid A) + P(\overline{A})P(B \mid \overline{A}) = 0.3 \times 0.8 + 0.7 \times 1 = 0.94.$$

1.5.2　逆概公式(贝叶斯公式)

例 1.50(续例 1.47)　市场供应的保温杯中,甲厂产品占 50%;乙厂产品占 30%;丙厂产品占 20%. 甲厂产品的合格率为 90%;乙厂产品的合格率为 85%;丙厂产品的合格率为 80%. 若买到的一只保温杯是合格品,求这只保温杯是甲厂生产的概率.

解　仍用例 1.47 中的符号,所求概率为 $P(A_1 \mid B)$,根据条件概率的计算公式有

$$P(A_1 \mid B) = \frac{P(A_1 B)}{P(B)},$$

根据乘法公式有

$$P(A_1 B) = P(A_1) P(B \mid A_1),$$

根据全概公式有

$$P(B) = \sum_{k=1}^{3} P(A_k) P(B \mid A_k),$$

故

$$P(A_1 \mid B) = \frac{P(A_1) P(B \mid A_1)}{\sum_{k=1}^{3} P(A_k) P(B \mid A_k)}$$

$$= \frac{0.5 \times 0.9}{0.5 \times 0.9 + 0.3 \times 0.85 + 0.2 \times 0.8} = \frac{0.45}{0.865} \approx 0.52.$$

同样还可求得这个合格品是乙厂、丙厂生产的概率:

$$P(A_2 \mid B) = \frac{0.3 \times 0.85}{0.865} = \frac{0.255}{0.865} \approx 0.295,$$

$$P(A_3 \mid B) = \frac{0.2 \times 0.8}{0.865} = \frac{0.16}{0.865} \approx 0.185.$$

把这道题的解法一般化,就可以得到逆概公式.

定理 1.4(逆概公式或贝叶斯公式) 设事件组 A_1, A_2, $\cdots$, A_n 满足定理 1.3 中的条件(1),(2),则对任何事件 B $(P(B) \neq 0)$ 有

$$P(A_k \mid B) = \frac{P(A_k) P(B \mid A_k)}{\sum_{i=1}^{n} P(A_i) P(B \mid A_i)} \quad (k = 1, 2, \cdots, n).$$

证明 $P(A_k \mid B) = \dfrac{P(A_k B)}{P(B)} = \dfrac{P(A_k) P(B \mid A_k)}{\sum_{i=1}^{n} P(A_i) P(B \mid A_i)}.$

例 1.51 商店按箱出售玻璃杯,每箱 20 只,其中每箱含 0, 1, 2 只次品的概率分别为 0.8, 0.1, 0.1. 某顾客选中一箱,从中任选 4 只检查,结果都是好的,便买下了这一箱. 问这一箱含有一只次品的概率是多少?

解 设事件 A_0, A_1, A_2 分别表示每箱含 0, 1, 2 只次品;事件 $B =$ "从一箱中任取 4 只检查,结果都是好的". 由题意可知

$$P(A_0) = 0.8, \quad P(A_1) = 0.1, \quad P(A_2) = 0.1,$$

$$P(B \mid A_0) = 1, \quad P(B \mid A_1) = \frac{C_{19}^4}{C_{20}^4} = \frac{4}{5}, \quad P(B \mid A_2) = \frac{C_{18}^4}{C_{20}^4} = \frac{12}{19}.$$

由逆概公式得

$$P(A_1 \mid B) = \frac{P(A_1)P(B \mid A_1)}{\sum\limits_{k=0}^{2} P(A_k)P(B \mid A_k)}$$

$$= \frac{0.1 \times \dfrac{4}{5}}{0.8 \times 1 + 0.1 \times \dfrac{4}{5} + 0.1 \times \dfrac{12}{19}} \approx 0.084\,8.$$

例 1.52　某人从外地赶来参加紧急会议,他乘火车、轮船、汽车或飞机来的概率分别是 0.3, 0.2, 0.1 及 0.4. 如果他乘飞机不会迟到,而乘火车、轮船或汽车迟到的概率分别为 $\dfrac{1}{4}$, $\dfrac{1}{3}$, $\dfrac{1}{12}$,试求(1) 他迟到的概率;(2) 如果他迟到了,试推断他是怎样来的.

解　设事件 $A_k(k=1, 2, 3, 4)$ 分别表示他是乘火车、轮船、汽车或飞机来的,事件 $B =$ “他迟到了”.

由题意有

$$P(A_1) = 0.3, \quad P(A_2) = 0.2, \quad P(A_3) = 0.1, \quad P(A_4) = 0.4,$$

$$P(B \mid A_1) = \frac{1}{4}, \quad P(B \mid A_2) = \frac{1}{3}, \quad P(B \mid A_3) = \frac{1}{12}, \quad P(B \mid A_4) = 0.$$

(1) 由全概公式得

$$P(B) = \sum_{k=1}^{4} P(A_k)P(B \mid A_k)$$

$$= \frac{1}{4} \times \frac{3}{10} + \frac{1}{3} \times \frac{1}{5} + \frac{1}{12} \times \frac{1}{10} + \frac{2}{5} \times 0 = \frac{3}{20}.$$

(2) 由逆概公式得

$$P(A_1 \mid B) = \frac{P(A_1)P(B \mid A_1)}{P(B)} = \frac{\dfrac{3}{40}}{\dfrac{3}{20}} = \frac{1}{2},$$

$$P(A_2 \mid B) = \frac{P(A_2)P(B \mid A_2)}{P(B)} = \frac{\dfrac{1}{15}}{\dfrac{3}{20}} = \frac{4}{9},$$

$$P(A_3 \mid B) = \frac{P(A_3)P(B \mid A_3)}{P(B)} = \frac{\dfrac{1}{120}}{\dfrac{3}{20}} = \frac{1}{18}.$$

由此可以推断,此人迟到是由于乘火车的可能性最大.

例 1.53 箱中有一号袋 1 个,二号袋 2 个. 一号袋中装 1 个红球,2 个黄球;每个二号袋中装 2 个红球,1 个黄球. 今从箱中随机抽取一袋,再从袋中随机抽取一球,结果为红球. 求这个红球来自一号袋的概率.

解 设事件 $A = $ "取到一号袋",$\overline{A} = $ "取到二号袋",$B = $ "取到红球".

由题意有

$$P(A) = \frac{1}{3}, \quad P(\overline{A}) = \frac{2}{3},$$

$$P(B \mid A) = \frac{1}{3}, \quad P(B \mid \overline{A}) = \frac{2}{3}.$$

由逆概公式得

$$P(A \mid B) = \frac{P(A)P(B \mid A)}{P(A)P(B \mid A) + P(\overline{A})P(B \mid \overline{A})}$$

$$= \frac{\dfrac{1}{3} \times \dfrac{1}{3}}{\dfrac{1}{3} \times \dfrac{1}{3} + \dfrac{2}{3} \times \dfrac{2}{3}} = \frac{1}{5}.$$

全概公式与逆概公式都是将较复杂的事件分解为较简单的、互不相容的事件,从而简化了计算. 全概公式用于直接计算所关心的事件 B 的概率,逆概公式用于事件 B 与某种情况 $A_k(k = 1, 2, \cdots, n)$ 一同发生的概率. 如果把 A_k 看成是导致事件 B 发生的原因,那么问题成为:事件 B 已经发生,问由于事件 A_k 导致事件 B 发生的可能性有多大?

习 题 1

1. 下列随机试验各包含几个基本事件?

(1) 将有记号 a, b 的两只球随机放入编号为 $1, 2, 3$ 的三个盒子里(每个盒子可容纳两只球);

(2) 观察三粒不同种子的发芽情况;

(3) 从 5 人中任选 2 名参加某项活动;

(4) 某人参加 1 次考试,观察其得分(按百分制记分)情况;

(5) 将 a, b, c 3 只球装入 3 个盒子中去,使每个盒子各装 1 只球.

2. 事件 A 表示"5 件产品中至少有 1 件废品",事件 B 表示"5 件产品都是合格品",则 $A \bigcup B$, AB 各表示什么事件? A, B 之间有什么关系?

3. 随机抽验 3 件产品,设 A 表示"3 件中至少有 1 件是废品",B 表示"3 件中至少有 2 件是废品",C 表示"3 件都是正品".问:$\overline{A}$, $\overline{B}$, $\overline{C}$, $A \bigcup B$, AC 各表示什么事件?

4. 对飞机进行 2 次射击,每次射一弹,设 A_1 表示"第 1 次射击击中飞机",A_2 表示"第 2 次射击击中飞机".试用 A_1, A_2 及它们的对立事件表示下列各事件.

(1) B = "两弹都击中飞机";

(2) C = "两弹都没击中飞机";

(3) D = "恰有一弹击中飞机";

(4) E = "至少有一弹击中飞机".

并指出 B, C, D, E 中哪些是互不相容,哪些是对立的.

5. 在某班任选一名学生.记 A = "选出的是男生",B = "选出的是运动员",C = "选出的是北方人",问:

(1) $A\overline{B}C$, $A\overline{B}\,\overline{C}$ 各表示什么事件?

(2) $C \subset B$, $A\overline{B} \subset \overline{C}$ 各表示什么意义?

(3) 在什么条件下,$ABC = A$?

6. 设 A_1, A_2, A_3, A_4 是 4 个随机事件,试用这几个事件表示下列各事件.

(1) 这 4 个事件都发生;

(2) 这 4 个事件都不发生;

(3) 这 4 个事件至少有一个发生;

(4) A_1, A_2 都发生,A_3, A_4 都不发生;

(5) 这 4 个事件至多有一个发生;

(6) 这 4 个事件中恰有一个发生.

7. 从一副扑克牌(52 张,不含大小王)中任取 4 张,求取得 4 张花色都不相同的概率.

8. 某房间里有 4 个人,设每个人出生于 1 至 12 月中每一个月是等可能的.求至少有 1 人生日在 10 月的概率.

9. 袋中有 10 只形状相同的球,其中 4 只红球,6 只白球,现从袋中一个接一个地任取球抛掷出去,求第 3 次抛掷的是红球的概率.

10. 将一枚硬币连续投掷 10 次,求至少一次出现正面的概率.

11. 盒中有 10 只乒乓球,其中 6 只新球,4 只旧球.今从盒中任取 5 只,求正好取得 3 只新球 2 只旧球的概率.

12. 在 10 件产品中,有 6 件正品,4 件次品,甲从 10 件中任取一件(不放回)后,乙再从中任

取一件.记 A="甲取得正品",B="乙取得正品",求 $P(A)$,$P(B|A)$,$P(B|\overline{A})$.

13. 两条小河被工厂废水污染,第一条小河被污染的概率为 $\dfrac{2}{5}$,第二条小河被污染的概率为 $\dfrac{3}{4}$,至少有一条小河被污染的概率为 $\dfrac{4}{5}$,求在第一条小河被污染的条件下第二条小河也被污染的概率.

14. 甲袋中有3个白球,7个红球,15个黑球;乙袋中有10个白球,6个红球,9个黑球.今从两袋中各取一个球,求下列事件的概率.

(1) A = "取得2个红球";

(2) B = "取得的两个球颜色相同".

15. 制造某种零件可以采用两种不同的工艺:第一种工艺要经过三道工序,经过各道工序时,出现不合格品的概率分别为 0.1,0.2,0.3;第二种工艺只经过两道工序,但经过各道工序时,出现不合格品的概率均为 0.3.如果采用第一种工艺,则在合格的零件中得到一级品的概率为 0.9;而采用第二种工艺,则在合格的零件中得到一级品的概率为 0.8.试问采用何种工艺获得一级品的概率较大.(注:各道工序是否出现不合格品是相互独立的.)

16. 一箱产品共100件,其中有5件有缺陷,但外观难区别,今从中任取5件进行检验.按规定,若未发现有缺陷产品,则全箱判为一级品;若发现1件产品有缺陷,则全箱判为二级品;若发现2件及2件以上有缺陷,则全箱判为次品.试分别求该箱产品被判为一级品(记为 A),二级品(记为 B),次品(记为 C)的概率.

17. 车间内有10台同型号的机床独立运转,已知1 h内每台机床出故障的概率为 0.01,求1 h内正好有3台机床出故障的概率.

18. 据医院经验,有一种中草药对某种疾病的治疗效率为0.8.现有10人同时服用这种中草药治疗该种疾病,求至少对6人有疗效的概率.

19. 加工某产品需经过两道工序,如果经过每道工序合格的概率均为0.95,求至少有一道工序不合格的概率.

20. 已知 $P(A)=0.2$,$P(B)=0.45$,$P(AB)=0.15$,求

(1) $P(A\overline{B})$,$P(\overline{A}B)$,$P(\overline{A}\,\overline{B})$;

(2) $P(\overline{A}\cup B)$,$P(\overline{A}\cup\overline{B})$;

(3) $P(A\mid B)$,$P(B\mid A)$,$P(A\mid\overline{B})$.

21. 计算.

(1) 已知 $P(A)=0.6$,$P(\overline{A}B)=0.2$,$P(B)=0.4$,求 $P(AB)$,$P(A-B)$.

(2) 已知 $P(\overline{A})=0.3$,$P(B)=0.4$,$P(A\overline{B})=0.5$,求 $P(A\cup B)$.

(3) 已知事件 A,B 满足 $P(AB)=P(\overline{A}\overline{B})$,且 $P(A)=0.3$,求 $P(B)$.

22. 甲、乙两个学生参加同一门课程考试,已知甲、乙各获得80分以上的概率分别是 $\dfrac{2}{3}$,$\dfrac{3}{5}$,求至少有一个人获得80分以上的概率.

23. 设两两独立的三个事件 A，B，C 满足：$ABC = \varnothing$，$P(A) = P(B) = P(C) < \dfrac{1}{2}$，且已知 $P(A \cup B \cup C) = \dfrac{9}{16}$，求 $P(A)$.

24. 从数 1，2，3，4 中任取一个数，记为 X，再从 1，2，…，X 中任取一个数，记为 Y，求 $P(Y = 2)$.

25. 有外观相同的三极管 6 只，按流量放大系数分类，4 只属于甲类，2 只属于乙类. 不放回地抽取三极管 2 次，每次只抽 1 只. 求在第一次抽到的是甲类三极管的条件下，第二次又抽到甲类三极管的概率.

26. 10 个零件中有 7 个正品，3 个次品，每次无放回地随机抽取一个来检验，求（1）第 3 次才取到正品的概率；（2）抽 3 次，至少有 1 个正品的概率.

27. 一个工人看管 3 台机床，在 1 h 内机床不需要工人照管的概率：第一台为 0.9，第二台为 0.8，第三台为 0.7. 求在 1 h 内

(1) 3 台机床都不需要工人照管的概率；

(2) 3 台机床中最多有 1 台需要工人照管的概率.

28. 如图 1-18 所示两个电路，每个开关闭合的概率都是 p，诸开关闭合与否彼此独立，分别求两电路由 a 至 b 导通的概率.

29. 大豆种子 $\dfrac{2}{5}$ 保存于甲仓库，其余保存于乙仓库，已知它们的发芽率分别为 0.92 和 0.89，现将两个仓库的种子全部混合，任取一粒，求其发芽的概率.

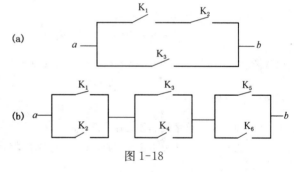

图 1-18

30. 有 3 个盒子装有圆珠笔，甲盒中装有 2 支红的，4 支蓝的；乙盒中装有 4 支红的，2 支蓝的；丙盒中装有 3 支红的，3 支蓝的. 今从中任取 1 支（设到 3 个盒子中取物的机会相同），问取到的是红的圆珠笔的概率是多少？

31. 线性代数考试结果分析，努力学习的学生中有 90% 考试可能合格，不努力学习的学生中有 90% 考试可能不合格，据调查有 80% 的学生是努力学习的，试求考试合格的学生有多大可能是不努力学习的学生.

32. 转炉炼高级钢，每炉钢的合格率为 0.7，假定各次冶炼互不影响，若要求以 99% 的把握至少能炼出一炉合格钢，问至少需要炼几炉？

33. 飞机在雨天晚点的概率为 0.8，在晴天晚点的概率为 0.2，天气预报称明天有雨的概率为 0.4，试求

(1) 明天飞机晚点的概率；

(2) 若第二天飞机晚点,天气是雨天的概率有多大?

34. 已知 8 支步枪中有 5 支已校准过,3 支未校准. 一名射手用校准过的枪射击时中靶的概率为 0.8,用未校准过的枪射击时中靶的概率为 0.3. 现从 8 支枪中任取一支用于射击,结果中靶,求所用的枪是校准过的概率.

35. 一批产品共有 100 件,其中有 4 件是次品,每次有放回地抽取一件检验,连续抽取检验 3 次,如果发现次品则认为这批产品不合格. 但检验时,一正品被判为次品的概率为 0.05,而一次品被判为正品的概率为 0.01,求这批产品被认为是合格品的概率.

36. 甲盒中有 2 只白球,1 只黑球,乙盒中有 1 只白球,5 只黑球. 从甲盒中任取一球投入乙盒后,随机地从乙盒取出一球恰为白球,求之前从甲盒中取出的也是白球的概率.

37. 数字通信过程中,信源发射 0,1 两种状态信号,其中发射 0 的概率为 0.6,发射 1 的概率为 0.4. 由于信道中存在干扰,在发射 0 的时候,接收端分别以 0.7,0.1 和 0.2 的概率接收为 1,0 和"不清";在发射 1 的时候,接收端分别以 0.9,0 和 0.1 的概率接收为 1,0 和"不清". 现接收端收到的信号为"不清",问发射端发的是 0 和 1 的概率分别是多少?

38. 有两箱同类零件,第一箱有 50 个,其中 10 个一等品,第二箱有 30 个,其中 18 个一等品. 现任取一箱,从中任取零件 2 次,每次取 1 个,取后不放回. 求

(1) 第二次取到的零件是一等品的概率;

(2) 在第一次取到一等品的条件下,第二次取到一等品的条件概率;

(3) 两次取到的都不是一等品的概率.

39. 一台电脑在一段时间内先遭受了甲种病毒的攻击,后又遭受了乙种病毒的攻击. 已知被感染甲种病毒的概率为 $\frac{1}{4}$,则被感染乙种病毒的概率为 $\frac{3}{4}$,若未被感染甲种病毒,则被感染乙种病毒的概率为 $\frac{1}{4}$. 求

(1) 电脑至少被感染一种病毒的概率;

(2) 若已知电脑感染了乙种病毒,求它被感染甲种病毒的概率.

第2章　随机变量及其概率分布

2.1　随机变量的概念

在第 1 章中,我们用字母 A, B, C 等表示随机试验的结果——随机事件,并针对某一事件研究它在试验中发生的概率.

概率论中另一个重要概念就是随机变量,它是将随机事件数量化,使得随机事件及其概率能用随机变量及其分布函数来表示,这样就可以用微积分作为工具来研究随机现象.

2.1.1　随机变量

通俗地讲,随机变量就是根据试验结果而变的量,这是一种特殊的变量,它把试验 E 的样本空间所包含的基本事件与实数对应起来.

有些试验结果本身与数值有关(本身就有数量意义).

例 2.1　抛掷一枚骰子,用 X 表示抛掷出现的点数这一随机试验的结果.则 $\{X=4\}$ 就表示抛掷"出现 4 点"这一随机事件;

$\{X=k\}$ 就表示抛掷"出现 k 点"$(k=1, 2, 3, 4, 5, 6)$ 这一随机事件,其出现概率均为 $\dfrac{1}{6}$.

例 2.2　某人从甲地到乙地出差,可以坐船,也可以坐火车或飞机,其差旅费分别为 200 元,400 元和 1 000 元. 由于各种因素的制约,用这三种方式前往的概率分别为 0.35, 0.50 和 0.15,差旅费 X 就是随机变量.

$\{X = 200\}$ 表示坐船,其出现的概率为 0.35;

$\{X = 400\}$ 表示坐火车,其出现的概率为 0.50;

$\{X = 1\,000\}$ 表示坐飞机,其出现的概率为 0.15.

在有些试验中,试验结果看来与数值无关,但我们可以引进一个变量来表示它的各种结果,也就是说将试验结果数量化.

例 2.3　抛掷一枚硬币结果有两种:"正面向上"和"反面向上". 这种试验的结

果不是由数量表示的,这时可以人为地取一些数来表示结果.

$\{X = 1\}$ 表示正面向上,其出现的概率为 0.5;

$\{X = 0\}$ 表示反面向上,其出现的概率为 0.5.

例 2.4 盒内有 3 张红色卡片,2 张黄色卡片,现从盒内任取一张观察颜色,我们可以取一些数表示不同的结果.

$\{X = 0\}$ 表示取到的是红色卡片;

$\{X = 1\}$ 表示取到的是黄色卡片.

当然也可以取$\{X = 139\}$表示取到的是红色卡片,用$\{X = -425\}$表示取到黄色卡片. 因为这不过是一种记号,如何选择记号取决于主观意愿. 选择时要注意方便及便于与实际情况相对应,此例中还是选择 $X = 0, 1$ 为好.

定义 2.1 在某一个随机试验 E 中,若存在一个变量依试验的结果(即试验中出现的基本事件)而取得不同的数值,就称这一变量为**随机变量**. 随机变量通常用字母 X, Y, Z 或 $X_1, X_2, \cdots, X_n$ 等表示.

随机变量具有以下两个特点:

(1) 它是一个变量,即随着试验结果的不同而取不同的值;

(2) 它具有随机性,即因试验结果的出现是随机的.

可见,随机变量是建立在随机试验基础上的一个概念,随机变量不是自变量而是函数,它的自变量是随机事件.

例 2.5 在确定的生产条件下生产出的某种电子元件,由于生产过程中各种随机因素的影响,元件的寿命是一个随机变量,它的数值总是在一个区间中.

引入随机变量的目的是为了便于以数量形式全面地研究随机试验的全部结果的概率分布情况及其他的特征,所以要完全刻画随机变量,必须知道下面两个方面的问题:

(1) 随机变量能取什么样的值(取值范围);

(2) 随机变量以多大的概率在任意指定范围内取值(概率分布).

2.1.2 随机变量的分类

随机变量按照可能取值的特点,可以分为两类:离散型随机变量和非离散型随机变量. 离散型随机变量就是所有可能取的值为有限个或可列无穷多个,即所有可能取的数值能按照一定顺序排列起来,其为数列 $x_1, x_2, \cdots, x_n, \cdots$. 如例 2.1 中,所有可能取值为 $1, 2, 3, 4, 5, 6$;例 2.1,例 2.2,例 2.3,例 2.4 中的 X 均为离散型随机变量.

非离散型随机变量就是随机变量的所有可能取值不能一一列举,如某地年降雨量等.若随机变量可能取某一区间上的所有的值,则称其为连续型随机变量,如例 2.5.连续型随机变量是非离散型随机变量中最重要也是最常见的随机变量.

例如,某学校随机地抽取一名学生测量他的身高.我们可以把可能的身高看成随机变量 X,然后可以提出关于 X 取值的各种问题,如事件

$$X > 1.7, \quad X \leqslant 1.5, \quad 1.5 < X \leqslant 1.7, \quad \cdots$$

的概率.一旦选定了某个学生,他的身高 X 就确定了一个实数 x.

2.2　离散型随机变量

2.2.1　分布律的概念

对于随机变量 X,不仅要知道它的所有可能取值,而且要知道其取这些值的概率.这就是随机变量与普通变量的不同之处.随机变量总是与概率分布联系在一起.

定义 2.2　若随机变量 X 可在无穷可列个点 x_1, x_2, $\cdots$, x_k, $\cdots$ 上取值,X 取这些值的概率依次为 p_1, p_2, $\cdots$, p_k, $\cdots$,则

$$P(X = x_k) = p_k \quad (k = 1, 2, \cdots)$$

称为 X 的**概率分布律**,也称为 X 的概率分布,简称**分布律**.分布律也可写成下面的形式.

X	x_1	x_2	$\cdots$	x_k	$\cdots$
p_k	p_1	p_2	$\cdots$	p_k	$\cdots$

若随机变量 X 只在有限个点 x_1, x_2, $\cdots$, x_n 上取值,X 取这些值的概率依次为 p_1, p_2, $\cdots$, p_n,则

$$P(X = x_k) = p_k \quad (k = 1, 2, \cdots, n)$$

称为 X 的**分布律**.分布律也可写成下面的形式.

X	x_1	x_2	$\cdots$	x_n
p_k	p_1	p_2	$\cdots$	p_n

有了分布律,就可以清楚完整地知道离散型随机变量 X 的一切可能取的数值及其相应的概率.它全面反映了随机变量 X 所刻画的随机试验的统计规律性.

用直角坐标系表示分布律的图像,称为随机变量 X 的**概率分布图**,如图 2-1 所示.

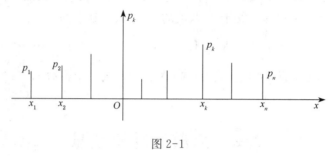

图 2-1

例 2.6 某菜店根据以往零售某种蔬菜的经验知道,进货后,第一天售出的概率为 50%,每 $1\,\mathrm{kg}$ 的毛利为 3 元;第二天售出的概率为 30%,每 $1\,\mathrm{kg}$ 的毛利为 1元;第三天售出的概率为 20%,每 $1\,\mathrm{kg}$ 的毛利为 -1 元.求每 $1\,\mathrm{kg}$ 所得毛利 X 的分布律,并绘出其概率分布图.

解 X 的分布律和概率分布如图 2-2 所示.

X	-1	1	3
p_k	0.2	0.3	0.5

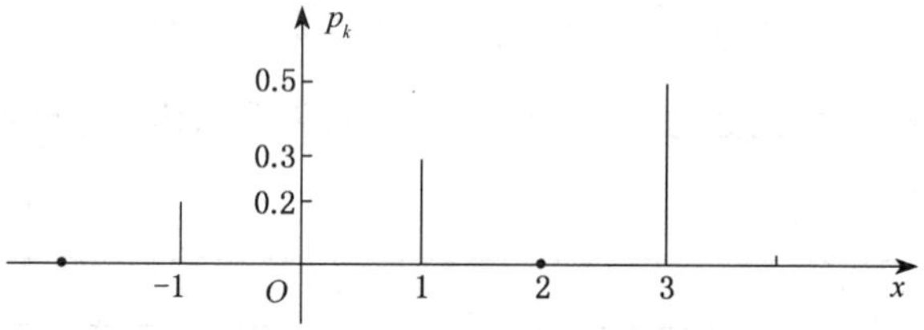

图 2-2

例 2.7 重复独立地掷一枚硬币,直到出现正面向上为止,求抛掷次数 X 的分布律.

解 设事件 $(X=k)$ 表示前 $k-1$ 次都是反面向上,而第 k 次为正面向上,于是有

$$P(X = k) = \left(\frac{1}{2}\right)^{k-1} \times \left(\frac{1}{2}\right) = \left(\frac{1}{2}\right)^{k}.$$

因此,X 的分布律为

$$P(X = k) = \left(\frac{1}{2}\right)^k \quad (k = 1,\ 2,\ \cdots).$$

例 2.8　抛掷一枚匀称的骰子,出现的点数为随机变量 X. 求

(1) X 的分布律;

(2) "点数不小于 3"的概率;

(3) "点数不超过 3"的概率;

(4) "点数不小于 4 又不超过 5"的概率.

解　(1) $P(X = k) = \dfrac{1}{6}$　$(k = 1,\ 2,\ 3,\ \cdots,\ 6)$.

(2) $P(X \geqslant 3) = P(X = 3) + P(X = 4) + P(X = 5) + P(X = 6)$

$$= \frac{1}{6} + \frac{1}{6} + \frac{1}{6} + \frac{1}{6} = \frac{2}{3}.$$

(3) $P(X \leqslant 3) = P(X = 1) + P(X = 2) + P(X = 3)$

$$= \frac{1}{6} + \frac{1}{6} + \frac{1}{6} = \frac{1}{2}.$$

(4) $P(4 \leqslant X \leqslant 5) = P(X = 4) + P(X = 5) = \dfrac{1}{6} + \dfrac{1}{6} = \dfrac{1}{3}.$

分布律全面地描述了离散型随机变量的统计规律性. 以后我们求一个离散型随机变量的概率分布,指的就是求它的分布律.

例 2.9　某足球运动员踢点球命中的概率为 0.8,今给他 4 次踢点球的机会,一旦命中立即停止. 假定各次踢点球是相互独立的,设 X 为踢点球的次数,求 X 的分布律.

解　$P(X = 1) = 0.8$;

$P(X = 2) = 0.2 \times 0.8 = 0.16$(第一次没有命中);

$P(X = 3) = 0.2^2 \times 0.8 = 0.032$(前两次没有命中);

$P(X = 4) = 0.2^3 = 0.008$(前三次都没有命中).

若求他踢偶数次点球的概率,则

$$p = P(X = 2) + P(X = 4) = 0.16 + 0.008 = 0.168.$$

2.2.2　分布律的性质

根据概率的性质,分布律显然有下列性质:

（1）**非负性**　$p_k \geqslant 0 \ (k = 1, 2, \cdots)$；

（2）**归一性**　$\displaystyle\sum_{k=1}^{\infty} p_k = 1$.

若一个函数 $P(X = x_k) = p_k (k = 1, 2, \cdots)$ 具有上述两条性质，则它必定是某个离散型随机变量的分布律.

例 2.10　判定以下函数能否作为某个离散型随机变量 X 的分布律.

（1）

X	-2	-1	0
p_k	$\dfrac{1}{2}$	$\dfrac{3}{10}$	$\dfrac{2}{5}$

（2）

X	1	2	$\cdots$	k	$\cdots$
p_k	$\dfrac{2}{3}$	$\dfrac{2}{3^2}$	$\cdots$	$\dfrac{2}{3^k}$	$\cdots$

解　（1）显然 $p_k > 0 \ (k = 1, 2, 3)$，但

$$\sum_{k=1}^{3} p_k = \frac{1}{2} + \frac{3}{10} + \frac{2}{5} = \frac{6}{5} \neq 1.$$

因此，此函数不能作为 X 的分布律.

（2）$p_k = \dfrac{2}{3^k} > 0 \ (k = 1, 2, \cdots)$，有

$$\sum_{k=1}^{\infty} p_k = \frac{2}{3} + \frac{2}{3^2} + \cdots + \frac{2}{3^k} + \cdots = \frac{\dfrac{2}{3}}{1 - \dfrac{1}{3}} = 1.$$

因此，此函数能作为 X 的分布律.

例 2.11　设随机变量 X 的分布律为

$$P(X = k) = a\left(\frac{2}{3}\right)^k \quad (k = 1, 2, 3),$$

试确定系数 a.

解　由 $\displaystyle\sum_{k=1}^{3} p_k = a\left[\frac{2}{3} + \left(\frac{2}{3}\right)^2 + \left(\frac{2}{3}\right)^3\right] = \frac{38}{27}a = 1$，

得
$$a = \frac{27}{38}.$$

例 2.12　如图 2-3 所示,电路中有两个并联的继电器,已知它们之间是相互独立的,是否接通具有随机性,已知通路的概率为 0.8.设 X 为电路中接通的继电器的个数.求(1) X 的分布律;(2)电路通的概率.

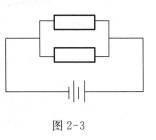

图 2-3

解　(1) 设 A_k="第 k 个继电器接通"($k=1,2$).

由题意可知,$P(A_1) = P(A_2) = 0.8,X$ 的可能取值为 0,1,2.则

$$P(X=0) = P(\overline{A_1}\,\overline{A_2}) = P(\overline{A_1})P(\overline{A_2}) = 0.2 \times 0.2 = 0.04,$$

$$P(X=1) = P(A_1\overline{A_2}) + P(\overline{A_1}A_2) = P(A_1)P(\overline{A_2}) + P(\overline{A_1})P(A_2)$$
$$= 2 \times 0.2 \times 0.8 = 0.32,$$

$$P(X=2) = P(A_1A_2) = P(A_1)P(A_2) = 0.8 \times 0.8 = 0.64.$$

X 的分布律为

X	0	1	2
p_k	0.04	0.32	0.64

(2) $P(线路通) = P(X \geqslant 1) = P(X=1) + P(X=2) = 0.32 + 0.64 = 0.96.$

2.3　几个常用的离散型随机变量的分布

2.3.1　(0−1)分布

若随机变量 X 的分布律为

X	0	1
p_k	q	p

其中,$0<p<1$, $q=1-p$,或表示成

$$P(X=k) = p^k q^{1-k} \quad (k=0,1),$$

则称 X 服从参数为 p 的**(0－1)分布**,也称为**两点分布**.

服从(0－1)分布的随机变量很多,只要所涉及的试验只有两个互斥的结果 A 和 $\overline{A}$,便可在样本空间 $\Omega = \{A, \overline{A}\}$ 上定义一个变量 X,即

$$X = \begin{cases} 0, & \text{当} \overline{A} \text{ 发生,} \\ 1, & \text{当} A \text{ 发生.} \end{cases}$$

取参数 $p=P(A)$,就构成了一个服从参数为 p 的(0－1)分布的随机变量 X. 服从这个分布的随机变量极为广泛,如检查产品的质量是否合格,电路是"通"还是"断"等.

例 2.13 设生男孩的概率为 p,生女孩的概率为 $q=1-p$,用随机变量 X 表示随机抽查出生的一个婴儿中"男孩"的个数,则 $\{X=0\}$ 表示生女孩;$\{X=1\}$ 表示生男孩.

X 的分布律为

X	0	1
p_k	q	p

或 $$P(X = k) = p^k q^{1-k} \quad (k = 0, 1).$$

例 2.14 100 件相同的产品中有 4 件次品和 96 件正品,现从中任取一件,求取得正品数 X 的分布律.

解

X	0	1
p_k	0.04	0.96

或 $$P(X = k) = 0.96^k \times 0.04^{1-k} \quad (k = 0, 1).$$

2.3.2 二项分布

若随机变量 X 的分布律为

$$P(X = k) = C_n^k p^k q^{n-k} \quad (k = 0, 1, \cdots, n).$$

其中,$0<p<1$,$p+q=1$,则称 X 服从参数为 n,p 的**二项分布**,简记为 $X \sim B(n, p)$.

二项分布的实际背景是伯努利试验.设在一次试验中,事件 A 发生的概率是

$p(0 < p < 1)$，那么在 n 次独立试验中 A 发生的次数 X 就服从二项分布. 两点分布也可认为 $X \sim B(1, p)$.

显然，当 $n = 1$ 时，二项分布为

$$P(X = k) = p^k q^{1-k} \quad (k = 0, 1),$$

这就是两点分布. 所以当 X 服从两点分布时可记为 $X \sim B(1, p)$.

例 2.15　验证二项分布满足分布律的性质.

证明　(1) $0 < p < 1$, $q = 1 - p$，则

$$P(X = k) = C_n^k p^k q^{n-k} > 0 \quad (k = 0, 1, \cdots, n).$$

(2) $\sum_{k=0}^{n} P(X = k) = \sum_{k=0}^{n} C_n^k p^k q^{n-k} = (p + q)^n = 1.$

由二项式定理可知，$C_n^k p^k q^{n-k}$ 恰好是 $(p + q)^n$ 展开式中的第 $k + 1$ 项，二项分布由此得名.

例 2.16　袋中有 7 个球，其中 4 个白球，3 个黑球. 求

(1) 有放回地从袋中抽取 3 次，每次取 1 个，恰有 2 次取到白球的概率；

(2) 无放回地从袋中抽取 3 次，每次取 1 个，恰有 2 次取到白球的概率.

解　(1) 设随机变量 X 为取到白球的次数. 对于有放回的抽取情况，由于每次试验的条件相同，因此属于伯努利试验概型，其中 $p = \dfrac{4}{7}$, $n = 3$, $k = 2$，所求概率为

$$P(X = 2) = C_3^2 \left(\frac{4}{7}\right)^2 \left(\frac{3}{7}\right) = \frac{144}{343}.$$

(2) 对于无放回的抽取情况，显然每次试验的条件不同，可以应用古典概型的公式来计算. 设事件 $A =$ "无放回地抽取 3 次，每次取 1 个，恰有 2 个白球"，则总的基本事件个数 $n = C_7^3$, A 所含基本事件数 $n_A = C_4^2 C_3^1$，则所求概率为

$$P(A) = \frac{C_4^2 C_3^1}{C_7^3} = \frac{18}{35}.$$

例 2.17　将一枚均匀骰子抛掷 3 次，设随机变量 X 表示 3 次中出现 "4" 点的次数，则 X 的分布律

$$P(X = k) = C_3^k \left(\frac{1}{6}\right)^k \left(\frac{5}{6}\right)^{3-k} \quad (k = 0, 1, 2, 3).$$

例 2.18　某经理有 5 个顾问，假定每一名顾问提出正确意见的概率为 0.6. 现为某事可行与否而独立地征求每一名顾问的意见，并按多数人的意见做出决策. 求

做出正确决策的概率.

解 设 X 为贡献正确意见的人数,征求 5 个人的意见为 5 重伯努利试验,$X \sim B(5, 0.6)$,多数为事件($X \geqslant 3$). 则

$$P(X \geqslant 3) = \sum_{k=3}^{5} C_5^k 0.6^k 0.4^{5-k} \approx 0.68.$$

例 2.19 某城市有 1% 的色盲者,问从这个城市中选出多少人才能使里面至少有一名色盲者的概率不少于 0.95?

解 设选出 n 个人,其中色盲的人数 $X \sim B(n, 0.01)$,则有

$$P(X = k) = C_n^k 0.01^k 0.99^{n-k} \quad (k = 0, 1, 2, \cdots, n),$$
$$P(X \geqslant 1) = 1 - P(X = 0) = 1 - 0.99^n \geqslant 0.95,$$

得 $0.99^n \leqslant 0.05$,两边取对数得,$n \geqslant \dfrac{\ln 0.05}{\ln 0.99} \approx 299.57$,所以选出 300 人才能使里面至少有一名色盲者的概率不低于 0.95.

2.3.3 泊松分布

如果离散型随机变量 X 的分布律为

$$P(X = k) = \frac{\lambda^k e^{-\lambda}}{k!} \quad (k = 0, 1, 2, \cdots),$$

则称 X 服从参数为 λ 的**泊松分布**,记为 $X \sim \pi(\lambda)$.

泊松分布是一种常见的分布,服从泊松分布的离散型随机变量很多. 例如,一段时间内来到某商店的顾客人数;一页书上印刷的错误数;田间一定面积内的杂草数;一定容积内的细菌数;一段时间内寻呼台接到的呼唤次数等,一般都服从泊松分布. 泊松分布的计算除直接用公式外,还可以查附表中的泊松分布表(附表三).

例 2.20 已知 1 min 内寻呼台接到寻呼次数 X 服从参数为 $\lambda = 4$ 的泊松分布,求(1)每分钟内正好接到 3 次寻呼的概率;(2)每分钟内接到寻呼次数不少于 3 次的概率.

解 因为 $X \sim \pi(4)$,则

(1) $P(X = 3) = \dfrac{4^3 e^{-4}}{3!} \approx 0.195\ 367$(查泊松分布表 2).

(2) $P(X \geqslant 3) = \sum_{k=3}^{\infty} \dfrac{4^k e^{-4}}{k!} = 0.761\ 897$(查泊松分布表 1).

例 2.21 某人射击的命中率为 0.02,他独立射击 400 次,试求其命中次数不

少于 2 的概率.

解　设 X 为 400 次独立射击命中的次数,则 $X \sim B(400, 0.02)$,故

$$P(X \geqslant 2) = 1 - P(X = 0) - P(X = 1) = 1 - 0.98^{400} - C_{400}^1 0.02 \times 0.98^{399}.$$

从上式看出,计算量是非常大的.

二项分布与泊松分布的关系:泊松分布是可以作为二项分布的近似.

泊松定理　对二项分布 $X \sim B(n, p)$,当 n 充分大,p 又很小时,X 取任意固定的非负整数 k,有近似公式:令 $\lambda = np$,

$$P(X = k) = C_n^k p^k (1-p)^{n-k} \approx \frac{\lambda^k \mathrm{e}^{-\lambda}}{k!} \quad (k = 0, 1, 2, \cdots, n).$$

有了泊松定理,对例 2.21 可利用泊松分布进行近似计算如下:

令　　　　　　　　　　$\lambda = np = 400 \times 0.02 = 8,$

故近似地有

$$P(X \geqslant 2) = 1 - P(X = 0) - P(X = 1)$$
$$\approx 1 - \frac{8^0 \mathrm{e}^{-8}}{0!} - \frac{8^1 \mathrm{e}^{-8}}{1!} = 1 - (1+8)\mathrm{e}^{-8} \approx 0.997.$$

例 2.22　设有 80 台同类型设备,每台工作是相互独立的,发生故障的概率都是 0.01,且一台设备的故障可由一个人处理.考虑两种配备维修人员的办法:(1)4 人维护,每人负责 20 台;(2)3 人共同维护 80 台.比较这两种方法在设备发生故障时不能及时维修的概率.

解　(1) 设随机变量 X_i 为"第 i 个人维护 20 台设备中发生故障的台数",$X_i \sim B(20, 0.01)$,

$$\lambda = 20 \times 0.01 = 0.2, \quad P(X_i = k) \approx \frac{0.2^k \mathrm{e}^{-0.2}}{k!} \quad (i = 1, 2, 3, 4).$$

若设备得到及时维修,必有

$$P(X_i \leqslant 1) = P(X_i = 0) + P(X_i = 1) \approx \mathrm{e}^{-0.2} + 0.2\mathrm{e}^{-0.2} \approx 0.818\,7 + 0.163\,7$$
$$= 0.982\,4 \quad (i = 1, 2, 3, 4).$$

由 4 个人每人负责 20 台设备,设备发生故障得不到及时维修的概率为

$$p = 1 - \prod_{i=1}^4 P(X_i \leqslant 1) = 1 - 0.982\,4^4 \approx 1 - 0.931\,4 = 0.068\,6.$$

(2) 随机变量 X 为"第 80 台设备同时发生故障的台数",则 $X \sim B(80,$

0.01)，$\lambda = 80 \times 0.01 = 0.8$，3 人共同维护 80 台设备，设备发生故障得不到维修的概率为

$$P(X \geqslant 4) \approx 1 - \sum_{k=0}^{3} \frac{0.8^k e^{-0.8}}{k!} = 1 - 0.990\,9 \approx 0.009\,1.$$

综上所述，第二种方案比较好.

2.3.4 几何分布

若随机变量 X 的分布律为

$$P(X = k) = p(1-p)^{k-1} \quad (0 < p < 1; k = 1, 2, \cdots),$$

则称 X 服从参数为 p 的**几何分布**.

例 2.23 某射手连续向一个目标射击，直到命中为止，已知他每发命中目标的概率是 p，求射击次数 X 的分布律.

解 设事件 $A_k = $"第 k 次命中"（$k = 1, 2, \cdots$），于是

$$P(X = 1) = P(A_1) = p,$$
$$P(X = 2) = P(\overline{A}_1 A_2) = (1-p)p,$$
$$P(X = 3) = P(\overline{A}_1 \overline{A}_2 A_3) = (1-p)^2 p.$$

故 $$P(X = k) = (1-p)^{k-1} p \quad (k = 1, 2, \cdots).$$

这就是所求射击次数 X 的分布律.

一般在一次试验中，某事件出现的概率为已知数 p，则在重复独立试验中，考虑直到第一次发生该事件所需的试验次数 X 是一个服从几何分布的随机变量.

通过本节学习，应该掌握运用第 1 章求事件概率的一些方法，求出较常见的离散型随机变量的分布律. 必须了解其实际背景，掌握概率的计算方法.

2.4 分 布 函 数

2.4.1 分布函数的概念

定义 2.3 设 X 是一个随机变量，x 为任意实数，称函数

$$F(x) = P(X \leqslant x)$$

为 X 的**分布函数**.

如果将 x 看作数轴上随机点的坐标为一实数值,那么分布函数 $F(x)$ 是一个定义在 $(-\infty, +\infty)$ 的普通实函数,其值就表示随机变量 X 落在区间 $(-\infty, x]$ 上的概率,这样对任意实数 $x_1, x_2(x_1 < x_2)$,

$$P(x_1 < X \leqslant x_2) = P(X \leqslant x_2) - P(X \leqslant x_1) = F(x_2) - F(x_1).$$

这表明:随机变量 X 在任一区间 $(a, b]$ 上取值的概率等于 X 的分布函数在该区间上的增量. 由于分布函数 $F(x)$ 是一个普通的函数,正是通过它,我们可以用数学分析的工具来研究随机变量的统计特性.

2.4.2　分布函数的性质

设 $F(x)$ 为随机变量 X 的分布函数,则 $F(x)$ 有下列性质:

(1) **单调不减性**　若 $x_1 < x_2$,则 $F(x_1) \leqslant F(x_2)$;

(2) **归一性**　对任意实数 $x, 0 \leqslant F(x) \leqslant 1$,且

$$F(-\infty) = \lim_{x \to -\infty} F(x) = 0, \quad F(+\infty) = \lim_{x \to +\infty} F(x) = 1;$$

(3) **右连续性**　即 $F(x^+) = F(x)$,若 X 为连续型随机变量,则 $F(x)$ 处处连续.

具有上述三个性质的实函数,必是某个随机变量的分布函数,故该三个性质是分布函数的充分必要条件.

例 2.24　设 X 的分布函数为

$$F(x) = a + b \arctan x \quad (-\infty < x < +\infty).$$

(1) 试确定系数 a, b;　(2) 求 $P\{-1 < X \leqslant \sqrt{3}\}$.

解　(1) 根据 $\begin{cases} \lim\limits_{x \to -\infty} F(x) = 0, \\ \lim\limits_{x \to +\infty} F(x) = 1, \end{cases}$ 得 $\begin{cases} a - \dfrac{\pi}{2} b = 0, \\ a + \dfrac{\pi}{2} b = 1. \end{cases}$

解得　$a = \dfrac{1}{2}, b = \dfrac{1}{\pi}$.

(2) 根据 $F(x) = \dfrac{1}{2} + \dfrac{1}{\pi} \arctan x$,得

$$
\begin{aligned}
P(-1 < X \leqslant \sqrt{3}) &= F(\sqrt{3}) - F(-1) \\
&= \left(\frac{1}{2} + \frac{1}{\pi} \arctan \sqrt{3}\right) - \left[\frac{1}{2} + \frac{1}{\pi} \arctan(-1)\right] \\
&= \frac{1}{\pi}\left(\frac{\pi}{3} + \frac{\pi}{4}\right) = \frac{7}{12}.
\end{aligned}
$$

例 2.25　已知随机变量 X 的分布函数

$$F(x) = \begin{cases} 0, & x < a, \\ k(x-a), & a \leqslant x \leqslant b, \\ 1, & x > b. \end{cases}$$

求常数 k 的值.

解 因为分布函数 $F(x)$ 在 $x = b$ 处右连续,则

$$F(b^+) = \lim_{x \to b^+} 1 = F(b) = k(b-a),$$

解得 $\quad k = \dfrac{1}{b-a}$.

2.4.3 离散型随机变量的分布函数

例 2.26 设 X 的分布律为

X	0	1	2
p_k	0.3	0.5	0.2

如图 2-4 所示. 求

(1) X 的分布函数 $F(x)$,并给出 $F(x)$ 的图像;

(2) X 落在 $(-\infty, 0)$, $\left(-\infty, \dfrac{3}{2}\right]$,

$\left(\dfrac{1}{2}, \dfrac{5}{2}\right]$ 上的概率.

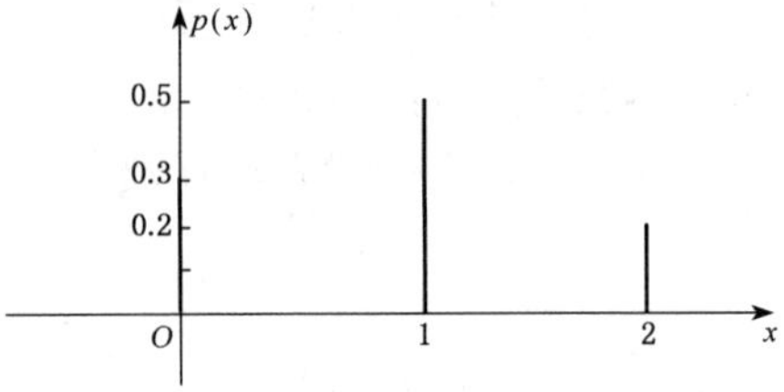

解 (1) 当 $x < 0$ 时,$(X \leqslant x) = \varnothing$,得
$F(x) = P(X \leqslant x) = 0$;

图 2-4

当 $0 \leqslant x < 1$ 时,$F(x) = P(X \leqslant x) = P(X = 0) = 0.3$;

当 $1 \leqslant x < 2$ 时,$F(x) = P(X \leqslant x) = P(X = 0) + P(X = 1)$
$$= 0.3 + 0.5 = 0.8;$$

当 $x \geqslant 2$ 时,$F(x) = P(X \leqslant x) = P(X = 0) + P(X = 1) + P(X = 2)$
$$= 0.3 + 0.5 + 0.2 = 1.$$

因此得

$$F(x) = \begin{cases} 0, & -\infty < x < 0, \\ 0.3, & 0 \leqslant x < 1, \\ 0.8, & 1 \leqslant x < 2, \\ 1, & x \geqslant 2. \end{cases}$$

$F(x)$ 的图像如图 2-5 所示.

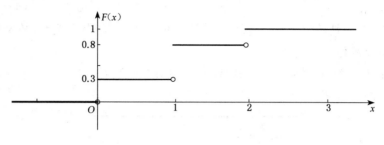

图 2-5

（2）$F(x)$ 的定义域为 $(-\infty, +\infty)$. 对应规律：函数 $F(x)$ 表示 x 落在 $(-\infty, x]$ 上的概率值. 由此可见

$$P(X < 0) = 0,$$

$$P\left(X \leqslant \frac{3}{2}\right) = F\left(\frac{3}{2}\right) = P(X = 0) + P(X = 1) = 0.3 + 0.5 = 0.8,$$

$$P\left(\frac{1}{2} < X \leqslant \frac{5}{2}\right) = F\left(\frac{5}{2}\right) - F\left(\frac{1}{2}\right) = 1 - 0.3 = 0.7.$$

一般若离散型随机变量 X 的分布律为

$$P(X = x_k) = p_k \quad (k = 1, 2, \cdots),$$

则

$$F(x) = P(X \leqslant x) = \sum_{x_k \leqslant x} p_k = \sum_{x_k \leqslant x} P(X = x_k).$$

$F(x)$ 是分段函数，其定义域 $(-\infty, +\infty)$ 分为若干段，仅最左边那段是开区间，其余皆为左侧闭区间右侧开区间，$F(x)$ 的图形为一条有跳跃的上升阶梯形曲线，其分界点即 X 的取值点 $x_k(k = 1, 2, \cdots)$ 处产生跳跃，跳跃值分别取 p_k，如图 2-6 所示.

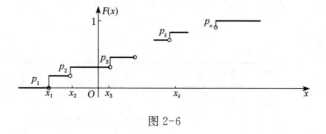

图 2-6

对于离散型随机变量 X,在用其分布函数求概率时需注意所取区间的端点是否包含在内.

由于 $F(x)$ 是随机变量 X 取小于等于 x 的诸值 x_k 的概率之和,故又称 $F(x)$ 为**累积概率函数**.

例 2.27 设 X 服从 $(0-1)$ 分布,求 X 的分布函数 $F(x)$.

解 因为 X 的分布律为

X	0	1
p_k	q	p

则

$$F(x) = \begin{cases} 0, & x < 0, \\ q, & 0 \leqslant x < 1, \\ 1, & x \geqslant 1. \end{cases}$$

例 2.28 已知离散型随机变量 X 的分布函数为

$$F(x) = \begin{cases} 0, & x < 3, \\ \dfrac{1}{10}, & 3 \leqslant x < 4, \\ \dfrac{2}{5}, & 4 \leqslant x < 5, \\ 1, & x \geqslant 5. \end{cases}$$

求(1) X 的分布律; (2) $P(3.5 < X \leqslant 4.5)$.

解 (1)由题意可知,X 的可能取值为 $3,4,5$,故有

$$P(X = 3) = F(3) - F(3^-) = \frac{1}{10},$$

$$P(X = 4) = F(4) - F(4^-) = \frac{2}{5} - \frac{1}{10} = \frac{3}{10},$$

$$P(X = 5) = F(5) - F(5^-) = 1 - \frac{2}{5} = \frac{3}{5},$$

则 X 的分布律为

X	3	4	5
p_k	$\dfrac{1}{10}$	$\dfrac{3}{10}$	$\dfrac{3}{5}$

(2) $P(3.5 < X \leqslant 4.5) = F(4.5) - F(3.5) = \dfrac{2}{5} - \dfrac{1}{10} = \dfrac{3}{10}$.

可见,分布律(概率函数)和分布函数对离散型随机变量 X 而言是两个等价的工具,而使用分布律要方便得多.

2.5 连续型随机变量

2.5.1 概率密度的概念

连续型随机变量 X 可以取某一区间上的所有值,这时考虑 X 取某个值的概率往往意义不大,而是考察 X 在此区间上的某一个子区间上取值的概率.

例如,打靶时,我们并不想知道某个射手击中靶上某一点的概率,而是希望知道他击中某一环的概率.若把着弹点和靶心的距离看成随机变量 X,则击中某一环即表示 X 在此环所对应的区间内取值,于是我们所讨论的问题就成了讨论概率 $P(a < X \leqslant b)$ 的问题.

定义 2.4 对随机变量 X,若存在一个定义在 $(-\infty, +\infty)$ 内的非负函数 $p(x)$,使得对任意实数 x,皆有

$$P(X \leqslant x) = \int_{-\infty}^{x} f(t) \mathrm{d}t$$

成立,则称 X 为**连续型随机变量**,称 $f(x)$ 为 X 的**概率密度**,简称**密度函数**或**概率密度**.

用直角坐标系表示概率密度的图像称为 X 的密度曲线,如图 2-7 所示.

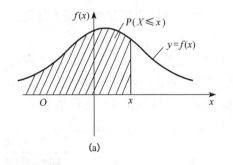
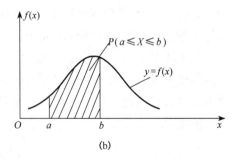

图 2-7

这里应注意以下几个问题：

(1) 连续型随机变量 X 取区间内任意值的概率为零,即

$$P(X = c) = 0.$$

事实上,设 X 的概率密度为 $f(x)$,对任意 $\Delta x > 0$,有

$$0 \leqslant P(X = c) \leqslant P(c - \Delta x < X \leqslant c) = \int_{c-\Delta x}^{c} f(x) \mathrm{d}x,$$

而

$$\lim_{\Delta x \to 0} \int_{c-\Delta x}^{c} f(x) \mathrm{d}x = 0.$$

这一特性应当理解为是连续型随机变量固有的特性. 由此可见, $P(A) = 0$ 不能推出 $A = \varnothing$. 利用这一性质可得,连续型随机变量 X 在任一区间上取值的概率与是否包含区间端点无关,即

$$P(a < X < b) = P(a \leqslant X < b) = P(a \leqslant X \leqslant b)$$
$$= P(a < X \leqslant b) = \int_{a}^{b} f(x) \mathrm{d}x.$$

(2) 连续型随机变量 X 落入微小区间 $(x, x+\mathrm{d}x)$ 内的概率为

$$P(x \leqslant X \leqslant x + \mathrm{d}x) \approx f(x) \mathrm{d}x.$$

称 $f(x)\mathrm{d}x$ 为连续型随机变量 X 的概率元,它起着离散型随机变量分布律中 p_k 的作用.

(3) 概率密度 $f(x)$ 在某一点处的值,并不表示 X 在此处的概率,而表示 X 在此点处概率分布的密集程度.

由定积分的几何意义可知,连续型随机变量在某一区间 $(a, b]$ 上取值的概率 $P(a < X \leqslant b)$ 等于其概率密度 $f(x)$ 在该区间上的定积分,也就是该区间上密度曲线与 x 轴所围成的曲边梯形的面积.

由上述可知,若已知连续型随机变量 X 的概率密度,则 X 在任一区间上取值的概率皆可通过定积分求出. 因此,概率密度全面地描述了连续型随机变量的统计规律. 以后,我们说求某个连续型随机变量的概率分布,指的就是它的概率密度.

例 2.29 某型号电子管的寿命(单位:h)为随机变量 X,其概率密度为

$$f(x) = \begin{cases} \dfrac{100}{x^2}, & x > 100, \\ 0, & x \leqslant 100. \end{cases}$$

现有一电子仪器上装有三个这种电子管,问这仪器在使用中的前 200 h 内不需要更换这种电子管的概率是多少? (各电子管在这段时间内更换的事件是相互独立的.)

解　设事件 $A_k =$ "第 k 个电子管在使用中前 200 h 内不需要更换"($k = 1, 2, 3$),事件 $A =$ "三个电子管在这段时间内都不需更换",则

$$P(A_k) = P(X \geqslant 200) = \int_{200}^{+\infty} f(x) \mathrm{d}x = \int_{200}^{+\infty} \frac{100}{x^2} \mathrm{d}x$$

$$= -\frac{100}{x} \Big|_{200}^{+\infty} = \frac{100}{x} \Big|_{+\infty}^{200} = 0.5 \quad (k = 1, 2, 3),$$

$$P(A) = P(A_1 A_2 A_3) = P(A_1) P(A_2) P(A_3) = 0.5^3 = 0.125.$$

2.5.2　概率密度的性质

显然,概率密度 $f(x)$ 具有下列性质:

(1) **非负性**　$f(x) \geqslant 0 \quad (-\infty < x < +\infty)$;

(2) **归一性**　$\int_{-\infty}^{+\infty} f(x) \mathrm{d}x = 1.$

一个函数具有上述两条性质,则它一定是某个连续型随机变量的概率密度,如图 2-8 所示.

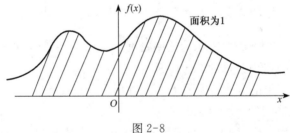

图 2-8

例 2.30　问函数 $f(x) = \dfrac{1}{\pi(1 + x^2)}$ $(-\infty < x < +\infty)$ 是否为概率密度?

解　(1) $f(x) \geqslant 0$ 是显然的.

(2) $\displaystyle\int_{-\infty}^{+\infty} f(x) \mathrm{d}x = \frac{1}{\pi} \int_{-\infty}^{+\infty} \frac{1}{1 + x^2} \mathrm{d}x = \frac{2}{\pi} \int_{0}^{+\infty} \frac{\mathrm{d}x}{1 + x^2}$

$$= \frac{2}{\pi} \arctan x \Big|_{0}^{+\infty} = \frac{2}{\pi} \times \frac{\pi}{2} = 1,$$

则 $f(x)$ 是概率密度.

例 2.31　设 X 的概率密度为

$$f(x) = \begin{cases} kx^2, & 0 < x < 1, \\ 0, & \text{其他}. \end{cases}$$

(1) 试确定常数 k；(2) 绘出密度曲线；(3) 求 $P(-1 < X < 0.5)$.

解 (1) 因为 $1 = \int_{-\infty}^{+\infty} f(x)\mathrm{d}x = k\int_0^1 x^2 \mathrm{d}x = \dfrac{k}{3}$，解得 $k = 3$.

(2) 密度曲线如图 2-9 所示.

$$f(x) = \begin{cases} 3x^2, & 0 < x < 1, \\ 0, & \text{其他}. \end{cases}$$

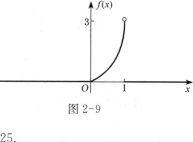

图 2-9

(3) $P(-1 < X < 0.5) = \int_{-1}^{0.5} f(x)\mathrm{d}x$

$= \int_0^{0.5} 3x^2 \mathrm{d}x = 0.125.$

2.5.3 连续型随机变量的分布函数

当 X 为连续型随机变量，设它具有概率密度 $f(x)$，又设它的分布函数为 $F(x)$，由分布函数定义可知：

$$F(x) = P(X \leqslant x) = P(-\infty < X \leqslant x) = \int_{-\infty}^{x} f(t)\mathrm{d}t.$$

可见，分布函数 $F(x)$ 可表示为概率密度 $f(x)$ 从 $-\infty$ 到 x 的积分，当 x 变化时它是一个变上限的定积分，如图 2-10 所示.

连续型随机变量的分布函数具有下列性质：

(1) $F(x)$ 是连续的单增函数.

由微积分知识知道，变上限的定积分是上限的连续函数，从而 $F(x)$ 是连续函数，又因 $f(x) \geqslant 0$，故 $F(x)$ 单增，如图 2-11 所示，且 $0 \leqslant F(x) \leqslant 1$, $x \in (-\infty, +\infty)$.

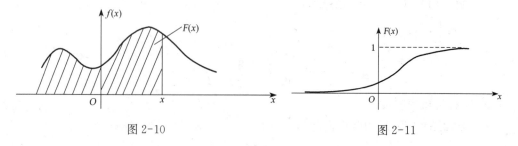

图 2-10

图 2-11

（2）设 x 为 $f(x)$ 的连续点，则 $F'(x)$ 存在，且 $F'(x) = f(x)$ 或 $\mathrm{d}F(x) = f(x)\mathrm{d}x$，又由 $F(x)$ 的定义有

$$F(-\infty) = \lim_{x \to -\infty} F(x) = 0;$$

$$F(+\infty) = \lim_{x \to +\infty} F(x) = \int_{-\infty}^{+\infty} f(x)\mathrm{d}x = 1.$$

例 2.32　设连续型随机变量 X 的分布函数为

$$F(x) = \frac{1}{2} + \frac{1}{\pi}\arctan x \quad (-\infty < x < +\infty),$$

求 X 的概率密度 $f(x)$。

解　$f(x) = F'(x) = \frac{1}{\pi} \cdot \frac{1}{1+x^2} \quad (-\infty < x < +\infty).$

例 2.33　设 X 的分布函数为

$$F(x) = \begin{cases} 1 - \mathrm{e}^{-2x}, & x \geqslant 0, \\ 0, & x < 0. \end{cases}$$

求 $P(X \leqslant 2)$，$P(X > 3)$，$f(x)$。

解　$P(X \leqslant 2) = F(2) = 1 - \mathrm{e}^{-4}.$

$P(X > 3) = 1 - P(X \leqslant 3) = 1 - F(3) = \mathrm{e}^{-6}.$

因为 $F(0) = 0$，$F'_-(0) = \lim_{x \to 0^-} \frac{0-0}{x} = 0$，$F'_+(0) = \lim_{x \to 0^+} \frac{1 - \mathrm{e}^{-2x} - 0}{x} = 2,$

所以 $F'(0)$ 不存在，则

$$f(x) = F'(x) = \begin{cases} 2\mathrm{e}^{-2x}, & x > 0, \\ 0, & x < 0. \end{cases}$$

例 2.34　设 X 的概率密度为

$$f(x) = \begin{cases} k(8x - 3x^2), & 0 < x < 2, \\ 0, & \text{其他}. \end{cases}$$

（1）确定常数 k 的值；　（2）求 $F(x)$，$P(-1 < X < \sqrt{3})$，$P(X > 1)$。

解　（1）由概率密度的性质可得

$$1 = \int_{-\infty}^{+\infty} f(x)\mathrm{d}x = \int_{-\infty}^{0} 0\mathrm{d}x + k\int_{0}^{2} (8x - 3x^2)\mathrm{d}x + \int_{2}^{+\infty} 0\mathrm{d}x$$

$$= k\int_{0}^{2} (8x - 3x^2)\mathrm{d}x = k(4x^2 - x^3)\Big|_{0}^{2} = 8k,$$

解之得
$$k = \frac{1}{8}.$$

(2) 当 $-\infty < x < 0$ 时,

$$F(x) = P(X \leqslant x) = \int_{-\infty}^{x} 0 \mathrm{d}t = 0;$$

当 $0 \leqslant x < 2$ 时,

$$F(x) = P(X \leqslant x) = \int_{-\infty}^{0} 0 \mathrm{d}x + \frac{1}{8}\int_{0}^{x} (8t - 3t^2) \mathrm{d}t$$

$$= \frac{1}{8}(4t^2 - t^3)\Big|_{0}^{x} = \frac{1}{8}(4x^2 - x^3);$$

当 $2 \leqslant x < +\infty$ 时,

$$F(x) = P(X \leqslant x) = \int_{-\infty}^{0} 0 \mathrm{d}x + \frac{1}{8}\int_{0}^{2} (8x - 3x^2) \mathrm{d}x + \int_{2}^{x} 0 \mathrm{d}t$$

$$= \frac{1}{8}(4x^2 - x^3)\Big|_{0}^{2} = 1,$$

则

$$F(x) = \begin{cases} 0, & x < 0, \\ \dfrac{1}{8}(4x^2 - x^3), & 0 \leqslant x < 2, \\ 1, & x \geqslant 2. \end{cases}$$

$$P(-1 < X \leqslant \sqrt{3}) = F(\sqrt{3}) - F(-1)$$

$$= \frac{1}{8}(4 \times 3 - 3\sqrt{3}) - 0 = \frac{3}{2} - \frac{3}{8}\sqrt{3}.$$

$$P(X > 1) = 1 - P(X \leqslant 1) = 1 - F(1) = 1 - \frac{1}{8}(4 - 1) = \frac{5}{8}.$$

例 2.35 某一种晶体管的寿命为 X(单位:h),其概率密度为

$$f(x) = \begin{cases} kx^{-2}, & x > 100, \\ 0, & \text{其他}. \end{cases}$$

求(1) 常数 k;

(2) 该晶体管寿命不超过 150 h 的概率;

（3）一台仪器中装有 4 只此种晶体管,工作 150 h 后至少有 1 只失效的概率.

解　（1）由概率密度的性质可得

$$1 = k\int_{100}^{+\infty} x^{-2}\,\mathrm{d}x = -k \cdot \frac{1}{x}\Big|_{100}^{+\infty} = \frac{k}{100},$$

解得
$$k = 100.$$

（2）$P(X \leqslant 150) = 100\int_{100}^{150} x^{-2}\,\mathrm{d}x = 100\left(\frac{1}{100} - \frac{1}{150}\right) = \frac{1}{3}.$

（3）因为 $P(X > 150) = \dfrac{2}{3}$,则所求的概率为

$$p = 1 - \left(\frac{2}{3}\right)^4 = \frac{65}{81}.$$

由以上例题可见,由分布律或概率密度求分布函数,或由分布函数求分布律或概率密度,只要已知函数是分段表达的,就要"分段来求,合起来写".

2.6　均匀分布和指数分布

2.6.1　均匀分布

若随机变量 X 的概率密度为

$$f(x) = \begin{cases} \dfrac{1}{b-a}, & a < x < b, \\ 0, & \text{其他}, \end{cases}$$

则称 X 在区间 (a, b) 上服从**均匀分布**,记为 $X \sim U(a, b)$.

均匀分布的密度曲线如图 2-12 所示.

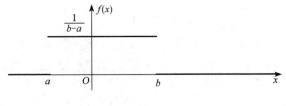

图 2-12

若 $X \sim U(a, b)$,则对于任何 $(c, d) \subset (a, b)$ 有

$$P(c < X < d) = \int_c^d \frac{1}{b-a} \mathrm{d}x = \frac{d-c}{b-a}.$$

服从均匀分布的随机变量 X 的几何意义是:X 取值大于 b 或小于 a 的概率为 0;取值于 (a, b) 上的概率为 1;(a, b) 内任一区间 (c, d) 中取值的概率与 (c, d) 的长度成正比,而与 (c, d) 处于 (a, b) 中的位置无关.

例 2.36 在某公共汽车的起点站上,每隔 8 min 发出一辆汽车,一个乘客在任一时刻到达车站是等可能的.

(1) 写出乘客候车时间 X 的概率密度;

(2) 画出 X 的概率密度 $f(x)$ 的曲线;

(3) 求此乘客候车时间超出 5 min 的概率.

解 (1) 依题意 $X \sim U(0, 8)$,其概率密度为

$$f(x) = \begin{cases} \dfrac{1}{8}, & 0 < x < 8, \\ 0, & 其他. \end{cases}$$

(2) X 的密度曲线如图 2-13 所示.

图 2-13

(3) $P(X > 5) = \int_5^{+\infty} f(x) \mathrm{d}x = \dfrac{1}{8} \int_5^8 \mathrm{d}x = \dfrac{3}{8}.$

例 2.37 设 $X \sim U(a, b)$,求 X 的分布函数 $F(x)$.

解 因为 X 的概率密度为

$$f(x) = \begin{cases} \dfrac{1}{b-a}, & a < x < b, \\ 0, & x \leqslant a \text{ 或 } x \geqslant b. \end{cases}$$

当 $x \leqslant a$ 时,

$$F(x) = \int_{-\infty}^x 0 \mathrm{d}x = 0;$$

当 $a \leqslant x < b$ 时,

$$F(x) = \int_{-\infty}^{a} 0 \mathrm{d}x + \int_{a}^{x} \frac{1}{b-a} \mathrm{d}t = \frac{x}{b-a} \Big|_{a}^{x} = \frac{x-a}{b-a};$$

当 $x \geqslant b$ 时,

$$F(x) = \int_{-\infty}^{a} 0 \mathrm{d}x + \int_{a}^{b} \frac{1}{b-a} \mathrm{d}x + \int_{b}^{x} 0 \mathrm{d}x$$

$$= \int_{a}^{b} \frac{1}{b-a} \mathrm{d}x = 1,$$

所以　　$F(x) = \begin{cases} 0, & x < a, \\ \dfrac{x-a}{b-a}, & a \leqslant x < b, \\ 1, & x \geqslant b. \end{cases}$

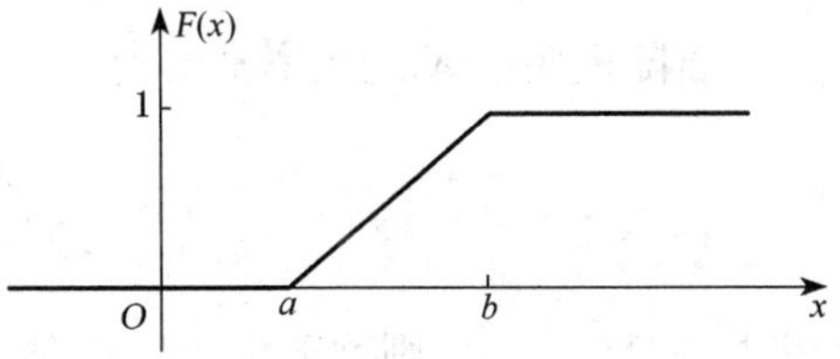

图 2-14

$F(x)$ 的图形如图 2-14 所示.

例 2.38　设 X 服从 $(-3, 6)$ 上的均匀分布, X 的概率密度为

$$f(x) = \begin{cases} \dfrac{1}{9}, & -3 < x < 6, \\ 0, & \text{其他.} \end{cases}$$

求(1) X 的分布函数 $F(x)$, 并绘出其图像;

(2) $P(-4 \leqslant X < 0)$.

解　(1)

$$F(x) = \begin{cases} 0, & x < -3, \\ \dfrac{x+3}{9}, & -3 \leqslant x < 6, \\ 1, & x \geqslant 6. \end{cases}$$

$F(x)$ 的图像如图 2-15 所示.

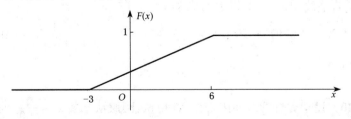

图 2-15

(2) $P(-4 \leqslant X < 0) = F(0) - F(-4) = \dfrac{0+3}{9} - 0 = \dfrac{3}{9}$.

由上例看出,对连续型随机变量 X,尽管 X 的概率密度 $f(x)$ 可能有间断点,分布函数 $F(x)$ 也可能是分段函数,但 $F(x)$ 却是处处连续. 事实上,由于 $F(x)$ 是 $f(x)$ 的可变上限的定积分.

2.6.2 指数分布

若随机变量 X 的概率密度为

$$f(x) = \begin{cases} \lambda e^{-\lambda x}, & x \geqslant 0, \\ 0, & x < 0. \end{cases}$$

其中,常数 $\lambda > 0$,则称随机变量 X 服从参数为 λ 的**指数分布**,记为 $X \sim E(\lambda)$.

指数分布的密度曲线如图 2-16 所示.

指数分布有着重要的应用,一般常用它来作为各种"寿命"分布的近似. 例如,电路中保险丝的寿命;电子元件的寿命;电话通话时间;随机服务系统的服务时间等,常认为服从指数分布.

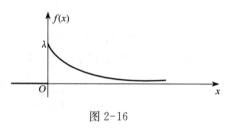

图 2-16

随机变量 $X \sim E(\lambda)$,其分布函数为

$$F(x) = \begin{cases} 0, & x < 0, \\ 1 - e^{-\lambda x}, & x \geqslant 0. \end{cases}$$

例 2.39 已知某种电子管的寿命 X(单位:h)服从指数分布,其概率密度为

$$f(x) = \begin{cases} \dfrac{1}{1\,000} e^{-\frac{x}{1\,000}}, & x > 0, \\ 0, & x \leqslant 0. \end{cases}$$

求这种电子管能使用 1 000 h 以上的概率.

解　$P(X \geqslant 1\,000) = P(1\,000 \leqslant X < +\infty) = \displaystyle\int_{1000}^{+\infty} \dfrac{1}{1\,000} e^{-\frac{x}{1\,000}} \mathrm{d}x$

$= e^{-\frac{x}{1\,000}} \Big|_{+\infty}^{1\,000} = e^{-1} \approx 0.368.$

例 2.40 设某类灯管的使用寿命 X(单位:h)服从参数 $\lambda = \dfrac{1}{2\,000}$ 的指数分布.

(1) 任取一根这种灯管,求能正常使用 1 000 h 以上的概率;

（2）有一根这种灯管，已经正常使用了 1 000 h，求还能使用 1 000 h 以上的概率．

解　灯管 X 的分布函数为

$$F(x) = \begin{cases} 1 - e^{-\frac{x}{2\,000}}, & x > 0, \\ 0, & x \leqslant 0. \end{cases}$$

（1）$P(X > 1\,000) = 1 - P(X \leqslant 1\,000) = 1 - F(1\,000)$

$$= 1 - (1 - e^{-\frac{1}{2}}) = \frac{1}{\sqrt{e}} \approx 0.607.$$

（2）$P(X > 2\,000 \mid X > 1\,000) = \dfrac{P[(X > 2\,000)(X > 1\,000)]}{P(X > 1\,000)}$

$$= \frac{P(X > 2\,000)}{P(X > 1\,000)}.$$

因为已算得 $P(X > 1\,000) = \dfrac{1}{\sqrt{e}}$，类似可算得

$$P(X > 2\,000) = \frac{1}{e},$$

则

$$P(X > 2\,000 \mid X > 1\,000) = \frac{\dfrac{1}{e}}{\dfrac{1}{\sqrt{e}}} = \frac{1}{\sqrt{e}} \approx 0.607.$$

故任取一根这种灯管能正常使用 1 000 h 以上的概率为 0.607，若发现某根这种灯管已经正常使用 1 000 h，那么还能正常使用 1 000 h 以上的概率仍为 0.607．这是指数分布的一个有趣的"无记忆性"．形象地说，就是它把过去的经历（已正常用了 1 000 h）全忘记了．还可以证明，只要 X 服从指数分布，便有

$$P(X > s + t \mid X > s) = P(X > t).$$

若把 X 说成寿命，那么上式表明，如果已知寿命长于 s 年，则再活 t 年的概率与年龄 s 无关．所以有时风趣地称指数分布"永远年轻"．

例 2.41　假设一客户在某银行窗口等待服务的时间 X（单位：min）服从参数为 $\lambda = \dfrac{1}{5}$ 的指数分布．若等待时间超过 10 min，他就离开．如果他一个月要来银行 5 次，以随机变量 Y 表示一个月内他没有等到服务的次数，求 Y 的分布律以及至少有一次没有等到服务的概率 $P(Y \geqslant 1)$．

解 由题意可知,随机变量 $Y \sim B(5, p)$,其中 $p = P(X > 10)$,X 的概率密度

$$f(x) = \begin{cases} \dfrac{1}{5} \mathrm{e}^{-\frac{x}{5}}, & x > 0, \\ 0, & x \leqslant 0, \end{cases}$$

则 $\quad p = P(X > 10) = \displaystyle\int_{10}^{+\infty} \dfrac{1}{5} \mathrm{e}^{-\frac{x}{5}} \mathrm{d}x = \int_{+\infty}^{10} \mathrm{e}^{-\frac{x}{5}} \mathrm{d}\left(-\dfrac{x}{5}\right) = \mathrm{e}^{-\frac{x}{5}} \Big|_{+\infty}^{10} = \mathrm{e}^{-2}.$

Y 的分布律为

$$P(Y = k) = C_5^k (\mathrm{e}^{-2})^k (1 - \mathrm{e}^{-2})^{5-k} \quad (k = 0, 1, 2, 3, 4, 5).$$
$$P(Y \geqslant 1) = 1 - P(Y = 0) = 1 - (1 - \mathrm{e}^{-2})^5 \approx 0.516\,7.$$

2.7 正 态 分 布

正态分布是概率论中最重要的分布,可以证明,如果一个随机指标受到诸多因素的影响,但其中任何一个因素相对来说都不起决定性作用,该随机指标一定服从或近似服从正态分布. 所以正态分布是自然界及工程技术中常见的分布之一. 正态分布有着许多良好的性质,这些性质是其他许多分布所不具备的. 可以毫不夸张地说,没有正态分布就没有概率论与数理统计这一课程.

2.7.1 标准正态分布的概率密度

根据反常积分的运算有

$$\int_{-\infty}^{+\infty} \mathrm{e}^{-t^2} \mathrm{d}t = \sqrt{\pi},$$

可以推出

$$\int_{-\infty}^{+\infty} \dfrac{1}{\sqrt{2\pi}} \mathrm{e}^{-\frac{x^2}{2}} \mathrm{d}x = 1.$$

因为被积函数 $\quad \dfrac{1}{\sqrt{2\pi}} \mathrm{e}^{-\frac{x^2}{2}} \geqslant 0,$

所以函数 $\varphi(x) = \dfrac{1}{\sqrt{2\pi}} \mathrm{e}^{-\frac{x^2}{2}} (-\infty < x < +\infty)$ 是某个随机变量 X 的概率密度.

定义 2.5　若连续型随机变量 X 的概率密度为

$$\varphi(x) = \frac{1}{\sqrt{2\pi}} e^{-\frac{x^2}{2}} \quad (-\infty < x < +\infty),$$

则称 X 服从**标准正态分布**,记为 $X \sim N(0,1)$.

标准正态分布是一种特别重要的分布,它的概率密度用符号 $\varphi(x)$ 表示. $\varphi(x)$ 不仅具有概率密度的所有性质,而且还具有下列性质:

(1) $\varphi(x)$ 在 $(-\infty, +\infty)$ 内处处连续;

(2) $\varphi(x)$ 为偶函数,其图像关于 y 轴对称;

(3) 当 $x = 0$ 时,$\varphi(x)$ 有最大值 $\varphi(0) = \dfrac{1}{\sqrt{2\pi}} \approx 0.399$;

(4) 在 $x = \pm 1$ 处,曲线有拐点;

(5) x 轴为曲线的水平渐近线.

$\varphi(x)$ 的图像称为标准正态曲线(高斯曲线),如图 2-17 所示.

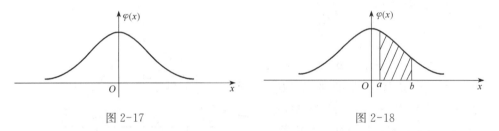

图 2-17　　　　　　　　　　　图 2-18

由于 $P(a < X \leqslant b) = \displaystyle\int_a^b \varphi(x)\mathrm{d}x$ 在图像上就是图 2-18 中的阴影部分,因此对于同一长度的区间 $(a, b]$,若这区间越靠近点 $x = 0$,则其所对应的曲边梯形的面积也越大. 这说明标准正态分布的分布规律是"中间多,两头少".

2.7.2　标准正态分布的概率计算

1. 分布函数

标准正态分布的分布函数用符号 $\Phi(x)$ 表示,即

$$\Phi(x) = P(X \leqslant x) = \int_{-\infty}^x \frac{1}{\sqrt{2\pi}} e^{-\frac{t^2}{2}} \mathrm{d}t.$$

在几何意义上的函数图形如图 2-19 所示.

此阴影部分的面积也可由图 2-20 表示. 由图可见,$\Phi(x)$ 不仅具有分布函数的

全部性质,而且还具有在$(-\infty, +\infty)$内单调递增、处处可导的特点.

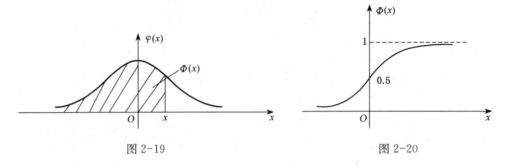

图 2-19   图 2-20

2. 标准正态分布表

由于标准正态分布的概率密度 $\varphi(x)$ 的原函数不是初等函数,计算其分布函数 $\Phi(x)$ 的值是困难的,因此人们编制了 $\Phi(x)$ 的函数值表,称为**正态分布表**,见附表二.

标准正态分布函数 $\Phi(x)$ 具有下列性质:

(1) $\Phi(0) = 0.5$;

(2) $\Phi(-x) = 1 - \Phi(x)$.

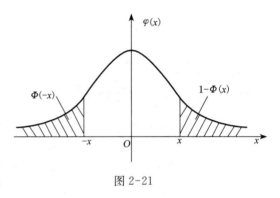

图 2-21

性质(1)是显然的. 性质(2)如图 2-21 所示,以 $x > 0$ 为例,图中左边的阴影部分面积为 $\Phi(-x)$,右边阴影部分面积为 $1 - \Phi(x)$. 由于标准正态分布的概率密度 $\varphi(x)$ 关于 y 轴对称,于是有

$$\Phi(-x) = 1 - \Phi(x).$$

3. 利用正态分布表计算概率的公式

(1) $P(a < X < b) = P(a \leqslant X < b) = P(a \leqslant X \leqslant b)$
    $= P(a < X \leqslant b) = \Phi(b) - \Phi(a)$;

(2) $P(X < b) = P(X \leqslant b) = \Phi(b)$;

(3) $P(X \geqslant a) = P(X > a) = 1 - P(X \leqslant a) = 1 - \Phi(a)$;

(4) $P(|X| \leqslant a) = P(|X| < a) = P(-a < X < a) = \Phi(a) - \Phi(-a)$
    $= \Phi(a) - [1 - \Phi(a)] = 2\Phi(a) - 1$.

例 2.42　设 $X \sim N(0, 1)$，求 $P(X = 1.23)$，$P(X < 2.08)$，$P(X \geqslant -0.09)$，$P(2.15 \leqslant X \leqslant 5.12)$，$P(|X| < 1.96)$.

解　$P(X = 1.23) = 0$.

$P(X < 2.08) = \Phi(2.08) = 0.9812$.

$P(X \geqslant -0.09) = 1 - P(X < -0.09) = 1 - \Phi(-0.09)$

$\qquad\qquad\qquad = \Phi(0.09) = 0.5359$.

$P(2.15 \leqslant X \leqslant 5.12) = \Phi(5.12) - \Phi(2.15) = 1 - 0.9842 = 0.0158$.

$P(|X| < 1.96) = 2\Phi(1.96) - 1 = 2 \times 0.9750 - 1 = 0.95$.

例 2.43　设 $X \sim N(0, 1)$，求下列各式中的 x.

(1) $P(X \leqslant x) = 0.6331$；　　(2) $P(X < x) = 0.0102$；

(3) $P(X > x) = 0.4054$；　　(4) $P(|X| < x) = 0.999$.

解　(1) 由于 $P(X \leqslant x) = \Phi(x) = 0.6331$，查表得 $x = 0.34$.

(2) $P(X < x) = \Phi(x) = 0.0102$，查表得 $x = -2.32$.

(3) 由于 $P(X > x) = 1 - P(X \leqslant x) = 1 - \Phi(x) = 0.4054$，$\Phi(x) = 0.5946$，查表得 $x = 0.24$.

(4) 由于 $P(|X| < x) = 2\Phi(x) - 1 = 0.999$，$\Phi(x) = 0.9995$，查表得 $x = 3.3$.

2.7.3　一般正态分布的概率密度

考察函数

$$f(x) = \frac{1}{\sqrt{2\pi}\sigma} e^{-\frac{(x-\mu)^2}{2\sigma^2}} \quad (-\infty < x < +\infty; \ \sigma > 0),$$

显然　　　　$f(x) \geqslant 0$，且 $\displaystyle\int_{-\infty}^{+\infty} f(x)\mathrm{d}x = \int_{-\infty}^{+\infty} \frac{1}{\sqrt{2\pi}\sigma} e^{-\frac{(x-\mu)^2}{2\sigma^2}} \mathrm{d}x = 1$.

所以，此函数为某个随机变量 X 的概率密度.

定义 2.6　若连续型随机变量 X 的概率密度为

$$f(x) = \frac{1}{\sqrt{2\pi}\sigma} e^{-\frac{(x-\mu)^2}{2\sigma^2}} \quad (-\infty < x < +\infty),$$

其中，μ，$\sigma > 0$ 为常数，则称 X 服从参数为 μ，σ 的**正态分布**（或**高斯分布**），记为 $X \sim N(\mu, \sigma^2)$.

当 $\mu = 0$，$\sigma = 1$ 时的正态分布即为标准正态分布.

正态分布的密度曲线称为**正态曲线**,如图 2-22 所示.

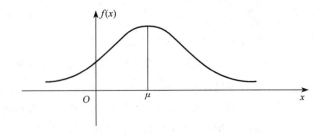

图 2-22

正态分布的概率密度 $f(x)$ 具有概率密度的全部性质. 利用导数讨论函数的性质,可知 $f(x)$ 还具有下列性质:

(1) $f(x)$ 在 $(-\infty, +\infty)$ 内处处连续.

(2) 图形关于直线 $x = \mu$ 对称.

(3) $f(x)$ 在点 $x = \mu$ 处有最大值 $\dfrac{1}{\sqrt{2\pi}\sigma}$,即 X 集中在 $x = \mu$ 附近取值.

(4) $f(x)$ 在点 $x = \mu \pm \sigma$ 处有拐点.

(5) x 轴为 $f(x)$ 的水平渐近线.

(6) 参数 μ 决定曲线的中心位置. 若 σ 不变,μ 增大,则曲线向右平移,μ 减少,则曲线向左平移,如图 2-23 所示. 正态分布概率密度的图形位置完全由 μ 确定,因此称 μ 为**位置参数**.

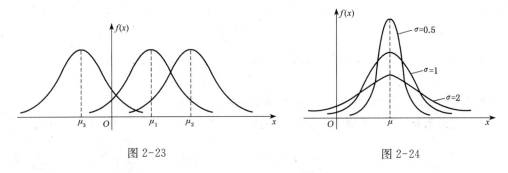

图 2-23   图 2-24

(7) 曲线的峰顶为 $f(\mu) = \dfrac{1}{\sqrt{2\pi}\sigma}$,$\sigma$ 越大,曲线越平坦,即分布越分散;σ 越小,曲线越陡峭,即分布越集中,如图 2-24 所示. 从几何意义上看,σ 确定了曲线的形状,因此称 σ 为**形状参数**,它反映了 X 所取数据的离散程度.

2.7.4　正态分布的概率计算

若 $X \sim N(\mu, \sigma^2)$，则 X 的分布函数为

$$F(x) = \int_{-\infty}^{x} \frac{1}{\sqrt{2\pi}\sigma} e^{-\frac{(t-\mu)^2}{2\sigma^2}} dt,$$

其图形如图 2-25 所示.

若令 $u = \dfrac{t-\mu}{\sigma}$，$dt = \sigma du$，则

$$F(x) = \int_{-\infty}^{\frac{x-\mu}{\sigma}} \frac{1}{\sqrt{2\pi}} e^{-\frac{u^2}{2}} du = \Phi\left(\frac{x-\mu}{\sigma}\right).$$

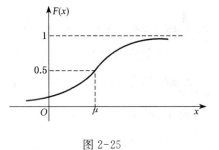

图 2-25

据此，可得计算 $X \sim N(\mu, \sigma^2)$ 概率的公式，即对任何 $a < b$，有

$$\begin{aligned}
P(a < X < b) &= F(b) - F(a) \\
&= \Phi\left(\frac{b-\mu}{\sigma}\right) - \Phi\left(\frac{a-\mu}{\sigma}\right).
\end{aligned}$$

显然有

(1) $P(X < b) = P(X \leqslant b) = \Phi\left(\dfrac{b-\mu}{\sigma}\right)$；

(2) $P(a < X < b) = P(a \leqslant X < b) = P(a \leqslant X \leqslant b)$
$$= P(a < X \leqslant b) = \Phi\left(\frac{b-\mu}{\sigma}\right) - \Phi\left(\frac{a-\mu}{\sigma}\right);$$

(3) $P(X \geqslant a) = 1 - P(X < a) = 1 - \Phi\left(\dfrac{a-\mu}{\sigma}\right)$；

(4) $P(|X| < a) = P(|X| \leqslant a) = P(-a \leqslant X \leqslant a)$
$$= \Phi\left(\frac{a-\mu}{\sigma}\right) - \Phi\left(\frac{-a-\mu}{\sigma}\right).$$

例 2.44　设 $X \sim N(-1, 4)$，求 $P(X > 0)$，$P\left(-3 \leqslant X \leqslant \dfrac{1}{2}\right)$，$P(|X+1| \leqslant 4)$.

解　$P(X > 0) = 1 - P(X \leqslant 0) = 1 - \Phi\left(\dfrac{0+1}{2}\right)$
$$= 1 - \Phi(0.5) = 1 - 0.6915 = 0.3085.$$

$$P\left(-3 \leqslant X \leqslant \frac{1}{2}\right) = \varPhi\left(\frac{\frac{1}{2}+1}{2}\right) - \varPhi\left(\frac{-3+1}{2}\right)$$

$$= \varPhi(0.75) - \varPhi(-1) = 0.773\,4 - 0.158\,7 = 0.614\,7.$$

$$P(\mid X+1 \mid \leqslant 4) = P\left(\left|\frac{X+1}{2}\right| \leqslant 2\right)$$

$$= 2\varPhi(2) - 1 = 2 \times 0.977\,2 - 1 = 0.954\,4.$$

例 2.45 设 $X \sim N(500, 10^2)$，求 x，使其满足：

(1) $P(X < x) = 0.90$； (2) $P(X > x) = 0.04$.

解 (1) $P(X < x) = \varPhi\left(\dfrac{x-500}{10}\right) = 0.90$，查表得 $\dfrac{x-500}{10} \approx 1.28$，

解得 $x = 512.8$.

(2) $P(X > x) = 1 - \varPhi\left(\dfrac{x-500}{10}\right) = 0.04$，则 $\varPhi\left(\dfrac{x-500}{10}\right) = 0.96$，查表得

$\dfrac{x-500}{10} \approx 1.75$，解得 $x = 517.5$.

例 2.46 已知随机变量 $X \sim N(2, \sigma^2)$，且 $P(2 < x < 4) = 0.3$，求 $P(X < 0)$.

解 因为 $P(2 < x < 4) = \varPhi\left(\dfrac{4-2}{\sigma}\right) - \varPhi\left(\dfrac{2-2}{\sigma}\right)$

$$= \varPhi\left(\frac{2}{\sigma}\right) - 0.5 = 0.3, \varPhi\left(\frac{2}{\sigma}\right) = 0.8,$$

解得 $$P(X < 0) = \varPhi\left(\frac{0-2}{\sigma}\right) = 1 - \varPhi\left(\frac{2}{\sigma}\right) = 0.2.$$

例 2.47 某地区 18—22 岁的男子身高为 X（单位：cm），$X \sim N(170, 5.5^2)$，求

(1) 从该地区随机抽查一青年男子，其身高超过 168 cm 的概率是多少？

(2) 若抽查 10 个青年男子，他们中恰有 k ($0 \leqslant k \leqslant 10$) 个人的身高超过 168 cm 的概率为多少？

解 (1) 由题可知

$$P(X > 168) = 1 - P(X \leqslant 168) = 1 - \varPhi\left(\frac{168-170}{5.5}\right) = \varPhi(0.364) \approx 0.64.$$

(2) 设身高大于 168 cm 的人数为 Y，则 $Y \sim B(n, p)$，$n = 10$，$p = 0.64$.

$$P(Y = k) = C_{10}^k 0.64^k \times 0.36^{10-k} \quad (k = 0, 1, 2, \cdots, 10).$$

例 2.48　设测量的误差 $X \sim N(7.5, 100)$（单位：m），问要进行多少次独立测量，才能使至少有一次误差的绝对值不超过 10 m 的概率大于 0.9？

解　$P(|X| \leqslant 10) = \Phi\left(\dfrac{10 - 7.5}{10}\right) - \Phi\left(\dfrac{-10 - 7.5}{10}\right)$

$$= \Phi(0.25) - \Phi(-1.75) = \Phi(0.25) - 1 + \Phi(1.75)$$

$$= 0.5987 - 1 + 0.9599 = 0.5586.$$

设 A 表示进行 n 次独立测量至少有一次误差的绝对值不超过 10 m，

$$P(A) = 1 - (1 - 0.5586)^n > 0.9, \quad n > \frac{\ln 0.1}{\ln 0.4414},$$

得 $n > 3$，所以至少要进行 4 次独立测量才能满足要求.

例 2.49　设 $X \sim N(\mu, \sigma^2)$，求 $P(|X - \mu| < k\sigma)$ $(k = 1, 2, 3)$.

解　$P(|X - \mu| < k\sigma) = P(-k\sigma < X - \mu < k\sigma)$

$$= P(\mu - k\sigma < X < \mu + k\sigma)$$

$$= \Phi\left(\frac{\mu + k\sigma - \mu}{\sigma}\right) - \Phi\left(\frac{\mu - k\sigma - \mu}{\sigma}\right)$$

$$= \Phi(k) - \Phi(-k) = 2\Phi(k) - 1.$$

当 $k = 1$ 时，$P(|X - \mu| < \sigma) = 2\Phi(1) - 1 = 0.6826$；

当 $k = 2$ 时，$P(|X - \mu| < 2\sigma) = 2\Phi(2) - 1 = 0.9544$；

当 $k = 3$ 时，$P(|X - \mu| < 3\sigma) = 2\Phi(3) - 1 = 0.9973$.

从理论上讲，若 $X \sim N(\mu, \sigma^2)$，则 X 的取值范围是 $(-\infty, +\infty)$. 但实际上，X 取 $(\mu - 3\sigma, \mu + 3\sigma)$ 外的数值的可能性微乎其微. 因此，往往认为它的取值是个有限区间，即 $(\mu - 3\sigma, \mu + 3\sigma)$，此称为 **$3\sigma$ 规则**. 在企业管理中，经常应用这个规则进行质量检查和工艺过程控制.

2.8　随机变量函数的分布

在许多问题中，所考虑的随机变量常常依赖于另一个随机变量，例如，公共汽车一个单程固定支出 k 元. 用 X 记一个单程运载的乘客数，其为离散形随机变量，那么一个单程纯收益额 Y（每位乘客票价 3 元）也是离散型随机变量，其可能值由 X 的可能值 x 通过普通的线性函数 $y = 3x - k$ 而得. 我们说，随机变量 Y 是随机变量 X

的函数,记为 $Y = 3X - k$.

一般设 X 是随机变量,则函数 $Y = g(X)$ 也是随机变量. 其含意是当 X 取得可能值 x 时,Y 随之取得 $y = g(x)$,这里 $y = g(x)$ 是普通函数.

本节讨论根据已知的 X 的概率分布,寻求随机变量函数 $Y = g(X)$ 的概率分布(分布律、概率密度或分布函数).

2.8.1　离散型随机变量函数的概率分布

当 X 为离散型随机变量时,随机变量 $Y = g(X)$ 也是离散型随机变量. 在 X 的分布已知的情况下,求 Y 的分布律.

例 2.50　设 X 的分布律为

X	-1	0	1	2
p_k	0.1	0.2	0.3	0.4

分别求 $Y_1 = 2X - 1$ 与 $Y_2 = X^2$ 的分布律.

解　因为当 X 取得可能值 -1 时,按题意有

$$Y_1 = 2(-1) - 1 = -3,$$

则

$$P(Y = -3) = P(X = -1) = 0.1.$$

同样,当 X 取得可能值 0,1,2 时,Y_1 分别取得可能值 -1,1,3,且分别有

$$P(Y_1 = -1) = P(X = 0) = 0.2;$$
$$P(Y_1 = 1) = P(X = 1) = 0.3;$$
$$P(Y_1 = 3) = P(X = 2) = 0.4,$$

于是得到 Y_1 的分布律为

$Y_1 = 2X - 1$	-3	-1	1	3
p_k	0.1	0.2	0.3	0.4

类似地,可以求得 $Y_2 = X^2$ 的分布律为

$Y_2 = X^2$	$(-1)^2$	0^2	1^2	2^2
p_k	0.1	0.2	0.3	0.4

因为 $X=-1$ 或 $X=1$ 时, 均有 $Y_2=1$, 因此

$$P(Y_2=1)=P(X=-1 \text{ 或 } X=1)$$
$$=P(X=-1)+P(X=1)=0.1+0.3=0.4,$$

故 $Y_2=X^2$ 的分布律简化为

$Y_2=X^2$	0	1	4
p_k	0.2	0.4	0.4

一般地, 若离散型随机变量 X 有分布律

X	x_1	x_2	$\cdots$	x_k	$\cdots$
p_k	p_1	p_2	$\cdots$	p_k	$\cdots$

则 $Y=g(X_k)$ 的分布律为

$Y=g(X_k)$	$g(x_1)$	$g(x_2)$	$\cdots$	$g(x_k)$	$\cdots$
p_k	p_1	p_2	$\cdots$	p_k	$\cdots$

若 $g(x_1)$, $g(x_2)$, $\cdots$, $g(x_k)$, $\cdots$ 中有某些值相等, 则应像上例中求 $Y_2=X^2$ 的分布律一样, 注意合并.

例 2.51　设某工程队完成某项工程所需时间为 X(天), $X \sim N(100,5^2)$, 奖金办法规定:

若在 100 天内完成, 则得超产奖 10 000 元;

若在 100~115 天内完成, 则得超产奖 1 000 元;

若完成时间超过 115 天, 则罚款 5 000 元.

求该工程队在完成这项工程时, 奖金额 Y 的分布律.

解　依题意知

$$Y=\begin{cases} 10\,000, & X \leqslant 100, \\ 1\,000, & 100 < X \leqslant 115, \\ -5\,000, & X > 115, \end{cases}$$

可见 Y 是 X 的函数, 且是离散型随机变量.

$$P(Y=-5\,000)=P(X>115)=1-\Phi\left(\frac{115-100}{5}\right)=1-\Phi(3)$$
$$=1-0.998\,7=0.001\,3;$$

$$P(Y = 1\ 000) = P(100 < X \leqslant 115) = \Phi\left(\frac{115 - 100}{5}\right) - \Phi(0) = 0.498\ 7;$$

$$P(Y = 10\ 000) = P(X \leqslant 100) = \Phi\left(\frac{100 - 100}{5}\right) = \Phi(0) = 0.5.$$

则 Y 的分布律为

Y	$-5\ 000$	$1\ 000$	$10\ 000$
p_k	$0.001\ 3$	$0.498\ 7$	0.5

2.8.2 连续型随机变量函数的概率分布

连续型随机变量的函数是实际应用中常见的. 设 X 为连续型随机变量, $g(x)$ 为连续函数, 则 $Y = g(X)$ 也是连续型随机变量. 若已知连续型随机变量 X 的概率密度为 $f_X(x)$, 求 $Y = g(X)$ 的概率密度 $f_Y(y)$. 解这类问题一般用分布函数法, 即先计算 Y 的分布函数 $F_Y(y)$.

再利用 $Y = g(X)$ 的分布函数与概率密度之间的关系求 $Y = g(X)$ 的概率密度 $f_Y(y)$.

下面举例说明.

例 2.52 已知随机变量 X 的密度函数 $f_X(x)$ 在 $x \in (-\infty, +\infty)$ 内连续, 求 $Y = X^2$ 的概率密度 $f_Y(y)$.

解 由于 $y = x^2 > 0$, 故当 $y \leqslant 0$ 时, $F_Y(y) = 0$.

当 $y > 0$ 时, $F_Y(y) = P(Y < y) = P(X^2 < y) = P(|X| < \sqrt{y})$

$$= P(-\sqrt{y} < X < \sqrt{y}) = \int_{-\sqrt{y}}^{\sqrt{y}} f_X(x) \mathrm{d}x,$$

$$f_Y(y) = F_Y'(y) = \begin{cases} \dfrac{1}{2\sqrt{y}}\left[f_X(\sqrt{y}) + f_X(-\sqrt{y})\right], & y > 0, \\ 0, & y \leqslant 0. \end{cases}$$

例 2.53 设随机变量 X 具有概率密度

$$f_X(x) = \begin{cases} \dfrac{x}{8}, & 0 < x < 4, \\ 0, & 其他, \end{cases}$$

试求 $Y = 2X + 8$ 的概率密度 $f_Y(y)$.

解 先求 $Y = 2X + 8$ 的分布函数 $F_Y(y)$，因

$$F_Y(y) = P(Y \leqslant y) = P[2X + 8 \leqslant y] = P\left(X \leqslant \frac{y-8}{2}\right) = \int_{-\infty}^{\frac{y-8}{2}} f_X(x)\mathrm{d}x,$$

再利用 $F_Y'(y) = f_Y(y)$，可以求得

$$f_Y(y) = f_X\left(\frac{y-8}{2}\right) \cdot \left(\frac{y-8}{2}\right)'$$

$$= \begin{cases} \dfrac{1}{8}\left(\dfrac{y-8}{2}\right) \times \dfrac{1}{2}, & 0 < \dfrac{y-8}{2} < 4, \\ 0, & \text{其他.} \end{cases}$$

整理得 $Y = 2X + 8$ 的概率密度为

$$f_Y(y) = \begin{cases} \dfrac{y-8}{32}, & 8 < y < 16, \\ 0, & \text{其他.} \end{cases}$$

总结上述例题的解题思路，可得下面的定理.

定理 设随机变量 X 的概率密度为

$$f_X(x) = \begin{cases} \varphi(x), & a \leqslant x \leqslant b, \\ 0, & \text{其他.} \end{cases}$$

函数 $y = g(x)$ 在 $[a, b]$ 上严格单调且处处可导，其反函数为 $x = h(y)$，则 $Y = g(X)$ 是一个连续型随机变量，且 Y 的概率密度为

$$f_Y(y) = \begin{cases} \varphi[h(y)] \mid h'(y) \mid, & \alpha < y < \beta, \\ 0, & \text{其他.} \end{cases}$$

其中，
$$\alpha = \min_{a \leqslant x \leqslant b} g(x), \quad \beta = \max_{a \leqslant x \leqslant b} g(x).$$

证明 已知 $y = g(x)$ 为单调函数，不妨设其严格单调减少，则其反函数为 $x = h(y)$ 也单调减少，有 $h'(y) < 0$，先求 Y 的分布函数，

$$F_Y(y) = P(Y \leqslant y) = P[g(x) \leqslant y] = P[x \geqslant h(y)] = \int_{h(y)}^{+\infty} f_X(x)\mathrm{d}x.$$

再利用 $f_Y(y) = F_Y'(y)$，可以求得

$$f_Y(y) = -f_X[h(y)] \cdot h'(y).$$

因为 $h'(y) < 0$,故

$$f_Y(y) = f_X[h(y)] \cdot |h'(y)|.$$

函数 $y = g(x)$ 单调增加的情况可类似证明.

例 2.54 设 X 的概率密度为

$$f_X(x) = \begin{cases} 6x(1-x), & 0 < x < 1, \\ 0, & \text{其他,} \end{cases}$$

求 $Y = X^3$ 的概率密度 $f_Y(y)$.

解 因为 $y = x^3$,所以 $x = h(y) = y^{\frac{1}{3}}$,$h'(y) = \dfrac{1}{3}y^{-\frac{2}{3}}$.

当 $0 < x < 1$ 时,$0 < y < 1$,由定理得

$$f_Y(y) = \begin{cases} 6y^{\frac{1}{3}}(1-y^{\frac{1}{3}}) \cdot \dfrac{1}{3}y^{-\frac{2}{3}}, & 0 < y < 1, \\ 0, & \text{其他,} \end{cases}$$

有

$$f_Y(y) = \begin{cases} 2(y^{-\frac{1}{3}}-1), & 0 < y < 1, \\ 0, & \text{其他.} \end{cases}$$

例 2.55 设随机变量 $X \sim U(0,1)$,求 $Y = -2\ln X$ 的概率密度 $f_Y(y)$.

解 由题意可知 $f_X(x) = \begin{cases} 1, & 0 < x < 1, \\ 0, & \text{其他,} \end{cases}$

因为 $y = -2\ln x$,$x = \mathrm{e}^{-\frac{y}{2}}$,则 $\dfrac{\mathrm{d}x}{\mathrm{d}y} = -\dfrac{1}{2}\mathrm{e}^{-\frac{y}{2}}$,当 $0 < x < 1$ 时,$y > 0$.

由定理得 $f_Y(y) = \begin{cases} \dfrac{1}{2}\mathrm{e}^{-\frac{y}{2}}, & y > 0, \\ 0, & \text{其他.} \end{cases}$

例 2.56 已知随机变量 $X \sim N(\mu, \sigma^2)$,求 $Y = \dfrac{X-\mu}{\sigma}$ 的概率密度 $f_Y(y)$.

解 因为 $y = \dfrac{x-\mu}{\sigma}$,对应的反函数为 $x = h(y) = \sigma y + \mu$,$h'(y) = \sigma$,

又因为 $f_X(x) = \dfrac{1}{\sqrt{2\pi}\sigma}\mathrm{e}^{\frac{(x-\mu)^2}{2\sigma^2}}$($-\infty < x < +\infty$),由定理得

$$f_Y(y) = f_X(h(y)) \mid h'(y) \mid = f_X(\sigma y + \mu)\sigma$$

$$= \frac{1}{\sqrt{2\pi}} e^{\frac{(\sigma y + \mu - \mu)^2}{2\sigma^2}} = \frac{1}{\sqrt{2\pi}} e^{\frac{y^2}{2}} \quad (-\infty < y < +\infty).$$

可以看出，$Y = \dfrac{X - \mu}{\sigma} \sim N(0, 1)$.

例 2.56 说明，若随机变量 $X \sim N(\mu, \sigma^2)$，则 $Y = \dfrac{X - \mu}{\sigma} \sim N(0, 1)$. 此为一般正态分布的标准过程.

习 题 2

1. 从 100 件同类产品(其中有 5 件次品)中，任取 3 件，求 3 件中所含次品数 X 的概率分布.

2. 有同类产品 100 件(其中有 5 件次品)，每次从中任取 1 件，连续抽取 20 件. 求

(1) 有放回抽取时，抽得次品数 X 的分布律；

(2) 无放回抽取时，20 件中所含次品数 Y 的分布律.

3. 已知离散型随机变量分布律为

(1) $P(X = k) = \dfrac{k}{a}$ $(k = 1, 2, \cdots, 10)$；

(2) $P(X = k) = b\left(\dfrac{1}{4}\right)^k$ $(k = 1, 2, 3)$.

试求常数 a, b.

4. 某射手每发子弹击中目标的概率为 0.8，今对靶独立重复射击 20 次(每次 1 发). 求

(1) 恰好击中 2 发的概率；

(2) 中靶发数不超过 2 的概率；

(3) 至少击中 2 发的概率.

5. 某个大楼有 5 台同类型供水设备，已知在任何时刻每台设备被使用的概率均为 0.1，求在同一时刻以下问题的概率.

(1) 恰有 2 台设备被使用；

(2) 至多有 3 台设备被使用；

(3) 至少有 1 台设备被使用.

6. 某车间内有 12 台车床，每台车床由于装卸加工件等原因，时常要停车. 设各台车床停车或开车是相互独立的，每台车床在任一时刻处于停车状态的概率为 0.3，求

(1) 任一时刻车间内停车台数 X 的分布律；

(2) 任一时刻车间内车床全部工作的概率.

7. 随机变量 $X \sim \pi(\lambda)$，已知 $P(X = 1) = P(X = 2)$，求 $\lambda(\lambda > 0)$ 的值，并写出 X 的分布律.

8. 已知在一定工序下，生产某种产品的次品率为 0.001. 今在同一工序下，独立生产 5 000 件这种产品，求至少有 2 件次品的概率.

9. 从发芽率为99%的种子里,任取100粒,求发芽粒数 X 不小于97粒的概率.

10. 某城市110报警台,在一般情况下,1 h内平均接到电话呼唤60次,已知电话呼唤次数 X 服从泊松分布(已知参数 $\lambda=60$),求在一般情况下,30 s内接到电话呼唤次数不超过1次的概率.(提示:第4章将说明 λ 是单位时间内电话交换台接到呼叫次数的平均值,所以 $\lambda=\dfrac{60}{3\,600}\times 30=0.5$.)

11. 设10件产品中恰好有2件次品,现在接连进行不放回抽样,直到取到正品为止.求

(1) 抽样次数 X 的分布律及其分布函数;

(2) $P(X=3.5)$,$P(X>-2)$,$P(1<X<3)$.

12. 设离散型随机变量 X 的分布函数为

$$F(x)=\begin{cases} 0, & x<0, \\ a, & 0\leqslant x<1, \\ \dfrac{3}{4}-a, & 1\leqslant x<2, \\ a+b, & x\geqslant 2, \end{cases}$$

且 $F\left(\dfrac{3}{2}\right)=\dfrac{1}{2}$,试求常数 a,b 的值和 X 的分布律.

13. 设随机变量 X 的密度函数为

$$f(x)=\begin{cases} x, & 0\leqslant x<1, \\ 2-x, & 1\leqslant x\leqslant 2, \\ 0, & \text{其他}, \end{cases}$$

求分布函数 $F(x)$.

14. 设随机变量 X 的分布函数为

$$F(x)=\begin{cases} 1-(1+x)\mathrm{e}^{-x}, & x\geqslant 0, \\ 0, & x<0, \end{cases}$$

求(1) $P(X\leqslant 1)$;(2) X 的概率密度.

15. 设随机变量 X 的密度函数为

$$f(x)=\begin{cases} k\mathrm{e}^{x}, & x<0, \\ \dfrac{1}{2\mathrm{e}^{x}}, & x\geqslant 0, \end{cases}$$

求(1) 常数 k 的值;(2) 随机变量 X 的分布函数 $F(x)$;(3) $P(-5<X<10)$.

16. 设随机变量 X 的概率密度为

$$f(x)=\begin{cases} \lambda\mathrm{e}^{-\lambda x}, & x\geqslant 0, \\ 0, & x<0 \end{cases} \quad (\text{常数 } \lambda>0).$$

求 (1) $P\left(X \leqslant \dfrac{1}{\lambda}\right)$；(2) 常数 C,使 $P(X > C) = \dfrac{1}{2}$.

17. 设随机变量 $X \sim u(-a, a)$,其中 $a > 1$,试分别确定满足下列关系的常数 a.

(1) $P(X > 1) = \dfrac{1}{3}$；(2) $P(|X| < 1) = P(|X| > 1)$.

18. 设随机变量 $X \sim u(0, 5)$,求 $P(X > 4)$.

19. 设随机变量 $X \sim B(2, p)$,$Y \sim B(3, p)$,若 $P(X \geqslant 1) = \dfrac{5}{9}$,求 $P(Y \geqslant 1)$.

20. 设一个人在一年内感冒的次数服从参数 $\lambda = 5$ 的泊松分布,现有一种预防感冒的药,它对 30% 的人来讲可将上述参数 λ 降为 $\lambda = 1$(疗效显著);对 45% 的人来讲可将上述参数 λ 降为 $\lambda = 4$(疗效一般);而对其余 25% 的人来讲则是无效的. 现某人服用此药一年,在这一年中他 3 次感冒,求此药对他"疗效显著"的概率.

21. 设随机变量 $X \sim N(3, 2^2)$,

(1) 求 $P(2 < X \leqslant 5)$,$P(-4 < X < 10)$,$P(X > 3)$,$P(|X| > 2)$；

(2) 确定常数 C,使 $P(X \leqslant C) = P(X > C)$,并用图形说明其意义；

(3) 求 a,使 $P(|X - a| > a) = 0.1$.

22. 某地抽样调查考生的英语成绩为随机变量 $X \sim N(72, \sigma^2)$,且 96 分以上的占考生总数的 2.3%. 试求考生的英语成绩在 60~84 分的概率.

23. 某加工过程,如果采用甲种工艺条件,则完成时间 $X \sim N(40, 8^2)$;若采用乙种工艺条件,则完成时间 $Y \sim N(50, 4^2)$(单位:h).

(1) 若允许在 60 h 内完成,应选何种工艺条件?

(2) 若只允许在 50 h 内完成,应选何种工艺条件?

24. 设某批零件的长度 $X \sim N(\mu, \sigma^2)$,今从这批零件中任取 5 个,求正好有 2 个零件长度大于 μ 的概率.

25. 某电子元件的寿命 X(单位:h)服从正态分布,$X \sim N(300, 35^2)$,求

(1) 电子元件的寿命在 250 h 以上的概率；

(2) 求常数 k,使得电子元件寿命在 $300 \pm k$ 之间的概率为 0.9.

26. 某地区的月降水量为 X(单位:mm),$X \sim N(40, 4^2)$,求从 1 月起连续 10 个月的月降水量都不超过 50 mm 的概率.

27. 已知随机变量 $X \sim N(0, 1)$,求随机变量 $Y = aX + b$,$a \neq 0$ 的概率密度.

28. 已知离散型随机变量 X 的分布律为

X	0	$\dfrac{\pi}{2}$	π
p_k	$\dfrac{1}{4}$	$\dfrac{1}{2}$	$\dfrac{1}{4}$

求下列函数的分布律. (1) $Y = 2X - \pi$；(2) $Y = \sin X$.

29. 设随机变量 $X \sim U(-1, 1)$，求 $Y = X^2$ 的分布函数 $F_Y(y)$ 与概率密度 $f_Y(y)$.

30. 设随机变量 X 的概率密度为

$$f_X(x) = \begin{cases} 2(1-x), & 0 < x < 1, \\ 0, & \text{其他}, \end{cases}$$

求随机变量 Y 的概率密度 $f_Y(y)$. (1) $Y = 3X$；(2) $Y = 3 - X$；(3) $Y = X^2$.

31. 设随机变量 X 的概率密度为

$$f_X(x) = \frac{1}{\pi(1+x^2)} \quad (-\infty < x < +\infty),$$

求随机变量 Y 的概率密度 $f_Y(y)$. (1) $Y = \arctan X$；(2) $Y = 1 - \sqrt[3]{X}$.

32. 设随机变量 X 的概率密度为

$$f_X(x) = \begin{cases} \dfrac{2}{\pi(1+x^2)}, & x > 0, \\ 0, & x \leqslant 0, \end{cases}$$

求随机变量 $Y = \ln X$ 的概率密度 $f_Y(y)$.

33. 设随机变量 X 的概率密度为

$$f_X(x) = \begin{cases} \dfrac{1}{8}(x+2), & -2 < x < 2, \\ 0, & \text{其他}, \end{cases}$$

且 $Y = X^2$，求 Y 的概率密度 $f_Y(y)$.

34. 已知随机变量 X 的概率密度为

$$f(x) = \begin{cases} ax + 1, & 0 < x < 2, \\ 0, & \text{其他}, \end{cases}$$

求 (1) a 的值；(2) X 的分布函数 $F(x)$；(3) $P(1 < X < 3)$；(4) $Y = X^2$ 的概率密度.

35. 设随机变量 $Y \sim E\left(\dfrac{1}{2}\right)$，求关于 x 的方程 $x^2 + Yx + 2Y = 3$ 没有实根的概率.

第3章 二维随机变量及其概率分布

在实际问题中,有些随机试验的结果往往需用两个或两个以上的随机变量来表示.例如,为了分析某厂的月生产情况,既要考察某月产量,又要考察其合格率,这是两个随机变量.又如,在研究地震时,要记录地震发生的位置,即经度、纬度、深度以及裂度,就需要同时研究四个随机变量.要研究这些随机变量之间的关系,就应同时考虑若干个随机变量的取值及其取值的规律——多维随机变量的分布.

本章将重点讨论二维随机变量,所得结果不难推广到 n 维随机变量的情况.

定义 3.1 设随机试验 E 的样本空间为 Ω,对 Ω 中的每一个样本点都有一对有序实数 (X, Y) 与它对应,则称 X, Y 是定义在 Ω 上的随机变量,则由它们构成的一个向量 (X, Y) 称为**二维随机变量**或**二维随机向量**.

从几何图形看,一维随机变量可以看成是直线上的随机点;二维随机变量可以看成是平面上的随机点.二维随机变量 (X, Y) 的性质不仅与 X 及 Y 有关,而且还依赖于这两个随机变量的相互关系.因此逐个来研究 X 与 Y 的性质是不够的,还需要将 (X, Y) 作为一个整体来进行研究.

3.1 二维离散型随机变量

3.1.1 联合分布律

定义 3.2 设二维随机变量 (X, Y) 所有可能取值 (x, y) 是有限个或可列无穷多个,则称 (X, Y) 为**二维离散型随机变量**.

与研究离散型一维随机变量一样,我们关心离散型二维随机变量 (X, Y) 的两个问题:

(1) (X, Y) 的所有可能值有哪些?

(2) (X, Y) 取得每一组可能值的概率是多少?

解决了这两个问题,就称确定了二维随机变量 (X, Y) 的概率分布.

定义 3.3　设二维随机变量(X,Y)的所有可能值为$(x_i,y_j)$$(i,j=1,$ $2,\cdots)$,则称

$$p_{ij}=P(X=x_i,Y=y_j)\quad(对一切\ i,j)$$

为二维随机变量(X,Y)的**概率分布**或**分布律**,也称为X和Y的**联合分布律**.

二维随机变量(X,Y)的分布律也可用如下表格表示.

p_{ij} ＼ Y ＼ X	y_1	y_2	$\cdots$	y_j	$\cdots$
x_1	p_{11}	p_{12}	$\cdots$	p_{1j}	$\cdots$
x_2	p_{21}	p_{22}	$\cdots$	p_{2j}	$\cdots$
$\vdots$	$\vdots$	$\vdots$	$\vdots$	$\vdots$	$\vdots$
x_i	p_{i1}	p_{i2}	$\cdots$	p_{ij}	$\cdots$
$\vdots$	$\vdots$	$\vdots$	$\vdots$	$\vdots$	$\vdots$

由概率的定义知,这里的p_{ij}满足:

(1) **非负性**　$p_{ij}\geqslant0$ $(i,j=1,2,\cdots)$;

(2) **归一性**　$\sum_{i=1}^{\infty}\sum_{j=1}^{\infty}p_{ij}=1.$

例 3.1　设二维随机变量(X,Y)可能取值点为$(-1,0),(0,0),\left(0,\dfrac{1}{2}\right),$ $(1,\pi)$,且取$(-1,0)(0,0),\left(0,\dfrac{1}{2}\right)$的概率相等,取$(1,\pi)$的概率是取$(0,0)$的概率的3倍,求$(X,Y)$的分布律.

解　设$P(x=-1,y=0)=P(x=0,y=0)=P(x=0,y=\dfrac{1}{2})=p,$

则
$$P(x=1,y=\pi)=3p.$$

由概率的归一性,得

$$p+p+p+3p=1,\quad 故\ p=\frac{1}{6}.$$

即(X,Y)取$(-1,0),(0,0),\left(0,\dfrac{1}{2}\right)$的概率为$\dfrac{1}{6}$,取$(1,\pi)$的概率为$\dfrac{1}{2}$,于是得到$(X,Y)$的分布律:

p_{ij}　＼　Y　X	0	$\frac{1}{2}$	π
-1	$\frac{1}{6}$	0	0
0	$\frac{1}{6}$	$\frac{1}{6}$	0
1	0	0	$\frac{1}{2}$

例 3.2　设盒内有 2 件次品，3 件正品，现进行有放回抽取. 用 X 表示第一次取得次品个数，Y 表示第二次取得次品个数，求 (X,Y) 的分布律.

解　设 $X=\begin{cases}0,\text{第一次取得正品,}\\1,\text{第一次取得次品；}\end{cases}$ $Y=\begin{cases}0,\text{第二次取得正品,}\\1,\text{第二次取得次品.}\end{cases}$

下面求 (X,Y) 的分布律.

$P(X=x_i,Y=y_j)=p_{ij}\quad(x_i,y_j=0,1)$,

$p_{00}=P(X=0,Y=0)=P(\text{"第一次取得正品"且"第二次取得正品"})$.

由于采用有放回抽放，所以括号中两个事件相互独立，由古典概型概率的计算法可得

$$P(X=0)=\frac{3}{5},\quad P(Y=0)=\frac{3}{5}.$$

再由事件的独立性，得

$$p_{00}=P(X=0,Y=0)=P(X=0)P(Y=0)=\frac{3}{5}\times\frac{3}{5}=\frac{9}{25}.$$

同样可得

$$p_{01}=P(X=0,Y=1)=\frac{3}{5}\times\frac{2}{5}=\frac{6}{25},$$

$$p_{10}=P(X=1,Y=0)=\frac{2}{5}\times\frac{3}{5}=\frac{6}{25},$$

$$p_{11}=P(X=1,Y=1)=\frac{2}{5}\times\frac{2}{5}=\frac{4}{25}.$$

(X,Y) 的分布律为

p_{ij}　＼　Y　X	0	1
0	$\frac{9}{25}$	$\frac{6}{25}$
1	$\frac{6}{25}$	$\frac{4}{25}$

其中，p_{ij} 满足 $p_{ij} \geqslant 0$，$\sum\limits_{i}\sum\limits_{j} p_{ij} = 1$，如图 3-1 所示.

例 3.3 将上例中的"有放回抽取"改为"无放回抽取"，其他不变，求 (X, Y) 的分布律.

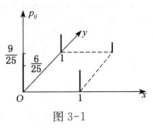

图 3-1

解 只要注意到无放回抽取时，第一次抽取结果与第二次抽取结果并不相互独立，则应用事件的一般乘法公式

$$p_{00} = P(X = 0, Y = 0) = \frac{3}{5} \times \frac{2}{4} = \frac{3}{10},$$

$$p_{01} = P(X = 0, Y = 1) = \frac{3}{5} \times \frac{2}{4} = \frac{3}{10},$$

$$p_{10} = P(X = 1, Y = 0) = \frac{2}{5} \times \frac{3}{4} = \frac{3}{10},$$

$$p_{11} = P(X = 1, Y = 1) = \frac{2}{5} \times \frac{1}{4} = \frac{1}{10}.$$

(X, Y) 的分布律为

p_{ij} Y X	0	1
0	$\frac{3}{10}$	$\frac{3}{10}$
1	$\frac{3}{10}$	$\frac{1}{10}$

例 3.4 为了进行吸烟与肺癌关系的研究，随机调查了 23 000 个 40 岁以上的人，其结果列在下表中：

是否患肺癌 是否吸烟	患肺癌	未患肺癌
吸烟	3	4 597
不吸烟	1	18 399

设

$X = 0$ ——被调查者吸烟； $X = 1$ ——被调查者不吸烟；

$Y = 0$ ——被调查者患肺癌； $Y = 1$ ——被调查者未患肺癌.

从表中各种情况出现的参数计算各种情况出现的频率，就产生了二维随机变量

(X,Y) 的概率分布律:

$$P(X=0,Y=0)=\frac{3}{23\,000}=0.000\,13,$$

$$P(X=1,Y=0)=\frac{1}{23\,000}=0.000\,04,$$

$$P(X=0,Y=1)=\frac{4\,597}{23\,000}=0.199\,87,$$

$$P(X=1,Y=1)=\frac{18\,399}{23\,000}=0.799\,96.$$

Y ＼ X	0	1
0	0.000 13	0.199 87
1	0.000 04	0.799 96

3.1.2　边缘分布律

设 (X,Y) 的联合分布律为

$$P(X=x_i,Y=y_j)=p_{ij}\quad(i,j=1,2,\cdots),$$

这里 (X,Y) 是一个整体,但 X,Y 均为随机变量,均有分布律,称他们为关于 X,Y 的**边缘分布律**.

(X,Y) 关于 X 的边缘分布律为

$$P(X=x_i)=P\Big[X=x_i,\bigcup_{j=1}^{\infty}(Y=y_j)\Big]$$

$$=\sum_{j=1}^{\infty}P(X=x_i,Y=y_j)=\sum_{j=1}^{\infty}p_{ij}\quad(i=1,2,\cdots),$$

记为 $p_i.$.

同样,(X,Y) 关于 Y 的边缘分布律为

$$P(Y=y_j)=\sum_{i=1}^{\infty}p_{ij}\quad(j=1,2,\cdots),$$

记为 $p._j$.

通常用以下表格表示 (X,Y) 的分布律和边缘分布律.

p_{ij} \ Y / X	y_1	y_2	$\cdots$	y_j	$\cdots$	$p_i.$
x_1	p_{11}	p_{12}	$\cdots$	p_{1j}	$\cdots$	$p_1.$
x_2	p_{21}	p_{22}	$\cdots$	p_{2j}	$\cdots$	$p_2.$
$\vdots$	$\vdots$	$\vdots$	$\vdots$	$\vdots$	$\vdots$	$\vdots$
x_i	p_{i1}	p_{i2}	$\cdots$	p_{ij}	$\cdots$	$p_i.$
$\vdots$	$\vdots$	$\vdots$	$\vdots$	$\vdots$	$\vdots$	$\vdots$
$p_{\cdot j}$	$p_{\cdot 1}$	$p_{\cdot 2}$	$\cdots$	$p_{\cdot j}$	$\cdots$	1

其中, $p_i.(i=1,2,\cdots)$ 表示第 i 行的概率之和; $p_{\cdot j}(j=1,2,\cdots)$ 表示第 j 列的概率之和.

(X,Y) 关于 X 的边缘分布律为

X	x_1	x_2	$\cdots$	x_i	$\cdots$
$p_i.$	$p_1.$	$p_2.$	$\cdots$	$p_i.$	$\cdots$

(X,Y) 关于 Y 的边缘分布律为

Y	y_1	y_2	$\cdots$	y_j	$\cdots$
$p_{\cdot j}$	$p_{\cdot 1}$	$p_{\cdot 2}$	$\cdots$	$p_{\cdot j}$	$\cdots$

例 3.5 设 X,Y 的联合分布律如下,求 (X,Y) 关于 X 及 Y 的边缘分布律.

p_{ij} \ Y / X	-1.2	1	3	4
0	$\dfrac{1}{6}$	0	$\dfrac{1}{6}$	0
1	$\dfrac{1}{6}$	0	0	0
2.1	0	$\dfrac{1}{3}$	0	0
3	0	0	0	$\dfrac{1}{6}$

解

p_{ij} ＼ Y ＼ X	-1.2	1	3	4	$p_i. = P\{X=x_i\}$
0	$\dfrac{1}{6}$	0	$\dfrac{1}{6}$	0	$\dfrac{1}{3}$
1	$\dfrac{1}{6}$	0	0	0	$\dfrac{1}{6}$
2.1	0	$\dfrac{1}{3}$	0	0	$\dfrac{1}{3}$
3	0	0	0	$\dfrac{1}{6}$	$\dfrac{1}{6}$
$p._j = P\{Y=y_j\}$	$\dfrac{1}{3}$	$\dfrac{1}{3}$	$\dfrac{1}{6}$	$\dfrac{1}{6}$	1

表中最右边一列与最下面一行分别是关于 X, Y 的边缘分布律.

(X, Y)关于 X 的边缘分布律为

X	0	1	2.1	3
$p_i.$	$\dfrac{1}{3}$	$\dfrac{1}{6}$	$\dfrac{1}{3}$	$\dfrac{1}{6}$

(X, Y)关于 Y 的边缘分布律为

Y	-1.2	1	3	4
$p._j$	$\dfrac{1}{3}$	$\dfrac{1}{3}$	$\dfrac{1}{6}$	$\dfrac{1}{6}$

例 3.6(续例 3.4)　求 (X, Y) 的分量 X 与 Y 的边缘分布.

解　由例 3.4 中的第二张表可得

$$P(X=0) = 0.000\,13 + 0.199\,87 = 0.2,$$

$$P(X=1) = 0.000\,04 + 0.799\,96 = 0.8,$$

$$P(Y=0) = 0.000\,13 + 0.000\,04 = 0.000\,17,$$

$$P(Y=1) = 0.199\,87 + 0.799\,96 = 0.999\,83.$$

把这些数据补充到例 3.4 的第一张表中,得

是否患肺癌 Y 是否吸烟 X	患肺癌 $(Y = 0)$	未患肺癌 $(Y = 1)$	X 的边缘分布 $p_i.$
吸烟 $(X = 0)$	0.000 13	0.199 87	0.2
不吸烟 $(X = 1)$	0.000 04	0.799 969	0.8
Y 的边缘分布 $p._j$	0.000 17	0.999 83	1

3.2　二维连续型随机变量

3.2.1　联合分布函数

我们已知一维随机变量 X 的分布函数 $F(x) = P(X \leqslant x)$. 它既可以描述离散型和连续型随机变量的分布,也定义了连续型随机变量及其概率密度. 对二维随机变量,我们引入联合分布函数的概念.

定义 3.4　设二维随机变量 (X, Y),对于任意实数 x, y,二元函数

$$F(x, y) = P(X \leqslant x, Y \leqslant y)$$

称为 (X, Y) 的**联合分布函数**.

若将二维随机变量 (X, Y) 的取值看成平面上随机点的坐标,那么联合分布函数在点 (x, y) 处的值 $F(x, y)$,就是点 (X, Y) 落在点 (x, y) 左下方区域(包括区域边界)上的概率,如图 3-2 所示.

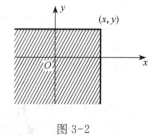

图 3-2

例 3.7　从 1, 2, 3, 4 这四个数中随机取一个用 X 表示;再从 1, 2, …, X 中随机取一个用 Y 表示. 试求 (X, Y) 的联合分布律及 $F(2.5, 1.5)$.

解　由乘法公式　$P(X_i = i, Y_j = j)$
$$= P(X_i = i) P(Y_j = j \mid X_i = i) \quad (i = 1, 2, 3, 4; j \leqslant i),$$

得 (X, Y) 的联合分布律

p_{ij} ╲ Y ╲ X	1	2	3	4
1	$\frac{1}{4}$	0	0	0
2	$\frac{1}{8}$	$\frac{1}{8}$	0	0
3	$\frac{1}{12}$	$\frac{1}{12}$	$\frac{1}{12}$	0
4	$\frac{1}{16}$	$\frac{1}{16}$	$\frac{1}{16}$	$\frac{1}{16}$

其图形表示为：(X, Y) 取值的点 $(1, 1)$，$\cdots$，$(4, 4)$ 在 xOy 平面上描出，他们对应的概率 $\frac{1}{4}$，$\frac{1}{8}$，$\frac{1}{12}$，$\frac{1}{16}$ 在对应点上用垂直于 xOy 平面的线段表示，如图 3-3 所示.

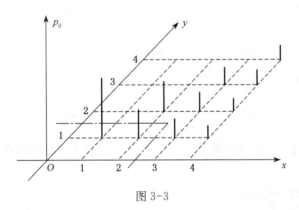

图 3-3

由联合分布函数的定义，$F(2.5, 1.5)$ 是 (X, Y) 落在 xOy 平面中点 $(2.5, 1.5)$ 左下方区域中的概率，则

$$F(2.5, 1.5) = P(X \leqslant 2.5, Y \leqslant 1.5) = \frac{1}{4} + \frac{1}{8} = \frac{3}{8}.$$

一般地，若二维离散型随机变量 (X, Y) 的联合分布律为 $p_{ij}(i, j = 1, 2, \cdots)$，则 (X, Y) 的联合分布函数为

$$F(x, y) = P(X \leqslant x, Y \leqslant y) = \sum_{x_i \leqslant x} \sum_{y_j \leqslant y} p_{ij}.$$

由上例不难看出,依 x 和 y 不同的取值范围,$F(x,y)$ 是一个分段函数,且比一维离散型的分布函数要复杂得多.

由联合分布函数的定义,$F(x,y)$ 有与一维随机变量的分布函数 $F(x)$ 类似的性质:

(1) $F(x,y)$ 关于 x、关于 y 单调不减;

(2) $0 \leqslant F(x,y) \leqslant 1$,且

$$\lim_{x \to -\infty} F(x,y) = 0, \qquad \lim_{y \to -\infty} F(x,y) = 0,$$

$$\lim_{\substack{x \to -\infty \\ y \to -\infty}} F(x,y) = 0, \qquad \lim_{\substack{x \to +\infty \\ y \to +\infty}} F(x,y) = 1.$$

以上性质参照一维随机变量的分布函数 $F(x)$ 的定义和性质,并由二维随机变量联合分布函数的定义可以得到证明.

3.2.2 联合分布的概率密度

下面我们依照一维连续型随机变量及其概率密度的定义来定义二维连续型随机变量及其概率密度.

定义 3.5 二维随机变量 (X,Y) 的联合分布函数为 $F(x,y)$,若存在非负函数 $f(x,y)$ 使得

$$F(x,y) = \int_{-\infty}^{x} \int_{-\infty}^{y} f(u,v) \mathrm{d}u \mathrm{d}v,$$

则称 (X,Y) 为**二维连续型随机变量**,则 $f(x,y)$ 为 (X,Y) 的**联合概率密度**,简称概率密度.

(X,Y) 的概率密度具有下列性质:

(1) $f(x,y) \geqslant 0 \quad (-\infty < x < +\infty, -\infty < y < +\infty)$;

(2) $\displaystyle\int_{-\infty}^{+\infty} \int_{-\infty}^{+\infty} f(x,y) \mathrm{d}x\mathrm{d}y = 1$;

(3) $P[(X,Y) \in D] = \displaystyle\iint\limits_{D} f(x,y) \mathrm{d}x\mathrm{d}y$;

(4) 若 $f(x,y)$ 在点 (x,y) 处连续,则 $\dfrac{\partial^2 F(x,y)}{\partial x \partial y} = f(x,y)$.

以上性质参照一维连续型随机变量的概率密度 $f(x)$ 的性质,并由二维连续型随机变量的定义可以证明,概率密度的这些性质非常重要,必须掌握.性质(1)表明:曲面 $z = f(x,y)$ 在 xOy 坐标平面上方;性质(2)表明:$z = f(x,y)$ 以下,xOy

平面以上的体积为 1；性质(3)表明：二维连续型随机变量(X,Y)在平面区域 D 中取值的概率等于以曲面 $z=f(x,y)$ 为顶，D 为底的曲顶柱体的体积. 因此，二维连续型随机变量的概率要用二重积分计算.

例 3.8 已知二维随机变量(X,Y)的分布函数

$$F(x,y)=\frac{1}{\pi^2}\Big(\frac{\pi}{2}+\arctan\frac{x}{3}\Big)\Big(\frac{\pi}{2}+\arctan\frac{y}{4}\Big),$$

试求(1)(X,Y)的概率密度 $f(x,y)$；(2) $P(0\leqslant X\leqslant 3)$.

解 (1) 由概率密度的性质知 $\quad f(x,y)=\dfrac{\partial^2 F(x,y)}{\partial x\partial y}$,

$$\frac{\partial F}{\partial x}=\frac{1}{\pi^2}\Big(\frac{\pi}{2}+\arctan\frac{y}{4}\Big)\frac{1}{3\big(1+\frac{x^2}{9}\big)}=\frac{3}{\pi^2}\Big(\frac{\pi}{2}+\arctan\frac{y}{4}\Big)\frac{1}{9+x^2},$$

$$\frac{\partial^2 F}{\partial x\partial y}=\frac{3}{\pi^2}\frac{1}{9+x^2}\frac{4}{16+y^2}=\frac{12}{\pi^2(x^2+9)(y^2+16)},$$

所以 $\quad f(x,y)=\dfrac{12}{\pi^2(x^2+9)(y^2+16)}\quad(-\infty<x<+\infty,-\infty<y<+\infty).$

(2) $P(0\leqslant X\leqslant 3)=P(0\leqslant X\leqslant 3,-\infty<Y<+\infty)$
$$=F(3,+\infty)-F(0,+\infty)-F(3,-\infty)+F(0,-\infty)$$
$$=F(3,+\infty)-F(0,+\infty)=\frac{1}{\pi^2}\Big[\Big(\frac{\pi}{2}+\frac{\pi}{4}\Big)\pi-\frac{\pi}{2}\pi\Big]=\frac{1}{4}.$$

定义 3.6 设二维随机变量(X,Y)的概率密度函数为 $f(x,y)$，其形式为

$$f(x,y)=\begin{cases}\varphi(x,y),&(x,y)\in D,\\0,&\text{其他.}\end{cases}$$

区域 D 称为**有效区域**，有效区域上对应的非零函数 $\varphi(x,y)$ 称为**有效函数**.

易知概率密度函数的两个重要性质变形为

(1) 归一性. 在有效区域 D 上的有效函数 $\varphi(x,y)$ 的二重积分等于 1，即有效区域 D 上的曲顶柱体的体积为 1. 即

$$\iint\limits_{D}\varphi(x,y)\mathrm{d}x\mathrm{d}y=1.$$

(2) 随机变量(X,Y)在区域 G 上取值的概率，是区域 G 与有效区域 D 的交集 $D\cap G$ 为公共区域上有效函数 $\varphi(x,y)$ 的二重积分，即以公共区域 $D\cap G$ 为底，曲面 $z=\varphi(x,y)$ 为顶的曲顶柱体的体积. 即

$$P\{(X, Y) \in G\} = \iint\limits_{D \cap G} \varphi(x, y)\mathrm{d}x\mathrm{d}y \, .$$

例 3.9 设二维随机变量(X, Y)的概率密度函数为

$$f(x, y) = \begin{cases} 6x, & 0 \leqslant x \leqslant 1, \, x \leqslant y \leqslant 1, \\ 0, & \text{其他}, \end{cases}$$

求 $P(X + Y \leqslant 1)$.

解 已知有效区域 D: $\begin{cases} 0 \leqslant x \leqslant 1, \\ x \leqslant y \leqslant 1, \end{cases}$ 随机变量(X, Y)

取值的区域 G: $\begin{cases} -\infty < x < +\infty, \\ -\infty < y \leqslant 1 - x, \end{cases}$ 则公共区域

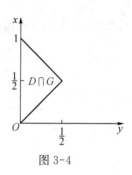

图 3-4

$D \cap G$: $\begin{cases} 0 \leqslant x \leqslant \dfrac{1}{2}, \\ x \leqslant y \leqslant 1 - x, \end{cases}$ 如图 3-4 所示.

$$P\{X + Y \leqslant 1\} = 6\iint\limits_{D \cap G} x\mathrm{d}x\mathrm{d}y = 6\int_0^{\frac{1}{2}} x\mathrm{d}x \int_x^{1-x} \mathrm{d}y = 6\int_0^{\frac{1}{2}} (x - 2x^2)\mathrm{d}x = \frac{1}{4}.$$

例 3.10 已知二维随机变量(X, Y)的概率密度为

$$f(x, y) = \begin{cases} kxy, & 0 \leqslant x \leqslant 1, \, 0 \leqslant y \leqslant 1, \\ 0, & \text{其他}, \end{cases}$$

求(1) 常数 k；(2) $P\left(X \leqslant \dfrac{1}{2}, Y \leqslant \dfrac{1}{3}\right)$；(3) $P(X \leqslant Y)$.

解 (1) 利用概率密度的性质

$$1 = \int_{-\infty}^{+\infty}\int_{-\infty}^{+\infty} f(x, y)\mathrm{d}x\mathrm{d}y = k\int_0^1 x\mathrm{d}x \int_0^1 y\mathrm{d}y = \frac{k}{4},$$

$$k = 4,$$

于是 $\qquad f(x, y) = \begin{cases} 4xy, & 0 \leqslant x \leqslant 1, \, 0 \leqslant y \leqslant 1, \\ 0, & \text{其他}. \end{cases}$

有效区域 D: $\begin{cases} 0 \leqslant x \leqslant 1, \\ 0 \leqslant y \leqslant 1. \end{cases}$

(2) 随机变量(X, Y)取值的区域 G: $\begin{cases} x \leqslant \dfrac{1}{2}, \\ y \leqslant \dfrac{1}{3}, \end{cases}$

则公共区域 $D \bigcap G$：$\begin{cases} 0 \leqslant x \leqslant \dfrac{1}{2}, \\ 0 \leqslant y \leqslant \dfrac{1}{3}. \end{cases}$

$$P\left(X \leqslant \frac{1}{2}, Y \leqslant \frac{1}{3}\right) = \int_0^{\frac{1}{2}} 2x\mathrm{d}x \int_0^{\frac{1}{3}} 2y\mathrm{d}y = x^2 \Big|_0^{\frac{1}{2}} \cdot y^2 \Big|_0^{\frac{1}{3}} = \frac{1}{4} \times \frac{1}{9} = \frac{1}{36}.$$

（3）随机变量(X, Y)取值的区域 G：$\begin{cases} -\infty < x < +\infty, \\ x \leqslant y < +\infty, \end{cases}$

则公共区域 $D \bigcap G$：$\begin{cases} 0 \leqslant x \leqslant 1, \\ x \leqslant y \leqslant 1, \end{cases}$ 如图 3-5 所示.

$$P(X \leqslant Y) = 2 \int_0^1 x\mathrm{d}x \int_x^1 2y\mathrm{d}y = 2 \int_0^1 (-x^3)\mathrm{d}x$$

$$= 2 \left(\frac{1}{2} - \frac{1}{4} \right) = \frac{1}{2}.$$

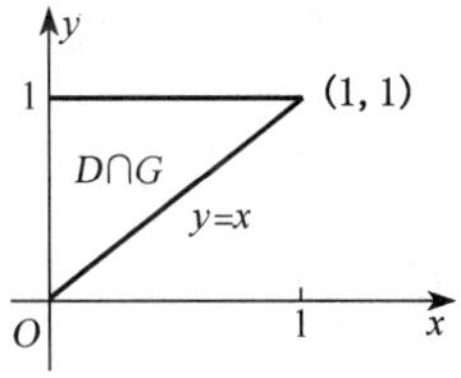

图 3-5

例 3.11　设(X, Y)的概率密度为

$$f(x, y) = \frac{k}{(1+x^2)(1+y^2)} \quad (-\infty < x < +\infty, -\infty < y < +\infty),$$

求（1）常数 k；（2）$P(0 < X < \sqrt{3}, 0 < Y < \sqrt{3})$.

解　（1）利用概率密度的性质

$$1 = \int_{-\infty}^{+\infty} \mathrm{d}x \int_{-\infty}^{+\infty} f(x, y)\mathrm{d}y = k \int_{-\infty}^{+\infty} \frac{\mathrm{d}x}{1+x^2} \int_{-\infty}^{+\infty} \frac{1}{1+y^2} \mathrm{d}y$$

$$= 4k \arctan x \Big|_0^{+\infty} \arctan y \Big|_0^{+\infty} = k\pi^2,$$

则
$$k = \frac{1}{\pi^2}.$$

（2）由于

$$f(x, y) = \frac{1}{\pi^2(1+x^2)(1+y^2)} \quad (-\infty < x < +\infty, -\infty < y < +\infty),$$

于是有

$$P(0 < X < \sqrt{3}, 0 < Y < \sqrt{3}) = \frac{1}{\pi^2} \int_0^{\sqrt{3}} \frac{\mathrm{d}x}{1+x^2} \int_0^{\sqrt{3}} \frac{\mathrm{d}y}{1+y^2}$$

$$= \frac{1}{\pi^2} (\arctan\sqrt{3})^2 = \frac{1}{\pi^2} \times \left(\frac{\pi}{3} \right)^2 = \frac{1}{9}.$$

例3.12 设二维连续型随机变量(X, Y)的概率密度为

$$f(x, y) = \begin{cases} ke^{-(x+y)}, & x \geqslant 0, y \geqslant 0, \\ 0, & \text{其他}, \end{cases}$$

求(1) 常数k;(2) (X, Y) 的联合分布函数;

(3) $P(X \leqslant 1, Y \leqslant 1)$;(4) $P(X+Y \leqslant 1)$;(5) $P(X \geqslant Y)$.

解 由性质(2)有

(1) $1 = \int_{-\infty}^{+\infty} \int_{-\infty}^{+\infty} f(x, y)\mathrm{d}x\mathrm{d}y = k\int_{0}^{+\infty} e^{-x}\mathrm{d}x \cdot \int_{0}^{+\infty} e^{-y}\mathrm{d}y = k$,得$k = 1$.

(2) 当$x < 0$ 或$y < 0$ 时,$F(x, y) = 0$;

当$x \geqslant 0$ 且$y \geqslant 0$ 时,

$$F(x, y) = \int_{0}^{x} e^{-u}\mathrm{d}u \int_{0}^{y} e^{-v}\mathrm{d}v = (1 - e^{-x})(1 - e^{-y}),$$

即

$$F(x, y) = \begin{cases} (1 - e^{-x})(1 - e^{-y}), & x \geqslant 0, y \geqslant 0, \\ 0, & \text{其他}. \end{cases}$$

(3) 由联合分布函数的定义有

$$P(X \leqslant 1, Y \leqslant 1) = F(1, 1) = (1 - e^{-1})^2.$$

(4) 有效区域$D: \begin{cases} x \geqslant 0, \\ y \geqslant 0, \end{cases}$ 随机变量(X, Y)取值的区域$G: \begin{cases} -\infty < x < +\infty, \\ -\infty < y \leqslant 1-x, \end{cases}$

则公共区域$D \cap G: \begin{cases} 0 \leqslant x \leqslant 1, \\ 0 \leqslant y \leqslant 1-x, \end{cases}$ 如图 3-6 所示.

$$P(X+Y \leqslant 1) = \iint\limits_{D \cap G} e^{-(x+y)}\mathrm{d}x\mathrm{d}y = \int_{0}^{1} e^{-x}\mathrm{d}x \int_{0}^{1-x} e^{-y}\mathrm{d}y$$

$$= \int_{0}^{1} e^{-x}e^{-y}\Big|_{1-x}^{0} \mathrm{d}x = \int_{0}^{1}(e^{-x} - e^{-1})\mathrm{d}x = 1 - 2e^{-1}.$$

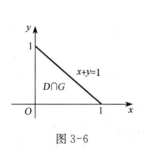

图 3-6

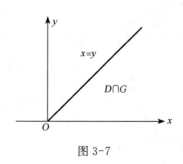

图 3-7

(5) 随机变量 (X, Y) 落在的区域 G：$\begin{cases}-\infty < x < +\infty,\\ -\infty < y \leqslant x,\end{cases}$

则公共区域 $D \cap G$：$\begin{cases}0 \leqslant x < +\infty,\\ 0 \leqslant y \leqslant x,\end{cases}$ 如图 3-7 所示.

$$P(X \geqslant Y) = \int_0^{+\infty} \mathrm{e}^{-x}\mathrm{d}x \int_0^x \mathrm{e}^{-y}\mathrm{d}y = \int_0^{+\infty}(\mathrm{e}^{-x} - \mathrm{e}^{-2x})\mathrm{d}x = -\mathrm{e}^{-x} + \frac{1}{2}\mathrm{e}^{-2x}\Big|_0^{+\infty}$$
$$= 1 - \frac{1}{2} = \frac{1}{2}.$$

此例中的(X, Y)的分布称为二维指数分布，是常见的二维连续型随机变量的分布.

例 3.13　设二维随机变量(X, Y)的概率密度为

$$f(x, y) = \begin{cases} x^2 + \dfrac{1}{3}xy, & 0 \leqslant x \leqslant 1,\ 0 \leqslant y \leqslant 2,\\ 0, & \text{其他},\end{cases}$$

求 $P(X + Y \geqslant 1)$.

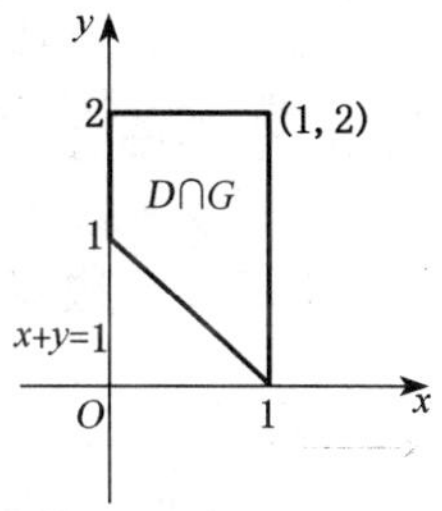

图 3-8

解　有效区域 D：$\begin{cases}0 \leqslant x \leqslant 1,\\ 0 \leqslant y \leqslant 2,\end{cases}$ 随机变量 (X, Y) 取值的区域 G：$\begin{cases}-\infty < x < +\infty,\\ 1 - x \leqslant y < +\infty,\end{cases}$

则公共区域 $D \cap G$：$\begin{cases}0 \leqslant x \leqslant 1,\\ 1 - x \leqslant y \leqslant 2,\end{cases}$ 如图 3-8 所示.

$$\begin{aligned}P(X + Y \geqslant 1) &= \iint\limits_{D\cap G}\left(x^2 + \frac{1}{3}xy\right)\mathrm{d}x\mathrm{d}y\\ &= \int_0^1 x^2\mathrm{d}x\int_{1-x}^2 \mathrm{d}y + \frac{1}{3}\int_0^1 x\mathrm{d}x\int_{1-x}^2 y\mathrm{d}y\\ &= \int_0^1 (x^2 + x^3)\mathrm{d}x + \frac{1}{6}\int_0^1 x[4 - (1 - x)^2]\mathrm{d}x\\ &= \frac{1}{3} + \frac{1}{4} + \frac{1}{6}\int_0^1 (3x + 2x^2 - x^3)\mathrm{d}x\\ &= \frac{7}{12} + \frac{1}{6}\left(\frac{3}{2} + \frac{2}{3} - \frac{1}{4}\right) = \frac{65}{72}.\end{aligned}$$

定义 3.7　若二维随机变量(X, Y)的联合概率密度为

$$f(x, y) = \begin{cases} \dfrac{1}{\sigma}, & (x, y) \in D, \\ 0, & (x, y) \notin D. \end{cases}$$

其中，σ 为区域 D 的面积,则称二维随机变量(X, Y)在 D 上服从**均匀分布**.

例 3.14 设二维随机变量(X, Y)在圆域 $x^2 + y^2 \leqslant 4$ 上服从均匀分布,计算 $P[(X, Y) \in D]$,其中 D 是由直线 $x = 0$,$y = 0$ 及 $x + y = 1$ 所围成的三角形区域.

解 由题意可得

$$f(x, y) = \begin{cases} \dfrac{1}{4\pi}, & x^2 + y^2 \leqslant 4, \\ 0, & 其他. \end{cases}$$

$$P[(x, y) \in D)] = \frac{1}{4\pi} \iint\limits_{D} \mathrm{d}x\mathrm{d}y = \frac{0.5}{4\pi} = \frac{1}{8\pi}.$$

3.2.3 边缘概率密度

定义 3.8 二维连续型随机变量(X, Y)中分量 X 的概率密度 $f_X(x)$ 称为(X, Y)关于 X 的**边缘概率密度**;分量 Y 的概率密度 $f_Y(y)$ 称为(X, Y)关于 Y 的**边缘概率密度**;边缘概率密度简称**边缘密度**.

由于(X, Y)的概率密度全面地反映了(X, Y)的取值情况,于是根据(X, Y)的概率密度 $f(x, y)$,可求得:

(1)(X, Y) 关于 X 的边缘概率密度为

$$f_X(x) = \int_{-\infty}^{+\infty} f(x, y)\mathrm{d}y;$$

(2)(X, Y) 关于 Y 的边缘概率密度为

$$f_Y(y) = \int_{-\infty}^{+\infty} f(x, y)\mathrm{d}x.$$

例 3.15 设二维随机变量 (X, Y) 的概率密度为

$$f(x, y) = \begin{cases} 4xy, & 0 \leqslant x \leqslant 1, 0 \leqslant y \leqslant 1, \\ 0, & 其他, \end{cases}$$

求(X, Y)关于 X,Y 的边缘概率密度.

解 X 的边缘密度为

$$f_X(x) = \int_{-\infty}^{+\infty} f(x,y)\mathrm{d}y = \begin{cases} 2x\int_0^1 2y\mathrm{d}y = 2x, & 0 \leqslant x \leqslant 1, \\ 0, & \text{其他}. \end{cases}$$

Y 的边缘密度为

$$f_Y(y) = \int_{-\infty}^{+\infty} f(x,y)\mathrm{d}x = \begin{cases} 2y\int_0^1 2x\mathrm{d}x = 2y, & 0 \leqslant y \leqslant 1, \\ 0, & \text{其他}. \end{cases}$$

例 3.16(续例 3.11) 求 (X,Y) 关于 X,Y 的边缘概率密度.

解 $f_X(x) = \dfrac{2}{\pi^2(1+x^2)}\displaystyle\int_0^{+\infty}\dfrac{1}{1+y^2}\mathrm{d}y = \dfrac{2}{\pi^2(1+x^2)}\arctan y\Big|_0^{+\infty}$

$\qquad\qquad = \dfrac{2}{\pi^2(1+x^2)} \times \dfrac{\pi}{2} = \dfrac{1}{\pi(1+x^2)} \quad (-\infty < x < +\infty),$

同理可得 $\qquad\qquad f_Y(y) = \dfrac{1}{\pi(1+y^2)} \quad (-\infty < y < +\infty).$

3.2.4 边缘分布函数

已知 (X,Y) 的分布函数 $F(x,y) = P(X \leqslant x, y \leqslant y)$，分别记 X 和 Y 的分布函数为 $F_X(x)$ 和 $F_Y(y)$，并称它们为 X 和 Y 的**边缘分布函数**. 因为

$$(X \leqslant x) = (X \leqslant x) \bigcap (Y < +\infty) = (X \leqslant x, Y < +\infty),$$

所以 $\qquad F_X(x) = P(X \leqslant x) = P(X \leqslant x, Y < +\infty) = F(x, +\infty).$

同理可得 $\qquad\qquad F_Y(y) = P(Y \leqslant y) = F(+\infty, y).$

例 3.17 已知二维随机变量 (X,Y) 的分布函数为

$$F(x,y) = \begin{cases} (1-\mathrm{e}^{-2x})(1-\mathrm{e}^{-3y}), & x > 0,\ y > 0, \\ 0, & \text{其他}. \end{cases}$$

求 (X,Y) 关于 X 和 Y 的边缘分布函数 $F_X(x)$ 和 $F_Y(y)$，且 X 和 Y 服从什么分布？

解 (X,Y) 关于 X 的边缘分布函数为

$$F_X(x) = F(x, +\infty) = \begin{cases} 1-\mathrm{e}^{-2x}, & x > 0, \\ 0, & \text{其他}, \end{cases}$$

X 服从 $\lambda = 2$ 的指数分布，即 $X \sim E(2)$.

同理 $\qquad F_Y(y) = F(+\infty, y) = \begin{cases} 1 - e^{-3y}, & y > 0, \\ 0, & \text{其他,} \end{cases}$

Y 服从 $\lambda = 3$ 的指数分布,即 $Y \sim E(3)$.

3.3 随机变量的独立性

在第 1 章中,我们讨论过事件 A,B 相互独立的问题.如果 $P(AB) = P(A)P(B)$,则称事件 A 与事件 B 相互独立.事件 A,B 相互独立的意义是其中一个出现,不影响另一个出现的概率.在研究二维随机变量时,涉及的随机变量有两个,自然也可提出其中一个取值对另一个取值的概率是否有影响的问题.为了描述这类情况,给出下面的定义.

定义 3.9　设 (X, Y) 是二维随机变量,如果对于任意 x,y 有

$$P(X \leqslant x, Y \leqslant y) = P(X \leqslant x)P(Y \leqslant y),$$

则称随机变量 X 与 Y 是**相互独立**的.

如果记 $A = (X \leqslant x)$,$B = (Y \leqslant y)$,那么上式成为

$$P(AB) = P(A)P(B).$$

可见随机变量 X,Y 的相互独立的定义与两个事件相互独立的定义是一致的.

设随机变量 (X, Y) 的分布函数和边缘分布函数分别为 $F(x, y)$ 和 $F_X(x)$,$F_Y(y)$,则 X 与 Y 相互独立等价于对任意实数 x,y 有

$$F(x, y) = F_X(x)F_Y(y).$$

若 (X, Y) 是离散型随机变量,则 X 与 Y 相互独立的充分必要条件是

$$P(X = x_i, Y = y_j) = P(X = x_i)P(Y = y_j),$$

即 $\qquad\qquad\qquad p_{ij} = p_{i\cdot} \cdot p_{\cdot j}.$

若 (X, Y) 是二维连续型随机变量,$f(x, y)$,$f_X(x)$,$f_Y(y)$ 分别是联合密度函数与边缘密度函数,则 X 与 Y 相互独立的充要条件是

$$f(x, y) = f_X(x)f_Y(y).$$

例 3.18(续例 3.4)　考察随机变量 X 与 Y 的独立性.

解　因为

p_{ij} \\ X \\ Y	患肺癌 ($Y = 0$)	未患肺癌 ($Y = 1$)	$p_{i\cdot}$
吸烟 ($X = 0$)	0.000 13	0.199 87	0.2
不吸烟 ($X=1$)	0.000 04	0.799 969	0.8
$p_{\cdot j}$	0.000 17	0.999 83	1

解 因为 $0.2 \times 0.000\ 17 = P(X = 0)P(y = 0)$
$$\neq P(X = 0, Y = 0) = 0.000\ 13,$$
所以随机变量 X 与 Y 不相互独立,即吸烟与肺癌是有关系的.

可以看出,欲证实离散型随机变量 X, Y 不相互独立,只需找到 (X, Y) 的某一个取值不满足

$$P(X = x_i, Y = y_i) = P(X = x_i)P(Y = y_j) \quad (i, j = 1, 2, \cdots)$$

即可.

例 3.19 已知二维随机变量 (X, Y) 的联合分布律为

X \\ Y	1	2	3
1	$\dfrac{1}{3}$	a	b
2	$\dfrac{1}{6}$	$\dfrac{1}{9}$	$\dfrac{1}{18}$

问 a 和 b 为何值时,X 与 Y 相互独立?

解 写出 X 与 Y 的边缘分布律

X \\ Y	1	2	3	$p_{i\cdot}$
1	$\dfrac{1}{3}$	a	b	$a+b+\dfrac{1}{3}$
2	$\dfrac{1}{6}$	$\dfrac{1}{9}$	$\dfrac{1}{18}$	$\dfrac{1}{3}$
$p_{\cdot j}$	$\dfrac{1}{2}$	$a+\dfrac{1}{9}$	$b+\dfrac{1}{18}$	1

因为 X 与 Y 相互独立,则必有 $p_{ij} = p_{i.}p_{.j}$ 来确定常数 a, b.

由 $p_{22} = p_{2.}p_{.2}$,即 $\dfrac{1}{9} = \dfrac{1}{3}\left(a+\dfrac{1}{9}\right)$,解得 $a = \dfrac{2}{9}$;

由 $p_{23} = p_{2.}p_{.3}$,即 $\dfrac{1}{18} = \dfrac{1}{3}\left(b+\dfrac{1}{18}\right)$,解得 $b = \dfrac{1}{9}$.

因此 X 与 Y 的联合分布律与边缘分布律为

p_{ij} $\diagdown$ Y $\diagup$ X	1	2	3	$p_{i.}$
1	$\dfrac{1}{3}$	$\dfrac{2}{9}$	$\dfrac{1}{9}$	$\dfrac{2}{3}$
2	$\dfrac{1}{6}$	$\dfrac{1}{9}$	$\dfrac{1}{18}$	$\dfrac{1}{3}$
$p_{.j}$	$\dfrac{1}{2}$	$\dfrac{1}{3}$	$\dfrac{1}{6}$	1

容易验证 $p_{ij} = p_{i.}p_{.j}(i = 1, 2; j = 1, 2, 3)$ 成立. 所以当 $a = \dfrac{2}{9}$, $b = \dfrac{1}{9}$ 时,X 与 Y 相互独立.

例 3.20 已知二维随机变量 X 与 Y 的概率密度为

$$f(x, y) = \begin{cases} 1, & (x, y) \in D, \\ 0, & \text{其他}. \end{cases}$$

其中 D 是由直线 $x + \dfrac{y}{2} = 1$,$x = 0$ 和 $y = 0$ 所围成的三角形区域,判断 X 与 Y 是否相互独立.

解 如图 3-9 所示,(X, Y) 关于 X 的边缘密度为

当 $0 \leqslant x \leqslant 1$ 时,$f_X(x) = \displaystyle\int_{-\infty}^{+\infty} f(x, y)\mathrm{d}y = \int_0^{2(1-x)} \mathrm{d}y = 2(1-x)$,

则 $\qquad f_X(x) = \begin{cases} 2(1-x), & 0 \leqslant x \leqslant 1, \\ 0, & \text{其他}. \end{cases}$

同理可得

$$f_Y(y) = \begin{cases} \displaystyle\int_0^{1-\frac{y}{2}} \mathrm{d}x = 1 - \dfrac{y}{2}, & 0 \leqslant y \leqslant 2, \\ 0, & \text{其他}. \end{cases}$$

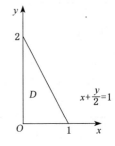

图 3-9

因为 $f(x, y) \neq f_X(x)f_Y(y)$,所以 X 与 Y 不是相互独立的.

例 3.21　设随机变量 X 与 Y，$X \sim U(0,2)$，$Y \sim E(3)$，且 X，Y 相互独立，求(X, Y) 的概率密度.

解　$f_X(x) = \begin{cases} \dfrac{1}{2}, & 0 < x < 2, \\ 0, & \text{其他}; \end{cases}$　$f_Y(y) = \begin{cases} 3\mathrm{e}^{-3y}, & y > 0, \\ 0, & \text{其他}. \end{cases}$

因为 X，Y 相互独立，则

$$f(x, y) = f_X(x)f_Y(y) = \begin{cases} \dfrac{3}{2}\mathrm{e}^{-3y}, & 0 < x < 2,\ y > 0, \\ 0, & \text{其他}. \end{cases}$$

定义 3.10　如果二维随机变量(X, Y) 的概率密度为

$$f(x, y) = \frac{1}{2\pi\sigma_1\sigma_2\sqrt{1-\rho^2}}\mathrm{e}^{-\frac{1}{2(1-\rho^2)}\left[\frac{(x-\mu_1)^2}{\sigma_1^2} - 2\rho\frac{(x-\mu_1)(y-\mu_2)}{\sigma_1\sigma_2} + \frac{(y-\mu_2)^2}{\sigma_2^2}\right]}$$

$$(-\infty < x < +\infty,\ -\infty < y + \infty),$$

其中，μ_1，μ_2，σ_1，σ_2，ρ 均为常数，且 $\sigma_1 > 0$，$\sigma_2 > 0$，$|\rho| < 1$，则称(X, Y) 服从参数为 μ_1，μ_2，σ_1，σ_2，ρ 的二维正态分布，记为$(X, Y) \sim N(\mu_1, \mu_2, \sigma_1^2, \sigma_2^2, \rho)$. 图 3-10是二维正态分布的概率密度图形.

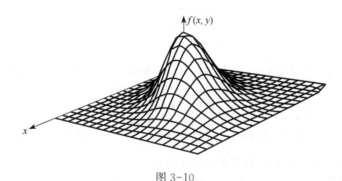

图 3-10

当 $\rho = 0$ 时，

$$f(x, y) = \frac{1}{2\pi\sigma_1\sigma_2}\mathrm{e}^{-\frac{1}{2}\left[\frac{(x-\mu_1)^2}{\sigma_1^2} + \frac{(y-\mu_2)^2}{\sigma_2^2}\right]}$$

$$= \frac{1}{\sqrt{2\pi}\sigma_1}\mathrm{e}^{-\frac{(x-\mu_1)^2}{2\sigma_1^2}} \cdot \frac{1}{\sqrt{2\pi}\sigma_2}\mathrm{e}^{-\frac{(y-\mu_2)^2}{2\sigma_2^2}} = f_X(x)f_Y(y).$$

可见，X 与 Y 相互独立，且 $X \sim N(\mu_1, \sigma_1^2)$，$Y \sim N(\mu_2, \sigma_2^2)$.

反之，易证，若 X，Y 相互独立，则必有 $\rho = 0$，故二维正态随机变量 X，Y 相互

独立的充要条件为 $\rho=0$.

例 3.22 设随机变量 $X \sim E(1)$，$Y \sim U(0,1)$，且 X 与 Y 相互独立.(1) 写出 (X,Y) 的概率密度;(2) 求 $P(X+Y \leqslant 1)$.

解 (1) X 和 Y 的概率密度分别为

$$f_X(x) = \begin{cases} e^{-x}, & x \geqslant 0, \\ 0, & \text{其他}; \end{cases} \quad f_Y(y) = \begin{cases} 1, & 0 < y < 1, \\ 0, & \text{其他}, \end{cases}$$

则由独立性,(X,Y) 的概率密度为

$$f(x,y) = f_X(x)f_Y(y) = \begin{cases} e^{-x} & x \geqslant 0, 0 < y < 1, \\ 0, & \text{其他}. \end{cases}$$

(2) $P(X+Y \leqslant 1)$ 即 $f(x,y)$ 在三角形区域(图 3-6)上的二重积分为

$$P(X+Y \leqslant 1) = \int_0^1 e^{-x} \mathrm{d}x \int_0^{1-x} \mathrm{d}y = \int_0^1 e^{-x}(1-x)\mathrm{d}x$$

$$= (x-1)e^{-x} \Big|_0^1 - \int_0^1 e^{-x}\mathrm{d}x = e^{-1}.$$

习 题 3

1. 一个口袋中有 4 个球,上面分别标有数字 1, 2, 2, 3,从口袋中任取一球后,不放回袋中,再从袋中任取一球.依次用 X, Y 表示第一次、第二次取得的球上标有的数字,求 (X,Y) 的联合分布律.

2. 一箱子内装有 12 个开关,其中有 2 个开关是次品,在其中随机地取 2 次,每次取 1 个.考虑两种试验:(1) 有放回抽取;(2) 无放回抽取,并定义 X, Y 分别如下:

$$X = \begin{cases} 0, & \text{第一次取出的是正品}, \\ 1, & \text{第一次取出的是次品}; \end{cases} \quad Y = \begin{cases} 0, & \text{第二次取出的是正品}, \\ 1, & \text{第二次取出的是次品}. \end{cases}$$

试分别就两种试验情况,写出 (X,Y) 的联合分布律.

3. 设随机变量 X 与 Y 的相互独立,试求出 a, b, c, d, e, f, g, h 的值,并写出必要步骤.

X Y	y_1	y_2	y_3	$p_{\cdot j}$
x_1	a	$\dfrac{1}{8}$	b	e
x_2	$\dfrac{1}{8}$	c	d	f
$p_{i \cdot}$	$\dfrac{1}{6}$	g	h	1

4. 袋中有 6 个球,其中 4 个白球,2 个红球,无放回地抽取 2 次,每次取 1 个,设 X 为取到的白球数,Y 为取到的红球数.求 (X, Y) 的联合分布律及关于 X 和 Y 的边缘分布律.

5. 已知二维随机变量 (X, Y) 在区域 D 上服从均匀分布,其中 D 是由直线 $x = 0$,$y = 1$,和 $y = x$ 所围成,求 X 和 Y 的边缘概率密度 $f_X(x)$,$f_Y(y)$.

6. 设二维随机变量 (X, Y) 的概率密度为

$$f(x, y) = \begin{cases} k(6 - x - y), & 0 < x < 2, 2 < y < 4, \\ 0, & 其他. \end{cases}$$

求 (1) 常数 k;(2) $P(X < 1, Y < 3)$;(3) $P(X < 1.5)$.

7. 设二维随机变量 (X, Y) 的概率密度为

$$f(x, y) = \begin{cases} kxy, & 0 < x < 1, 0 < y < x, \\ 0, & 其他. \end{cases}$$

求 (1) 常数 k;(2) $P(X + Y < 1)$;(3) $P\left(X < \dfrac{1}{2}\right)$.

8. 设二维随机变量 (X, Y) 的概率密度为

$$f(x, y) = \begin{cases} \dfrac{2}{\pi} e^{-\frac{1}{2}(x^2 + y^2)}, & x \geqslant 0, y \geqslant 0, \\ 0, & 其他. \end{cases}$$

求 $P(X^2 + Y^2 \leqslant 1)$.

9. 设二维随机变量 (X, Y) 在区域 $D: 0 < x < 1, 0 < y < x^2$ 上服从均匀分布,求 (1) (X, Y) 的概率密度;(2) X 和 Y 的边缘概率密度.

10. 设随机变量 X 和 Y 相互独立,其分布律分别为

X	1	2	Y	1	2
p_i	$\dfrac{1}{3}$	$\dfrac{2}{3}$	p_j	$\dfrac{1}{3}$	$\dfrac{2}{3}$

求 $P(X = Y)$.

11. 设二维随机变量 (X, Y) 在区域 $D: a < x < b, c < y < d$ 上服从均匀分布,问 X 与 Y 是否相互独立?

12. 设二维随机变量 (X, Y) 的概率密度为

$$f(x, y) = \begin{cases} k\sin(x + y), & 0 \leqslant x \leqslant \dfrac{\pi}{2}, 0 \leqslant y \leqslant \dfrac{\pi}{2}, \\ 0, & 其他. \end{cases}$$

求系数 k 及 (X, Y) 关于 X, Y 的边缘概率密度,并判断 X, Y 是否相互独立?

13. 设 X 与 Y 是相互独立的随机变量,$X \sim U(0, 0.2)$,$Y \sim E(5)$,求 (X, Y) 的概率密度

$f(x, y)$ 及 $P(Y \leqslant X)$.

14. 设二维随机变量 (X, Y) 的概率密度为

$$f(x, y) = \begin{cases} \dfrac{1}{2}, & 0 < x < y, 0 < y < 2, \\ 0, & \text{其他}. \end{cases}$$

(1) 求边缘概率密度 $f_X(x)$, $f_Y(y)$;

(2) 判断 X 与 Y 是否相互独立,说明理由;

(3) 求 $P(X+Y \leqslant 1)$.

15. 设二维随机变量 (X, Y) 在区域 D 上服从均匀分布,D 由直线 $y = 1 - \dfrac{x}{2}$,x 轴和 y 轴围成.(1) 求边缘概率密度 $f_X(x)$, $f_Y(y)$;(2) 判断 X 与 Y 是否相互独立;(3) 求 $P(X \leqslant Y)$.

16. 已知二维随机变量 X 与 Y 相互独立,且 $x \sim E(1)$,$Y \sim E(4)$,求 $P(X < Y)$.

17. 设二维随机变量 (X, Y) 服从由直线 $x = 1$,$x = e^2$,$y = 0$ 及曲线 $y = \dfrac{1}{x}$ 所围成区域 D 上的均匀分布.求

(1) (X, Y) 的联合概率密度;(2) $P(X+Y \geqslant 2)$.

18. 设二维随机变量 (X, Y) 的概率密度为

$$f(x, y) = \begin{cases} 1, & 0 < x < 1, |y| < x, \\ 0, & \text{其他}. \end{cases}$$

求边缘概率密度 $f_X(x)$ 和条件概率 $P\left(Y > 0, X < \dfrac{1}{2}\right)$.

第4章 随机变量的数字特征

对于随机变量 X，如果知道了它的概率分布，便知道了 X 取值的全面情况. 实际上 X 的概率分布很难求. 在许多实际问题中，并不一定需要我们全面考察随机变量的变化情况，而只需要知道它的某些特征就够了. 例如，了解某地区粮食产量情况，亩产量是一个随机变量，调查者全面调查通常是为了获悉亩产量的平均值以及各亩产量差异程度（亩产量分散程度）.

随机变量取值的平均值与离散程度能描述出 X 某些方面的重要特征. 因为不论是平均值及偏离程度都是用数字表示出来的，所以称它们为随机变量的**数字特征**. 随机变量的数字特征在理论上和实践上都具有重要的意义.

本章讨论重要的数字特征：数字期望（均值），方差，协方差和相关系数的概念和性质，理解它们的实际意义，熟练掌握其计算.

4.1 数 学 期 望

4.1.1 离散型随机变量的数学期望

例 4.1 设一盒产品共 10 件，其中 1 件等外品，3 件二级品，6 件一级品，已知等外品、二级品、一级品每件的售价分别为 5 元、8 元、10 元，求这盒产品的平均售价.

为了便于分析，列表如下：

售价 X/元	5	8	10
件数 n_k	1	3	6
频率 $f_k = \dfrac{n_k}{n}$	$\dfrac{1}{10}$	$\dfrac{3}{10}$	$\dfrac{6}{10}$

产品的平均售价为

$$\overline{X} = \frac{1}{10}(5 \times 1 + 8 \times 3 + 10 \times 6)$$

$$= 5 \times \frac{1}{10} + 8 \times \frac{3}{10} + 10 \times \frac{6}{10} = 8.9(元).$$

可见,售价的平均值 $\overline{X}$ 等于售价的各可能值 x_k 与其频率 f_k 乘积之和.

一般地,设随机变量 X 的所有可能取值为 $x_1, x_2, \cdots, x_k, \cdots, x_n$,在 n 次独立观察中得 $x_k(k = 1, 2, \cdots, n)$ 出现的频率为 $f_k = \dfrac{n_k}{n}$,这样可算得 X 取值的平均值为

$$\overline{X} = \sum_{k=1}^{n} x_k f_k.$$

把这种各个数与相应频率相乘的和称为 $x_k(k = 1, 2, \cdots, n)$ 的以频率为权的**加权均匀**,而频率称为**权**.

每个数值 x_k 的权不同,反映了各个数在相加时所占的比重不一样.

我们知道,当 n 无限增加时,频率 f_k 稳定于概率 p_k. 因此,和式 $\sum\limits_{k=1}^{n} x_k p_k$ 便是上述平均值的稳定值.

定义 4.1 设离散型随机变量 X 的分布律为

$$P(X = x_k) = p_k \quad (k = 1, 2, 3, \cdots).$$

若级数 $\sum\limits_{k=1}^{\infty} x_k p_k$ 绝对收敛,则称级数 $\sum\limits_{k=1}^{\infty} x_k p_k$ 为 X 的**数学期望**(简称**期望**)或**均值**,记为 EX,即

$$EX = \sum_{k=1}^{\infty} x_k p_k.$$

显然,当 X 为 n 个有限点分布时,则

$$EX = \sum_{k=1}^{n} x_k p_k.$$

例 4.2 掷一颗均匀的骰子,以 X 表示掷得的点数,求 X 的数学期望 EX.

解 由题意可知,X 的取值为 $1, 2, 3, 4, 5, 6$,则

$$EX = \sum_{k=1}^{6} k \times \frac{1}{6} = \frac{1}{6}(1 + 2 + 3 + 4 + 5 + 6) = \frac{7}{2}.$$

例 4.3 甲、乙两个工人生产同一种产品,日产量相等,在一天中出现的废品数分别为 X_1 和 X_2,其分布律分别为

X_1	0	1	2	3
p_k	0.4	0.3	0.2	0.1

X_2	0	1	2	3
p_k	0.2	0.5	0.2	0.1

试比较这两个工人的技术情况.

解　根据数学期望的定义,有

$$E(X_1) = 0 \times 0.4 + 1 \times 0.3 + 2 \times 0.2 + 3 \times 0.1 = 1,$$
$$E(X_2) = 0 \times 0.2 + 1 \times 0.5 + 2 \times 0.2 + 3 \times 0.1 = 1.2.$$

这表明:平均而言,乙每天出现的废品数比甲多,从这个意义上说,甲的技术比乙的技术好些.

例 4.4　设 X 服从 $(0-1)$ 分布,求 EX.

解　X 的分布律为

$$P(X = k) = p^k (1-p)^{1-k} \quad (k = 0, 1; 0 < p < 1),$$

故　　　　　　　　　　$$EX = 0 \cdot (1-p) + 1 \cdot p = p.$$

例 4.5　设随机变量 $X \sim \pi(\lambda)$,求 EX.

解　X 的分布律为

$$P(X = k) = \frac{\lambda^k e^{-\lambda}}{k!} \quad (k = 0, 1, 2, \cdots; \lambda > 0),$$

所以　　　　$$EX = \sum_{k=0}^{\infty} k \cdot \frac{\lambda^k e^{-\lambda}}{k!} = \lambda e^{-\lambda} \sum_{k=1}^{\infty} \frac{\lambda^{k-1}}{(k-1)!} = \lambda e^{\lambda} \cdot e^{-\lambda} = \lambda.$$

可见泊松分布中的参数 λ 表示平均特征. 例如,X 表示寻呼台在单位时间内接到呼唤的次数(在不同的单位时间内进行观察,接到的呼唤次数都不一定相同),那么 λ 表示单位时间内接到的寻呼次数的平均数.

4.1.2　连续型随机变量的数学期望

定义 4.2　设连续型随机变量 X 的概率密度为 $f(x)$,若积分

$$\int_{-\infty}^{+\infty} x f(x) \mathrm{d}x$$

绝对收敛,则称积分 $\int_{-\infty}^{+\infty} x f(x) \mathrm{d}x$ 为 X 的**数学期望**,简称期望或均值,记为 EX. 即

$$EX = \int_{-\infty}^{+\infty} x f(x) \mathrm{d}x.$$

连续型随机变量的数学期望也是对 X 取值的平均值的描述,它是一个表示 X 取值的平均特性的常数.

例 4.6 设随机变量 X 的概率密度为 $f(x) = \dfrac{1}{\pi} \dfrac{1}{1+x^2} (-\infty < x < +\infty)$,求 EX.

解 由于

$$\int_{-\infty}^{+\infty} |x| f(x) \mathrm{d}x = \frac{1}{\pi} \int_{0}^{+\infty} \frac{2x}{1+x^2} \mathrm{d}x = \frac{1}{\pi} \ln(1+x^2) \Big|_{0}^{+\infty} = +\infty,$$

这表明,积分 $\displaystyle\int_{-\infty}^{+\infty} x f(x) \mathrm{d}x$ 不是绝对收敛,所以 EX 不存在.

例 4.7 设 $X \sim U(a, b)$,其概率密度为

$$f(x) = \begin{cases} \dfrac{1}{b-a}, & a < x < b, \\ 0, & x \leqslant a \text{ 或 } x \geqslant b, \end{cases}$$

求 EX.

解 根据数学期望的定义,有

$$EX = \int_{-\infty}^{+\infty} x f(x) \mathrm{d}x = \frac{1}{b-a} \int_{a}^{b} x \mathrm{d}x = \frac{1}{b-a} \cdot \frac{x^2}{2} \Big|_{a}^{b} = \frac{a+b}{2}.$$

结果表明,期望为 (a, b) 的中点,这一点从概率分布的均匀性来看是不难理解的.

例 4.8 设随机变量 X 服从参数为 λ 的指数分布,求 EX.

解
$$EX = \int_{-\infty}^{+\infty} x f(x) \mathrm{d}x = \int_{0}^{+\infty} x \mathrm{e}^{-\lambda x} \lambda \mathrm{d}x = -\int_{0}^{+\infty} x \mathrm{d}\mathrm{e}^{-\lambda x}$$

$$= -x \mathrm{e}^{-\lambda x} \Big|_{0}^{+\infty} + \int_{0}^{+\infty} \mathrm{e}^{-\lambda x} \mathrm{d}x = 0 - \frac{1}{\lambda} \int_{0}^{+\infty} \mathrm{e}^{-\lambda x} \mathrm{d}(-\lambda x)$$

$$= -\frac{1}{\lambda} \mathrm{e}^{-\lambda x} \Big|_{0}^{+\infty} = \frac{1}{\lambda}.$$

例 4.9 已知某电子元件的寿命(单位:h) $X \sim E(\lambda)$, $\lambda = 0.002$,求这类电子元件的平均寿命 EX.

解 因为 $X \sim E(\lambda)$,又 $\lambda = 0.002$,则由例 4.8 的结果得

$$EX = \frac{1}{\lambda} = \frac{1}{0.002} = 500 \text{ (h)}.$$

例 4.10　设 X 的概率密度为

$$f(x) = \begin{cases} \dfrac{1}{\pi\sqrt{1-x^2}}, & |x| < 1, \\ 0, & |x| \geqslant 1. \end{cases}$$

求 EX.

解　$EX = \displaystyle\int_{-\infty}^{+\infty} xf(x)\mathrm{d}x = \int_{-1}^{1} \frac{x}{\pi\sqrt{1-x^2}}\mathrm{d}x = 0.$

4.1.3　随机变量函数的数学期望

设已知随机变量 X 的分布,如果需要计算的不是 X 的数学期望,而是 X 的某个函数 $Y=g(X)$ 的数学期望,因为 $Y=g(X)$ 也是随机变量,若已知 $Y=g(X)$ 的分布,就可以按照数学期望的定义将 $E[g(X)]$ 计算出来.但这种方法比较复杂,一般可以通过 X 的分布求得 $E[g(X)]$.下面分离散型与连续型两种情况讨论.

1. 离散型随机变量的函数的数学期望

设离散型随机变量 X 的分布律为

X	x_1	x_2	$\cdots$	x_k	$\cdots$
p_k	p_1	p_2	$\cdots$	p_k	$\cdots$

当 $\displaystyle\sum_{k=1}^{\infty} |g(x_k)| p_k$ 收敛时,$Y=g(x)$ 的数学期望

$$EY = E[g(X)] = \sum_{k=1}^{\infty} g(x_k)p_k.$$

例 4.11　已知 X 的分布律为

X	-1	0	1	2
p_k	$\frac{1}{4}$	$\frac{1}{8}$	$\frac{1}{4}$	$\frac{3}{8}$

求 X^2 及 $\dfrac{1}{X+2}$ 的数学期望.

解　$E(X^2) = (-1)^2 \times \dfrac{1}{4} + 0^2 \times \dfrac{1}{8} + 1^2 \times \dfrac{1}{4} + 2^2 \times \dfrac{3}{8} = 2,$

$$E\left(\frac{1}{X+2}\right)=\frac{1}{-1+2}\times\frac{1}{4}+\frac{1}{0+2}\times\frac{1}{8}+\frac{1}{1+2}\times\frac{1}{4}+\frac{1}{2+2}\times\frac{3}{8}=\frac{47}{96}.$$

例 4.12(续例 4.3) 如果奖金函数 Y(单位:元)为

$$Y=\begin{cases}1-X^2, & x>0,\\ 50, & x=0.\end{cases}$$

求甲、乙两人一月内获该项奖金的数学期望.

解 设 $Y_1=g(X_1)$,$Y_2=g(X_2)$,先求 Y_1,Y_2 的分布律

Y_1	50	0	-3	-8
p_k	0.4	0.3	0.2	0.1

Y_2	50	0	-3	-8
p_k	0.2	0.5	0.2	0.1

$$E(Y_1)=50\times0.4+0\times0.3+(-3)\times0.2+(-8)\times0.1=18.6,$$

$$E(Y_2)=50\times0.2+0\times0.5+(-3)\times0.2+(-8)\times0.1=8.6.$$

可知甲、乙获得奖金数的数学期望分别为 18.6 元和 8.6 元.

2. 连续型随机变量的函数的数学期望

设 X 为连续型随机变量,其概率密度为 $f(x)$,又随机变量 $Y=g(X)$,当

$$\int_{-\infty}^{+\infty}|g(x)|f(x)\mathrm{d}x$$

收敛时,

$$EY=E[g(X)]=\int_{-\infty}^{+\infty}g(x)f(x)\mathrm{d}x.$$

利用这个公式,不必求出 Y 的分布,就可求出 Y 的均值.

例 4.13 设 $X\sim U(0,\pi)$,求 $E(X^2)$,$E(\sin X)$.

解 由于 X 的概率密度为

$$f(x)=\begin{cases}\dfrac{1}{\pi}, & 0<x<\pi,\\ 0, & \text{其他},\end{cases}$$

所以

$$E(X^2)=\int_{-\infty}^{+\infty}x^2f(x)\mathrm{d}x=\frac{1}{\pi}\int_0^\pi x^2\mathrm{d}x=\frac{1}{3}\pi^2,$$

$$E(\sin X) = \int_{-\infty}^{+\infty} \sin x f(x) \mathrm{d}x = \frac{1}{\pi} \int_0^{\pi} \sin x \mathrm{d}x = \frac{2}{\pi}.$$

例 4.14　设随机变量 X 的概率密度

$$f(x) = \begin{cases} x\mathrm{e}^{-x^2}, & x > 0, \\ 0, & x \leqslant 0. \end{cases}$$

求 $E\left(\dfrac{1}{X}\right)$.

解　$$E\left(\frac{1}{X}\right) = \int_0^{+\infty} \frac{1}{x} x \mathrm{e}^{-x^2} \mathrm{d}x = \int_0^{+\infty} \mathrm{e}^{-x^2} \mathrm{d}x = \frac{\sqrt{\pi}}{2}.$$

3. 二维随机变量及其函数的数学期望

特别地,设 (X, Y) 为二维随机变量,令 $Z = g(X, Y)$ 为二维随机变量 (X, Y) 的函数.

(1) 若 (X, Y) 为二维离散型变量,设其联合分布律为

$$P\{X = x_i, Y = y_j\} = p_{ij}(i, j = 1, 2, \cdots, n),$$

则 Z 的数学期望为　　　　$$EZ = \sum_{i=1}^n \sum_{j=1}^n g(x_i, y_j) p_{ij}.$$

若记 $P\{X = x_i\} = p_i.$ ，$P\{Y = y_j\} = p_{.j}(i, j = 1, 2, \cdots, n)$,则

$$EX = \sum_{i=1}^n x_i p_i., \quad EX = \sum_{j=1}^n y_j p_{.j}.$$

(2) 若 (X, Y) 为二维连续型变量,设其概率密度函数为 $f(x, y)$,则 Z 的数学期望为

$$EZ = \int_{-\infty}^{+\infty} \mathrm{d}x \int_{-\infty}^{+\infty} g(x, y) f(x, y) \mathrm{d}y.$$

若记 $f_X(x)$，$f_Y(y)$ 分别为变量 X，Y 的边缘密度函数,则

$$EX = \int_{-\infty}^{+\infty} x\mathrm{d}x \int_{-\infty}^{+\infty} f(x, y) \mathrm{d}y = \int_{-\infty}^{+\infty} x f_X(x) \mathrm{d}x,$$

$$EY = \int_{-\infty}^{+\infty} y\mathrm{d}y \int_{+\infty}^{-\infty} f(x, y) \mathrm{d}x = \int_{-\infty}^{+\infty} y f_Y(y) \mathrm{d}y.$$

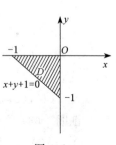

例 4.15　已知二维随机变量 (X, Y) 在区域 D 上服从均匀分布,其中 D 是由直线 $x + y + 1 = 0$，$x = 0$ 和 $y = 0$ 所围成的区域,求 EX，EY，$E(XY)$.

解　如图 4-1 所示区域

图 4-1

$$D:\begin{cases} -1 \leqslant x \leqslant 0, \\ -1-x \leqslant y \leqslant 0, \end{cases} \qquad D \text{ 的面积} \sigma = \frac{1}{2}.$$

$$f(x,y) = \begin{cases} 2, & (x,y) \in D, \\ 0, & \text{其他}. \end{cases}$$

$$EX = \iint\limits_{D} x f(x,y) \mathrm{d}\sigma = 2\int_{-1}^{0} x \mathrm{d}x \int_{-1-x}^{0} \mathrm{d}y = 2\int_{-1}^{0} (x+x^2) \mathrm{d}x = -\frac{1}{3}.$$

根据轮换对称,可得

$$EY = -\frac{1}{3},$$

$$E(XY) = \iint\limits_{D} xy f(x,y) \mathrm{d}\sigma = \int_{-1}^{0} x \mathrm{d}x \int_{-1-x}^{0} 2y \mathrm{d}y = \int_{0}^{-1} x (1+x)^2 \mathrm{d}x = \frac{1}{12}.$$

4.1.4 数学期望的性质

以下性质均假定所涉及的随机变量的期望均存在,a,b 为常数.

(1) $Ea = a$. 事实上,此随机变量 X 仅取一个值 a,其分布律为 $P(X=a)=1$,于是 $EX = 1 \cdot a$,这种分布为单点分布.

(2) $E(aX) = aEX$.

(3) $E(X+Y) = EX + EY$.

这一性质还可以做如下推广,$E(C_1 X + C_2 Y) = C_1 EX + C_2 EY$. 更一般地,设 X_1,X_2,$\cdots$,X_n 为 n 个随机变量,则

$$E\left(\sum_{k=1}^{n} C_k X_k\right) = \sum_{k=1}^{n} C_k E(X_k) \quad (C_k \text{ 为常数}; k=1,2,\cdots,n).$$

(4) 若 X 与 Y 相互独立,则 $E(XY) = EX \cdot EY$;若 X_1,X_2,$\cdots$,X_n 相互独立,则

$$E(X_1 X_2 \cdots X_n) = EX_1 \cdot EX_2 \cdot \cdots \cdot EX_n.$$

注意 性质(4)是必要非充分条件,即由 $E(XY) = EX \cdot EY$,得不到 X 与 Y 相互独立.

性质(1),(2)易证,下面证明性质(3),(4).

证明 (3) 设 (X,Y) 的概率密度为 $f(x,y)$,分量 X,Y 的边缘概率密度为 $f_X(x)$,$f_Y(y)$,于是有

$$E(X+Y) = \int_{-\infty}^{+\infty}\int_{-\infty}^{+\infty}(x+y)f(x, y)\mathrm{d}x\mathrm{d}y$$

$$= \int_{-\infty}^{+\infty}x\mathrm{d}x\int_{-\infty}^{+\infty}f(x, y)\mathrm{d}y + \int_{-\infty}^{+\infty}y\mathrm{d}y\int_{-\infty}^{+\infty}f(x, y)\mathrm{d}x$$

$$= \int_{-\infty}^{+\infty}xf_X(x)\mathrm{d}x + \int_{-\infty}^{+\infty}yf_Y(y)\mathrm{d}y = EX + EY,$$

性质(3)得证.

由性质(1),(2),(3)可推得

$$E(aX+b) = aEX + b \quad (a, b \text{ 均为常数}).$$

证明 (4)设(X, Y)的概率密度为$f(x, y)$,关于X, Y的边缘概率密度分别为$f_X(x), f_Y(y)$,由于X, Y相互独立,因而有

$$f(x, y) = f_X(x)f_Y(y),$$

于是

$$E(XY) = \int_{-\infty}^{+\infty}\int_{-\infty}^{+\infty}xyf(x, y)\mathrm{d}x\mathrm{d}y = \int_{-\infty}^{+\infty}\int_{-\infty}^{+\infty}xyf_X(x)f_Y(y)\mathrm{d}x\mathrm{d}y$$

$$= \int_{-\infty}^{+\infty}xf_X(x)\mathrm{d}x\int_{-\infty}^{+\infty}yf_Y(y)\mathrm{d}y = EX \cdot EY,$$

性质(4)得证.

对数学期望应特别注意:

(1) 任何一个随机变量的数学期望不再是随机变量,而是某个确定的常数;

(2) 一般情况下,$E(X^2) \neq (EX)^2$.

例 4.16 设$X_k(k = 1, 2, \cdots, n)$服从两点分布

X_k	0	1
p_k	q	p

其中,$0 < p < 1, q = 1-p$,且$X_1, X_2, \cdots, X_n$相互独立,求$E(X_1+X_2+\cdots+X_n)$.

解 令$X = X_1 + X_2 + \cdots + X_n$,根据$(0-1)$分布的意义,$X_k = 1$表示某事件$A$发生,于是,$X$表示$n$次独立的伯努利试验中事件$A$发生的次数.

因为 $P(A) = P(X_k = 1) = p, \quad P(\overline{A}) = P(X_k = 0) = q,$

所以$X \sim B(n, p)$.而$EX_k = p$,由数学期望的性质可知

$$EX = E(X_1) + E(X_2) + \cdots + E(X_n) = np.$$

可见二项分布的数学期望是$(0-1)$分布的数学期望的n倍,即

$$X \sim B(n, p), \quad EX = np.$$

例 4.17 设 X 的分布律为

X	-1	0	1
p_k	$\frac{1}{2}$	$\frac{1}{4}$	$\frac{1}{4}$

求 EX，$E(X^2)$，$E(2X+3)$.

解 $EX = (-1) \times \frac{1}{2} + 0 \times \frac{1}{4} + 1 \times \frac{1}{4} = -\frac{1}{2} + 0 + \frac{1}{4} = -\frac{1}{4}$.

$$E(X^2) = \sum_{k=1}^{3} x_k^2 p_k = (-1)^2 \times \frac{1}{2} + 0^2 \times \frac{1}{4} + 1^2 \times \frac{1}{4}$$

$$= \frac{1}{2} + 0 + \frac{1}{4} = \frac{3}{4}.$$

$$E(2X+3) = 2EX + 3 = 2\left(-\frac{1}{4}\right) + 3 = \frac{5}{2}.$$

例 4.18 设二维随机变量 (X, Y) 的联合分布律为

p_{ij} ＼ Y 〈br〉 X	1	2	3
0	0.1	0.2	0.3
1	0	0.3	0.1

$Z = XY$，求 EZ.

解 $EZ = E(XY)$

$= 0 \times 1 \times 0.1 + 0 \times 2 \times 0.2 + 0 \times 3 \times 0.3 + 1 \times 1 \times 0 + 1 \times 2 \times 0.3 +$

$1 \times 3 \times 0.1$

$= 0.9.$

例 4.19 设二维随机变量 (X, Y) 的概率密度为

$$f(x, y) = \begin{cases} 4xy, & 0 < x < 1, 0 < y < 1, \\ 0, & \text{其他}. \end{cases}$$

求 $E(X+Y)$.

解 $E(X+Y) = \iint\limits_{0} (x+y) \cdot 4xy \, d\sigma = 4\int_0^1 x \, dx \int_0^1 y(x+y) \, dy$

$$= 4\int_0^1 x\left(\frac{1}{2}x + \frac{1}{3}\right) dx = 4\left(\frac{1}{6} + \frac{1}{6}\right) = \frac{4}{3}.$$

例 4.20　设随机变量 X，Y 相互独立，且 X，Y 的概率密度分别为

$$f_X(x) = \begin{cases} 2\mathrm{e}^{-2x}, & x > 0, \\ 0, & x \leqslant 0; \end{cases} \quad f_Y(y) = \begin{cases} 4\mathrm{e}^{-4y}, & y > 0, \\ 0, & y \leqslant 0. \end{cases}$$

求 $E(X+Y)$，$E(2X-3Y^2)$，$E(XY)$.

解　X，Y 均服从指数分布，即 $X \sim E(2)$，$Y \sim E(4)$，由

$$EX = \frac{1}{2}, \quad EY = \frac{1}{4},$$

可得

$$E(X+Y) = EX + EY = \frac{1}{2} + \frac{1}{4} = \frac{3}{4},$$

$$E(2X-3Y^2) = 2EX - 3E(Y^2) = 2 \times \frac{1}{2} - 3 \times 4\int_0^{+\infty} y^2 \mathrm{e}^{-4y}\mathrm{d}y$$

$$= 1 + 3\int_0^{+\infty} y^2 \mathrm{d}\mathrm{e}^{-4y} = 1 + \frac{3}{8} = \frac{11}{8},$$

$$E(XY) = EX \cdot EY = \frac{1}{2} \times \frac{1}{4} = \frac{1}{8}.$$

例 4.21　一民航送客车载有 20 名旅客自机场开出，沿途有 10 个车站可以供旅客下车，如果到达一个车站没有旅客下车就不停车. 以 X 表示停车的次数，求 EX(设每个旅客在各个车站下车是等可能的，并设各旅客是否下车相互独立).

解　设随机变量

$$X_k = \begin{cases} 0, & \text{第 } k \text{ 个车站没有人下车}, \\ 1, & \text{第 } k \text{ 个车站有人下车} \end{cases} \quad (k = 1, 2, \cdots, 10),$$

则 X_k 的分布律为

X_k	0	1
p_k	$\left(\dfrac{9}{10}\right)^{20}$	$1 - \left(\dfrac{9}{10}\right)^{20}$

$$E(X_k) = 1 - \left(\frac{9}{10}\right)^{20} \quad (k = 1, 2, \cdots, 10),$$

而

$$X = X_1 + X_2 + \cdots + X_{10},$$

所以

$$EX = E(X_1) + E(X_2) + \cdots + E(X_{10}) = 10\left[1 - \left(\frac{9}{10}\right)^{20}\right] = 8.784(\text{次}).$$

4.2 方　　差

4.2.1　方差的概念

数学期望从一个方面反映了随机变量平均取值的重要特征,但在很多情况下,仅知道均值是不够的. 假设甲、乙两人对同一物理量各测量 3 次,分别得到两组数据:

甲: 99.9,　　　　100,　　　　100.1;

乙: 90,　　　　　100,　　　　110.

这两组数据就其平均值而言都是 100,但甲的各测量值偏离平均值较小,工程上认为测量精度较高. 对于一个随机变量 X,有时除需要知道它的数学期望外,还需要描述它取值的离散程度.

定义 4.3　设 X 是一个随机变量,若 $E(X-EX)^2$ 存在,则称 $E(X-EX)^2$ 为 X 的**方差**,记为 DX,即

$$DX = E(X-EX)^2.$$

由定义可见,方差 DX 是一个非负的常数,其反映了 X 取值的离散程度. 方差值大,则 X 取值较分散;方差值小,则 X 取值较集中.

在这里,我们采用求偏差值平方的平均值 $E(X-EX)^2$,而不采用求偏差值的平均值 $E(X-EX)$,也不采用求偏差值的绝对值的平均值 $E|X-EX|$ 作为方差定义. 原因在于:偏差值本身有正有负,在相加过程中会相互抵消,使得 $E(X-EX)$ 不能刻画 X 取值的离散程度;虽然 $E|X-EX|$ 没有这个缺点,但绝对值计算很不方便,因而采用了 $E(X-EX)^2$ 描述 X 取值的离散程度,避开了上面的两种缺点.

定义 4.4　称 DX 的算术平方根 $\sqrt{DX}$ 为随机变量 X 的**标准差**或**均方差**,记为

$$\sigma = \sqrt{DX}.$$

σ 也描述随机变量 X 取值的离散程度,DX 也可简记为 σ^2.

4.2.2　方差的计算方法

(1) 若 X 是离散型随机变量,其分布律为

$$P(X = x_k) = p_k \quad (k = 1,\, 2,\, \cdots),$$

则

$$DX = \sum_{k=1}^{\infty} (x_k - EX)^2 p_k.$$

（2）若 X 是连续型随机变量，其概率密度为 $f(x)$，则

$$DX = \int_{-\infty}^{+\infty} (x - EX)^2 f(x) \mathrm{d}x.$$

由于 DX 是随机变量 $Y = (X - EX)^2$ 的均值，因此上述两个式子显然成立.

例 4.22(续例 4.3)　所给的两个随机变量 X_1，X_2 的分布律，分别求它们的方差和标准差.

解　X_1，X_2 的分布律分别为

X_1	0	1	2	3
p_k	0.4	0.3	0.2	0.1

X_2	0	1	2	3
p_k	0.2	0.5	0.2	0.1

在例 4.3 中得，$E(X_1) = 1$，$E(X_2) = 1,2$，则有

$$D(X_1) = (0-1)^2 \times 0.4 + (1-1)^2 \times 0.3 + (2-1)^2 \times 0.2 + (3-1)^2 \times 0.1$$
$$= 1,$$
$$D(X_2) = (0-1.2)^2 \times 0.2 + (1-1.2)^2 \times 0.5 + (2-1.2)^2 \times 0.2 + (3-1.2)^2 \times 0.1$$
$$= 0.76.$$

$D(X_1) > D(X_2)$，这表明乙比甲稳定.

（3）一个重要公式

$$DX = E(X^2) - (EX)^2.$$

证明　$DX = E(X - EX)^2 = E[X^2 - 2X EX + (EX)^2]$
$$= E(X^2) - 2EX \cdot EX + (EX)^2 = E(X^2) - (EX)^2.$$

此式表明计算 DX 转化为计算 EX 与 $E(X^2)$. 一般地，在计算方差时，使用此公式较用方差的定义式方便些.

例 4.23 设随机变量 X 的概率密度为

$$f(x) = \begin{cases} 1+x, & -1 < x < 0, \\ 1-x, & 0 \leqslant x < 1, \\ 0, & \text{其他}. \end{cases}$$

求 DX.

解 因为 $DX = E(X^2) - (EX)^2$, 又 $f(x)$ 是偶函数,则

$$EX = \int_{-1}^{1} xf(x)\mathrm{d}x = 0,$$

$$E(X^2) = 2\int_{0}^{1} x^2(1-x)\mathrm{d}x = 2\left(\frac{1}{3} - \frac{1}{4}\right) = \frac{1}{6},$$

所以 $DX = \frac{1}{6}$.

4.2.3 方差的性质

(1) 若 C 为常数,则 $DC = 0$.

证明 $DC = E(C - EC)^2 = E(C - C)^2 = 0$.

(2) 若 a 为常数,则 $D(aX) = a^2 DX$.

证明 $D(aX) = E[aX - E(aX)]^2$
$$= E(aX - aEX)^2 = E[a^2(X - EX)^2] = a^2 DX.$$

(3) 若 a, b 为常数,则 $D(aX + b) = a^2 DX$.

证明 $D(aX + b) = E[(aX + b) - E(aX + b)]^2$
$$= E[aX - E(aX) + b - b]^2$$
$$= E(aX - aEX)^2 = a^2 E(X - EX)^2 = a^2 DX.$$

(4) 若 X_1, X_2 是相互独立的随机变量,则

$$D(X_1 \pm X_2) = D(X_1) + D(X_2)$$

推广到 n 个相互独立的随机变量 X_1, X_2, $\cdots$, X_n,便有

$$D(X_1 \pm X_2 \pm \cdots \pm X_n) = D(X_1) + D(X_2) + \cdots + D(X_n),$$

$$D\left(\sum_{k=1}^{n} a_k X_k\right) = \sum_{k=1}^{n} a_k^2 D(X_k).$$

例 4.24 设 X, Y 相互独立,且 $DX = 3$, $DY = 4$,求

(1) $D(X-Y)$；(2) $D(3X-4Y)$.

解　利用方差的性质可得

(1) $D(X-Y) = DX + D(-Y) = DX + (-1)^2 DY = DX + DY = 7$.

(2) $D(3X-4Y) = 3^2 DX + (-4)^2 DY = 91$.

例 4.25　已知随机变量 X 的分布律为

X	-1	0	1	3
p_k	a	$\dfrac{1}{3}$	b	$\dfrac{1}{6}$

且 $EX = \dfrac{1}{6}$，求 a, b, DX.

解　由分布律的性质及期望的定义得

$$\begin{cases} a + \dfrac{1}{3} + b + \dfrac{1}{6} = 1, \\ EX = \dfrac{1}{6} = -a + b + 3 \times \dfrac{1}{6}, \end{cases}$$

即

$$\begin{cases} a + b = \dfrac{1}{2}, \\ a - b = \dfrac{1}{3}, \end{cases} \quad 解得 \quad \begin{cases} a = \dfrac{5}{12}, \\ b = \dfrac{1}{12}. \end{cases}$$

$$E(X^2) = \frac{5}{12} + \frac{1}{12} + \frac{9}{6} = 2, \quad DX = E(X^2) - (EX)^2 = 2 - \left(\frac{1}{6}\right)^2 = \frac{71}{36}.$$

例 4.26　已知随机变量 X 的概率密度

$$f(x) = \begin{cases} a + bx^2, & 0 < x < 1, \\ 0, & 其他, \end{cases} \quad EX = \frac{3}{5},$$

求 a, b, DX.

解　根据概率密度的性质，得　　$1 = \displaystyle\int_0^1 (a + bx^2)\,\mathrm{d}x = a + \frac{1}{3}b$.

再由期望的定义，得　　$\dfrac{3}{5} = \displaystyle\int_0^1 x(a + bx^2)\,\mathrm{d}x = \frac{a}{2} + \frac{b}{4}$.

联立两个方程，得

$$a = \frac{3}{5}, \quad b = \frac{6}{5}.$$

$$E(X^2) = \int_0^1 (ax^2 + bx^4)\,\mathrm{d}x = \int_0^1 \left(\frac{3}{5}x^2 + \frac{6}{5}x^4\right)\mathrm{d}x = \frac{1}{5} + \frac{6}{25} = \frac{11}{25},$$

$$DX = E(X^2) - (EX)^2 = \frac{2}{25}.$$

4.2.4　几种常用分布的方差

我们已求出了几个重要随机变量的数学期望,现在我们运用那些结果再求它们的方差.

例 4.27　设随机变量 X 服从 $(0—1)$ 分布,求 DX.

解　由于 X 的分布律为

X	0	1
p_k	q	p

$$EX = p, \quad E(X^2) = 0^2 \cdot q + 1^2 \cdot p = p,$$

所以
$$DX = E(X^2) - (EX)^2 = p - p^2 = p(1-p) = pq.$$

例 4.28　设随机变量 $X \sim B(n, p)$,求 DX.

解　设 $X = \sum_{k=1}^n X_k$,其中 X_k 都是服从 $(0—1)$ 分布,
已知 $D(X_k) = pq$, $k = 1, 2, \cdots, n$,由方差的性质得

$$DX = D\left(\sum_{k=1}^n X_k\right) = \sum_{k=1}^n D(X_k) = npq.$$

二项分布变量的期望和方差等于 $(0—1)$ 分布期望和方差的 n 倍.

例 4.29　设随机变量 $X \sim \pi(\lambda)$,求 DX.

解　由于 X 的分布律为

$$P(X = k) = \frac{\lambda^k \mathrm{e}^{-\lambda}}{k!} \quad (k = 0, 1, 2, \cdots), \quad EX = \lambda,$$

$$E(X^2) = E[X(X-1)] + EX = \sum_{k=0}^{\infty} \frac{k(k-1)\lambda^k}{k!}\mathrm{e}^{-\lambda} + \lambda$$

$$= \sum_{k=2}^{\infty} \frac{k(k-1)\lambda^k}{k!}\mathrm{e}^{-\lambda} + \lambda = \lambda^2 + \lambda,$$

所以

$$DX = E(X^2) - (EX)^2 = \lambda + \lambda^2 - \lambda^2 = \lambda.$$

服从泊松分布的随机变量的数学期望和方差相同.

例 4.30　设随机变量 $X \sim U(a, b)$,求 DX.

解　由于 X 的概率密度为

$$f(x) = \begin{cases} \dfrac{1}{b-a}, & a < x < b, \\ 0, & \text{其他}, \end{cases} \qquad EX = \frac{a+b}{2},$$

$$E(X^2) = \int_{-\infty}^{+\infty} x^2 f(x)\,\mathrm{d}x = \frac{1}{b-a}\int_a^b x^2\,\mathrm{d}x = \frac{1}{3}(b^2 + ab + a^2),$$

则　$DX = E(X^2) - (EX)^2 = \dfrac{1}{3}(b^2 + ab + a^2) - \dfrac{1}{4}(a+b)^2 = \dfrac{(b-a)^2}{12}.$

例 4.31　设随机变量 $X \sim E(\lambda)$,求 DX.

解　由于 X 的概率密度为

$$f(x) = \begin{cases} \lambda \mathrm{e}^{-\lambda x}, & x \geqslant 0, \\ 0, & x < 0, \end{cases} \qquad EX = \frac{1}{\lambda},$$

$$E(X^2) = \int_{-\infty}^{+\infty} x^2 f(x)\,\mathrm{d}x = \int_0^{+\infty} x^2 \lambda \mathrm{e}^{-\lambda x}\,\mathrm{d}x = -\int_0^{+\infty} x^2\,\mathrm{d}\mathrm{e}^{-\lambda x} = \frac{2}{\lambda^2},$$

则　　　　　　　　$DX = E(X^2) - (EX)^2 = \dfrac{2}{\lambda^2} - \dfrac{1}{\lambda^2} = \dfrac{1}{\lambda^2}.$

例 4.32　设随机变量 $X \sim N(0, 1)$,求 EX, DX.

解　由于 $X \sim N(0, 1)$,其概率密度为

$$\varphi(x) = \frac{1}{\sqrt{2\pi}} \mathrm{e}^{-\frac{x^2}{2}} \quad (-\infty < x < +\infty),$$

因此有

$$EX = \int_{-\infty}^{+\infty} x\varphi(x)\,\mathrm{d}x = \frac{1}{\sqrt{2\pi}}\int_{-\infty}^{+\infty} x\mathrm{e}^{-\frac{x^2}{2}}\,\mathrm{d}x = 0,$$

$$DX = E(X^2) = \frac{1}{\sqrt{2\pi}}\int_{-\infty}^{+\infty} x^2 \mathrm{e}^{-\frac{x^2}{2}}\,\mathrm{d}x = 1.$$

例 4.33　设随机变量 $X \sim N(\mu, \sigma^2)$,求 EX, DX.

解　由于 X 的概率密度为

$$f(x) = \frac{1}{\sqrt{2\pi}\sigma} e^{-\frac{(x-\mu)^2}{2\sigma^2}} \quad (-\infty < x < +\infty, \sigma > 0),$$

则

$$EX = \int_{+\infty}^{+\infty} x f(x) \mathrm{d}x = \int_{-\infty}^{+\infty} \frac{x}{\sqrt{2\pi}\sigma} e^{-\frac{(x-\mu)^2}{2\sigma^2}} \mathrm{d}x.$$

令 $t = \dfrac{x-\mu}{\sigma}$，得

$$EX = \int_{-\infty}^{+\infty} \frac{\sigma t + \mu}{\sqrt{2\pi}\sigma} e^{-\frac{t^2}{2}} \sigma \mathrm{d}t = \frac{\sigma}{\sqrt{2\pi}} \int_{-\infty}^{+\infty} t e^{-\frac{t^2}{2}} \mathrm{d}t + \mu \int_{-\infty}^{+\infty} \frac{1}{\sqrt{2\pi}} e^{-\frac{t^2}{2}} \mathrm{d}t.$$

上式右边第一个积分由于被积函数为奇函数，积分区间对称于 $x = 0$，故其值为 0；第二个积分正好是 $X \sim N(0, 1)$ 的概率密度在 $(-\infty, +\infty)$ 上积分，由归一性知其值为 1. 则

$$EX = \mu,$$

$$DX = E(X - EX)^2 = E(X - \mu)^2 = \frac{1}{\sqrt{2\pi}\sigma} \int_{-\infty}^{+\infty} (x - \mu)^2 e^{-\frac{(x-\mu)^2}{2\sigma^2}} \mathrm{d}x.$$

令 $t = \dfrac{x-\mu}{\sigma}$，得

$$DX = \frac{\sigma^2}{\sqrt{2\pi}} \int_{-\infty}^{+\infty} t^2 e^{-\frac{t^2}{2}} \mathrm{d}t = \frac{-\sigma^2}{\sqrt{2\pi}} \int_{-\infty}^{+\infty} t \mathrm{d}e^{-\frac{t^2}{2}} = \frac{-\sigma^2}{\sqrt{2\pi}} \left[t e^{-\frac{t^2}{2}} \Big|_{-\infty}^{+\infty} - \int_{-\infty}^{+\infty} e^{-\frac{t^2}{2}} \mathrm{d}t \right].$$

由于

$$\lim_{t \to \infty} t e^{-\frac{t^2}{2}} = 0, \quad \frac{1}{\sqrt{2\pi}} \int_{-\infty}^{+\infty} e^{-\frac{t^2}{2}} \mathrm{d}t = 1,$$

则 $DX = \sigma^2$，标准差 $\sigma = \sqrt{DX}$.

正态分布的两个参数 μ 和 σ 分别就是其数学期望和标准差.

本书附表一中，将一些常用变量的分布律或概率密度以及它们的均值和方差汇集成表，供读者参考.

例 4.34 已知随机变量 X 的概率密度为 $f(x) = \dfrac{1}{2\sqrt{\pi}} e^{-\frac{(x-1)^2}{4}}$ $(-\infty < x < +\infty)$，求 EX，DX.

解 因为 $f(x) = \dfrac{1}{\sqrt{2}\sqrt{2\pi}} e^{-\frac{(x-1)^2}{2(\sqrt{2})^2}}$ $(-\infty < x < +\infty)$，与正态分布的概率密度的表达式比较可得 $\sigma = \sqrt{2}$，$\mu = 1$，所以 $EX = 1$，$DX = \sigma^2 = 2$.

例 4.35　已知随机变量 $X \sim U(1, 3)$，$Y \sim B(5, 0.7)$，且相互独立，$Z = 5X - 2Y + 3$，求 EZ，DZ.

解　$EX = \dfrac{3+1}{2} = 2$，　$DX = \dfrac{(3-1)^2}{12} = \dfrac{1}{3}$，

$$EY = 5 \times 0.7 = 3.5，　DY = 5 \times 0.7 \times 0.3 = 1.05，$$
$$EZ = E(5X - 2Y + 3) = 5EX - 2EY + 3 = 5 \times 2 - 2 \times 3.5 + 3 = 6，$$
$$DZ = D(5X - 2Y + 3) = 25DX + 4DY$$
$$= 25 \times \frac{1}{3} + 4 \times 1.05 \approx 8.33 + 4.2 = 12.53.$$

例 4.36　已知 X 的可能取值为 $x_1 = -1$，$x_2 = 0$，$x_3 = 1$，且 $EX = 0.1$，$DX = 0.89$，求 X 的分布律.

解　设 X 的分布律为

X	-1	0	1
p_k	p_1	p_2	p_3

由题意 $E(X^2) = DX + (EX)^2 = 0.9$，$p_1 + p_3 = 0.9$，$p_1 + p_2 + p_3 = 1$，

$EX = -p_1 + p_3 = 0.1$，解得
$$p_1 = 0.4，　p_2 = 0.1，　p_3 = 0.5.$$

例 4.37　已知随机变量 X，Y 相互独立，且 $X \sim N(-3, 1)$，$Y \sim N(2, 1)$，求随机变量 $Z = X - 2Y$ 的分布.

解　已知 $EX = -3$，$EY = 2$，$DX = DY = 1$，因为 Z 是正态分布的随机变量 X，Y 的线性组合，所以 Z 仍然服从正态分布，且其参数为

$$\mu = EZ = E(X - 2Y) = EX - 2EY = -7，$$
$$\sigma^2 = DZ = D(X - 2Y) = DX + 4DY = 5，$$

故 $Z \sim N(-7, 5)$.

4.3　协方差与相关系数

前面我们讨论了随机变量的两个数字特征：数学期望和方差. 对于二维随机变量 (X, Y)，不仅要讨论 X 与 Y 的期望和方差，还需要讨论描述 X 与 Y 关系的数字特征：协方差与相关系数.

在讨论这个问题之前，我们先看一个例子：

设父亲的身高为 X,成年儿子的身高为 Y,为了研究父亲和成年儿子身高二者之间的关系,英国统计学家皮尔逊收集了 1078 名父亲及成年儿子身高的数据,画出了一张散点图(图 4-2).

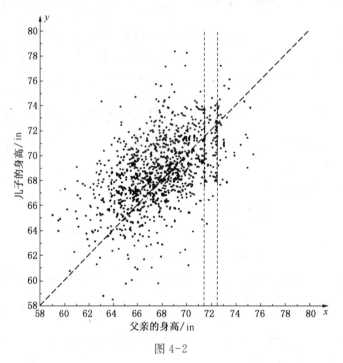

图 4-2

问父亲与成年儿子的身高存在什么关系?

类似的问题:吸烟与肺癌之间有什么关系? 高考入学分数与大学学习成绩之间有什么关系? 等等. 这就需要我们从理论上对两个随机变量之间的相互关系进行研究.

4.3.1 协方差和相关系数的概念

若随机变量 X 与 Y 不相互独立,则

$$
\begin{aligned}
D(X+Y) &= E\{[(X+Y)-(EX+EY)]^2\} = E\{[(X-EX)+(Y-EY)]^2\} \\
&= E[(X-EX)^2]+E[(Y-EY)^2]+2E[(X-EX)(Y-EY)] \\
&= DX+DY+2E[(X-EX)(Y-EY)].
\end{aligned}
$$

同理
$$
D(X-Y) = DX+DY-2E[(X-EX)(Y-EY)].
$$

定义 4.5 设随机变量 X, Y 有数学期望和方差:EX, DX, EY, DY,若

$E[(X-EX)(Y-EY)]$ 存在,则称其为 X 与 Y 的**协方差**,记为 $\mathrm{Cov}(X, Y)$,即

$$\mathrm{Cov}(X, Y) = E[(X-EX)(Y-EY)].$$

称 $\dfrac{\mathrm{Cov}(X, Y)}{\sqrt{DX \cdot DY}}$ 为 X 与 Y 的**相关系数**,记为 ρ_{XY},

即

$$\rho_{XY} = \frac{\mathrm{Cov}(X, Y)}{\sqrt{DX \cdot DY}}.$$

由定义可见,协方差也是一个特殊函数 $(X-EX)(Y-EY)$ 的期望. 特别地,随机变量 X 与常数 k 的协方差为 0,即 $\mathrm{Cov}(X, k) = 0$.

4.3.2　协方差的关系式

下面我们导出协方差的两个关系式,这些关系式不仅可用于协方差的计算,而且在理论上也十分重要.

(1) $\mathrm{Cov}(X, Y) = E(XY) - EX \cdot EY$.

证明　由协方差的定义和数学期望的性质,可得

$$\begin{aligned}
\mathrm{Cov}(X, Y) &= E[(X-EX)(Y-EY)] \\
&= E(XY - X \cdot EY - Y \cdot EX + EXEY) \\
&= E(XY) - EX \cdot EY - EY \cdot EX + EX \cdot EY \\
&= E(XY) - EX \cdot EY.
\end{aligned}$$

由关系式(1)可知,数学期望的性质 $E(XY) = EX \cdot EY$ 成立的充分必要条件是

$$\mathrm{Cov}(X, Y) = 0,$$

即 $\rho_{XY} = 0$,X 与 Y 不相关.

(2) $D(X+Y) = DX + DY + 2\mathrm{Cov}(X, Y)$.

证明　由方差公式和协方差的定义,可得

$$\begin{aligned}
D(X+Y) &= E\{[(X+Y) - E(X+Y)]^2\} \\
&= E\{[(X-EX) + (Y-EY)]^2\} \\
&= E(X-EX)^2 + E(Y-EY)^2 + 2E[(X-EX)(Y-EY)] \\
&= DX + DY + 2\mathrm{Cov}(X, Y).
\end{aligned}$$

类似地,可以证明 $D(X-Y) = DX + DY - 2\mathrm{Cov}(X, Y)$,于是 $D(X \pm Y) = DX + DY$ 成立的充分必要条件是 X 与 Y 不相关.

4.3.3　协方差和相关系数的性质

(1) $\text{Cov}(X, X) = E[(X - EX)^2] = DX$，即 X 与 Y 的协方差，就是 X 的方差.

(2) $\text{Cov}(X, Y) = \text{Cov}(Y, X)$.

(3) $\text{Cov}(aX, bY) = ab \cdot \text{Cov}(X, Y)$　(a, b 为常数).

证明　由数学期望的性质

$$\text{Cov}(aX, bY) = E\{[aX - E(aX)][bY - E(bY)]\}$$
$$= ab \cdot E[(X - EX)(Y - EY)] = ab \cdot \text{Cov}(X, Y).$$

(4) $\text{Cov}(X_1 + X_2, Y) = \text{Cov}(X_1, Y) + \text{Cov}(X_2, Y)$.

证明　由协方差的定义和数学期望的性质

$$\text{Cov}(X_1 + X_2, Y) = E\{[(X_1 + X_2) - E(X_1 + X_2)](Y - EY)\}$$
$$= E[(X_1 - EX_1)(Y - EY)] + E[(X_2 - EX_2)(Y - EY)]$$
$$= \text{Cov}(X_1, Y) + \text{Cov}(X_2, Y).$$

注意　$\text{Cov}(X, aX + b) = a\text{Cov}(X, X) = aDX$.（请读者自证）

(5) $|\rho_{XY}| \leqslant 1$，当且仅当 X 与 Y 之间有线性关系时等号成立.

证明　因为 $X^* = \dfrac{X - EX}{\sqrt{DX}}$, $Y^* = \dfrac{Y - EY}{\sqrt{DY}}$,

$$E(X^*) = 0 = E(Y^*), \quad D(X^*) = 1 = D(Y^*),$$
$$\text{Cov}(X^*, Y^*) = E(X^*Y^*) - E(X^*)E(Y^*) = E(X^*Y^*)$$
$$= E\left(\frac{X - EX}{\sqrt{DX}} \cdot \frac{Y - EY}{\sqrt{DY}}\right) = \rho_{XY},$$

$$D(X^* \pm Y^*) = D(X^*) + D(Y^*) \pm 2\text{Cov}(X^*, Y^*) = 2(1 \pm \rho_{XY}) \geqslant 0.$$

由方差的非负性可得　　　　　　　　$|\rho_{XY}| \leqslant 1$.

定义 4.6　若 X 与 Y 的相关系数 $\rho_{XY} = 0$，则称 X 与 Y 互不相关.

相关系数 ρ_{XY} 刻画了 X 与 Y 之间线性关系的程度. 若 $|\rho_{XY}| = 1$，X 和 Y 之间有线性关系 $Y = aX + b$. 则 $p(Y = aX + b) = 1$，且当 $a > 0$ 时，$\rho_{XY} = 1$；当 $a < 0$ 时，$\rho_{XY} = -1$. 若 $|\rho_{XY}|$ 较大，表明 X 与 Y 之间线性关系的联系较好；若 $|\rho_{XY}|$ 较小，表明 X 与 Y 之间线性关系的联系较差. 特别地，若 $\rho_{XY} = 0$，表明 X 与 Y 之间不存在线性关系，则称随机变量 X 与 Y 不相关.

关于 ρ_{XY} 的符号：当 $\rho_{XY} > 0$ 时，称 X 与 Y 为**正相关**；当 $\rho_{XY} < 0$ 时，称 X 与 Y

为**负相关**. 因为相关系数和协方差具有相同的符号,因此,前面关于协方差的符号意义的讨论可以移到这里,即正相关表示两个随机变量有同时增加或同时减少的变化趋势,而负相关表示两个随机变量有相反的变化趋势.

下面通过几个例子,说明协方差和相关系数的计算. 关于随机变量 X 与 Y 的关系,将在下一节作进一步的讨论.

例 4.38　二维离散型随机变量 (X, Y) 的联合分布律如下:

p_{ij} ＼ X ＼ Y	0	1	2
1	0.2	0.1	0
2	0.1	0.3	0.3

试求协方差 $\mathrm{Cov}(X, Y)$ 和相似系数 ρ_{XY}.

解　因为

X	1	2
p_k	0.3	0.7

Y	0	1	2
p_k	0.3	0.4	0.3

XY	0	1	2	4
p_k	0.3	0.1	0.3	0.3

$EX = 0.3 + 1.4 = 1.7$,　$E(X^2) = 0.3 + 2.8 = 3.1$,

$EY = 0.4 + 0.6 = 1$,　$E(Y^2) = 0.4 + 1.2 = 1.6$,　$E(XY) = 0.1 + 0.6 + 1.2 = 1.9$,

则　$DX = E(X^2) - (EX)^2 = 3.1 - 1.7^2 = 0.21$,

$DY = E(Y^2) - (EY)^2 = 1.6 - 1^2 = 0.6$.

于是　　$\mathrm{Cov}(X, Y) = E(XY) - EX \cdot EY = 1.9 - 1.7 \times 1 = 0.2$,

$$\rho_{XY} = \frac{\mathrm{Cov}(X, Y)}{\sqrt{DX \cdot DY}} = \frac{0.2}{\sqrt{0.21 \times 0.6}} \approx 0.56.$$

例 4.39　设二维连续型随机变量 (X, Y) 的概率密度为

$$f(x, y) = \begin{cases} 4xy, & 0 < x < 1, 0 < y < 1, \\ 0, & \text{其他.} \end{cases}$$

求协方差 $\mathrm{Cov}(X, Y)$ 和相关系数 ρ_{XY}.

解　由随机变量的函数的期望得

$$E(XY) = \iint\limits_{D} xy \cdot 4xy \, \mathrm{d}x \mathrm{d}y = 4 \int_0^1 x^2 \, \mathrm{d}x \int_0^1 y^2 \, \mathrm{d}y = \frac{4}{9}.$$

利用轮换对称,由

$$f_X(x) = \begin{cases} 2x\int_0^1 2y\mathrm{d}y = 2x, & 0 < x < 1, \\ 0, & \text{其他}, \end{cases}$$

得
$$f_Y(y) = \begin{cases} 2y, & 0 < y < 1, \\ 0, & \text{其他}. \end{cases}$$

$$EX = \int_0^1 xf_X(x)\mathrm{d}x = 2\int_0^1 x^2\mathrm{d}x = \frac{2}{3} = EY,$$

$$E(X^2) = \int_0^2 x^2 f_X(x)\mathrm{d}x = 2\int_0^1 x^3\mathrm{d}x = \frac{1}{2} = E(Y^2),$$

则
$$DX = E(X^2) - (EX)^2 = \frac{1}{18} = DY.$$

于是

$$\mathrm{Cov}(X, Y) = E(XY) - EX \cdot EY = \frac{4}{9} - \left(\frac{2}{3}\right)^2 = 0,$$

$$\rho_{XY} = \frac{\mathrm{Cov}(X, Y)}{\sqrt{DX \cdot DY}} = 0.$$

所以,X 与 Y 不相关.

例 4.40 二维随机变量 X 与 Y 有:$DX = DY = 1$,$\rho_{XY} = \frac{1}{2}$,设 $U = X + 2Y$,$V = X - 2Y$,求 U 和 V 的相关系数 ρ_{UV}.

解
$$DU = D(X+2Y) = DX + 4DY + 2\mathrm{Cov}(X, 2Y)$$
$$= DX + 4DY + 4\rho_{XY}\sqrt{DX \cdot DY} = 7,$$
$$DV = D(X-2Y) = DX + 4DY - 2\mathrm{Cov}(X, 2Y)$$
$$= DX + 4DY - 4\rho_{XY}\sqrt{DX \cdot DY} = 3,$$
$$\mathrm{Cov}(U, V) = \mathrm{Cov}(X+2Y, X-2Y)$$
$$= \mathrm{Cov}(X, X) - \mathrm{Cov}(X, 2Y) + \mathrm{Cov}(2Y, X) - \mathrm{Cov}(2Y, 2Y)$$
$$= DX - 4DY = -3,$$
$$\rho_{UV} = \frac{\mathrm{Cov}(U, V)}{\sqrt{DU \cdot DV}} = \frac{-3}{\sqrt{21}}.$$

例 4.41 将一枚硬币重复掷 n 次,以 X 与 Y 分布表示正面向上和反面向上的次数,求 ρ_{XY}.

解 由题意可知,X 与 Y 满足 $X + Y = n$, 即 $Y = n - X$. 则有
$$\mathrm{Cov}(X, Y) = \mathrm{Cov}(X, n-X) = \mathrm{Cov}(X, n) - \mathrm{Cov}(X, X) = -DX,$$

又
$$DY = D(n - X) = DX,$$

所以
$$\rho_{XY} = \frac{\mathrm{Cov}(X, Y)}{\sqrt{DX}\sqrt{DY}} = \frac{-DX}{DX} = -1.$$

4.3.4　独立性与不相关性

随机变量之间独立和不相关是随机变量 X 与 Y 之间两种特殊的关系.

在讨论数学期望的性质时,已经证明了当 X 与 Y 相互独立时,有

$$E(XY) = EX \cdot EY,$$

则有 $\mathrm{Cov}(X, Y) = 0, \rho_{XY} = 0$,即 X 与 Y 不相关.

相关系数 ρ_{XY} 是刻画随机变量 X, Y 之间线性关系的一种度量,其值 $|\rho_{XY}| \leqslant 1$.

(1) 当 $|\rho_{XY}| = 1$ 时,则 $P\{Y = aX + b\} = 1$;

(2) 当 $|\rho_{XY}| = 0$ 时,称随机变量 X, Y 不相关.

随机变量 X, Y 不相关的四个等价命题:

(1) $\mathrm{Cov}(X, Y) = 0$;　　　　　　　(2) $\rho_{XY} = 0$;

(3) $E(XY) = EX \cdot EY$;　　　　　　(4) $D(X \pm Y) = DX + DY$.

不相关是指随机变量之间没有线性关系,独立是刻画随机变量之间没有任何关系,所以独立一定为不相关,但不相关不一定为独立的. 这时 X 与 Y 之间可能还有某种别的函数关系,因此不能保证 X 与 Y 相互独立.

例如,设 $X \sim U\left(-\dfrac{1}{2}, \dfrac{1}{2}\right)$,而 $Y = \cos X$,可以证得 $\mathrm{Cov}(X, Y) = 0, \rho_{XY} = 0$,那么 X 与 Y 是不相关的,但 X 与 Y 有严格的函数关系,则 X 与 Y 不相互独立.

在上一节的例 4.39 中,X 与 Y 的概率密度是

$$f(x, y) = \begin{cases} 4xy, & 0 < x < 1, 0 < y < 1, \\ 0, & \text{其他.} \end{cases}$$

经计算得 $\mathrm{Cov}(X, Y) = 0$,其实可以得到 X 和 Y 的边缘概率密度分别是

$$f_X(x) = \begin{cases} 2x, & 0 < x < 1, \\ 0, & \text{其他;} \end{cases} \qquad f_Y(y) = \begin{cases} 2y, & 0 < y < 1, \\ 0, & \text{其他,} \end{cases}$$

则有 $f(x, y) = f_X(x) f_Y(y)$,即 X 与 Y 相互独立,这自然可以推出 X 与 Y 不相关. 设随机变量 $(X, Y) \sim N(\mu_1, \mu_2, \sigma_1^2, \sigma_2^2, \rho)$,若 $\rho = 0$ 时,X, Y 独立且不相关.

注意　对二维正态随机变量 (X, Y) 来说,X 与 Y 互不相关和 X 与 Y 相互独立是等价的.

例 4.42 设二维随机变量 $(X, Y) \sim N(\mu, \mu, \sigma^2, \sigma^2, 0)$,求 $E(XY^2)$.

解 由题意可知,相关系数 $\rho_{XY} = 0$,又 (X, Y) 是服从二维正态分布的,所以 X 与 Y 相互独立,则

$$EX = EY = \mu, \quad DX = DY = \sigma^2, \quad E(Y^2) = (EY)^2 + DY = \mu^2 + \sigma^2,$$

故
$$E(XY^2) = EX \cdot EY^2 = \mu(\mu^2 + \sigma^2).$$

例 4.43 设随机变量 (X, Y) 有概率密度为

$$f(x, y) = \begin{cases} \dfrac{1}{4}(1 + xy), & -1 < x < 1, -1 < y < 1, \\ 0, & \text{其他}. \end{cases}$$

试判断 X 与 Y 的相关性和相互独立性.

解
$$E(XY) = \frac{1}{4} \iint\limits_{D} (xy)(1 + xy)\mathrm{d}x\mathrm{d}y = \frac{1}{4}\iint\limits_{D} x^2 y^2 \mathrm{d}x\mathrm{d}y \quad (\text{利用对称性})$$

$$= \int_0^1 x^2 \mathrm{d}x \int_0^1 y^2 \mathrm{d}y = \frac{1}{9};$$

$$EX = \frac{1}{4}\iint\limits_{D} x(1 + xy)\mathrm{d}x\mathrm{d}y = 0 = EY, \quad (\text{利用对称性})$$

得 $\mathrm{Cov}(X, Y) = E(XY) - EX \cdot EY = \dfrac{1}{9} \neq 0.$ 即 X 与 Y 相关,这自然可以推出 X 与 Y 不相互独立.

例 4.44 设随机变量 (X, Y) 的联合分布律为

p_{ij} X \ Y	0	1	2
0	0.1	0.2	0.2
1	0	0.4	0.1

试判别 X 与 Y 的相关性和相互独立性.

解 $E(XY) = 1 \times 1 \times 0.4 + 1 \times 2 \times 0.1 = 0.6.$

X 和 Y 的边缘分布律分别是

X	0	1
$p_i.$	0.5	0.5

Y	0	1	2
$p._j$	0.1	0.6	0.3

$$EX = 0.5, \quad EY = 1 \times 0.6 + 2 \times 0.3 = 1.2,$$

有 $E(XY)=EX \cdot EY$,即 X 与 Y 不相关. 然而,X 与 Y 不相互独立,如:

$$P(X=0, Y=0)=0.1,$$
$$P(X=0) \cdot P(Y=0)=0.5 \times 0.1=0.05,$$
$$P(X=0, Y=0) \neq P(X=0) \cdot P(Y=0),$$

X 与 Y 不相互独立.

习 题 4

1. 某射击比赛规定,每人独立对目标射 4 发. 若 4 发全不中则得 0 分;若只中 1 发,则得 15 分;若中 2 发,则得 30 分;若中 3 发,则得 55 分;若 4 发全中,则得 100 分,已知某人每发命中率为 0.6,求他的平均得分.

2. 有同类备件 10 个,其中 7 个正品,其余为次品,修理机器时从中无放回一件接一件地取,直到取得正品为止. 用 X 表示停止抽取时已取得备件的个数,求 EX.

3. 某射手参加一种游戏,他有 4 次机会射击一个目标. 每射击一次须付费 10 元. 若他射中目标,则得奖金 100 元,且游戏停止. 若 4 次都未射中目标,则游戏停止且他要付罚款 100 元. 若他每次击中目标的概率为 0.3,求他在此游戏中的收益的期望.

4. 设随机变量 X 与 Y 相互独立,$EX=0$,$DX=1$,$EY=1$,求 $E[X(2X+3Y-1)]$.

5. 设随机变量 X 的密度函数为

$$f(x) = \begin{cases} 2e^{-2x}, & x \geqslant 0, \\ 0, & x < 0. \end{cases}$$

求 $Y=2X$ 和 $Z=e^{-3X}$ 的数学期望和方差.

6. 已知随机变量 $X \sim B(n, p)$,且 $EX=8$,$DX=1.6$,求 n,p.

7. 设随机变量 X 的分布律为 $P(X=k)=\dfrac{C}{k!}(k=0, 1, \cdots)$,求 $E(X^2)$.

8. 设随机变量 X,Y 相互独立,且 $EX=2$,$DX=1$,$EY=1$,$DY=4$,试求下列随机变量的均值与方差.

(1) $Z_1 = X-2Y-5$; (2) $Z_2 = 2X-Y+7$.

9. 已知 100 件同型产品中,有 10 件次品,其余为正品,今从中任取 5 件,用 X 表示次品数,求 EX,DX.

10. 设随机变量 $X \sim \pi(2)$,$Y \sim B(3, 0.6)$,且相互独立,求 $E(X-2Y)$,$D(X-2Y)$.

11. 设随机变量 X 的密度函数为

$$f(x) = \begin{cases} kx(1-x), & 0 < x < 1, \\ 0, & 其他. \end{cases}$$

求(1)常数 k;(2) X 的分布函数 $F(x)$;(3) $P\left\{\dfrac{1}{2} < X \leqslant \dfrac{3}{2}\right\}$;(4) X 的数学期望 EX 和方

差 DX.

12. 设 X 的概率密度为

$$f(x) = \begin{cases} kx(1-x), & 0 < x < 1, \\ 0, & \text{其他.} \end{cases}$$

试求 $P(a-2b < X < a+2b)$,其中 $a = EX$, $b = DX$.

13. 设 X 的分布函数为

$$F(x) = \begin{cases} 0, & x < 2, \\ 1 - \dfrac{8}{x^3}, & x \geqslant 2. \end{cases}$$

求 EX, DX, $E\left(\dfrac{2}{3}X - 2\right)$, $D\left(\dfrac{2}{3}X - 2\right)$.

14. 求解下列各题.

(1) 已知 X 的概率密度为 $f(x) = \dfrac{1}{\sqrt{\pi}} e^{-x^2+2x-1}$,求 EX, DX;

(2) 设 X 服从参数 $\lambda = 1$ 的指数分布,求 $E(X + 3^{-2X})$;

(3) 设 X 表示 10 次独立重复射击命中目标的次数,每次射击命中目标的概率为 0.4,求 $E(X^2)$;

(4) 设 X, Y, Z 相互独立,$X \sim (0, 6)$, $Y \sim E(2)$, $Z \sim \pi(3)$,令 $W = X - 2Y + 3Z$,求 EW, DW.

15. 已知二维随机变量 (X, Y) 的概率密度为

$$f(x, y) = \begin{cases} x + y, & 0 \leqslant x \leqslant 1, 0 \leqslant y \leqslant 1, \\ 0, & \text{其他.} \end{cases}$$

求 EX, EY, $E(XY)$.

16. 设二维随机变量 (X, Y) 的概率密度为

$$f(x, y) = \begin{cases} 2 - x - y, & 0 \leqslant x \leqslant 1, 0 \leqslant y \leqslant 1, \\ 0, & \text{其他.} \end{cases}$$

(1) 判断 X, Y 是否相互独立;(2) 求 $E(XY)$, $D(X+Y)$.

17. 设随机变量 (X, Y) 为以点 $(1, 0)(0, 1)(1, 1)$ 三角形区域上的均匀分布,求随机变量 $Z = X + Y$ 的期望与方差.

18. 设随机变量 $X \sim \pi(16)$, $Y \sim E(2)$,且相关系数 $\rho_{XY} = -\dfrac{1}{2}$,求 $\text{Cov}(X, Y+1)$.

19. 设二维连续型随机变量 (X, Y) 是以 $(0, 0)$,$(1, 0)$ 和 $(0, 1)$ 为顶点的三角形 D 内服从均匀分布,求(1)边缘概率密度 $f_X(x)$, $f_Y(y)$;(2) X 与 Y 的协方差.

20. 已知随机变量 X 与 Y 相互独立,且 $X \sim N(0, 4)$, $Y \sim N(0, 4)$, $W = 2X + 3Y$, $Z = 2X - 3Y$,求 ρ_{WZ}.

21. 设 $X \sim B(4, 0.8)$，$Y \sim \pi(4)$，$D(X+Y) = 3.6$，求相关系数 ρ_{XY}.

22. 设二维随机变量 (X, Y) 在以 $(0, 0)$，$(0, 2)$，$(2, 0)$ 为顶点的三角形域上服从均匀分布，求 $\text{Cov}(X, Y)$，ρ_{XY}.

23. 设二维随机变量 (X, Y) 的分布律为

p_{ij} $\diagdown$ Y $\diagup$ X	0	1
0	0.1	0.2
1	0.3	0.4

求 EX，EY，DY，$\text{Cov}(X, Y)$，ρ_{XY}.

24. 已知随机变量 X_1，X_2，$\cdots$，$X_n (n > 1)$ 相互独立且同分布，且 $D(X_k) = \sigma^2$，$k = 1$，2，$\cdots$，n，$Y = \dfrac{1}{n} \sum\limits_{k=1}^{n} X_k$，计算 $\text{Cov}(X_1, Y)$.

25. 设 $DX = 16$，$DY = 25$，$\rho_{XY} = 0.3$，求 $D(X+Y)$.

26. 设二维随机变量 (X, Y) 的概率密度为

$$f(x, y) = \begin{cases} \dfrac{1}{2} \sin(x+y), & 0 \leqslant x \leqslant \dfrac{\pi}{2}, 0 \leqslant y \leqslant \dfrac{\pi}{2}, \\ 0, & \text{其他}. \end{cases}$$

求 EX，EY，DX，DY，$\text{Cov}(X, Y)$，ρ_{XY}.

27. 已知 (X, Y) 的概率密度为

$$f(x, y) = \begin{cases} \dfrac{3}{8}, & |y| \leqslant 1 - x^2, -1 \leqslant x \leqslant 1, \\ 0, & \text{其他}. \end{cases}$$

问 X，Y 是否相互独立，是否相关？

28. 已知 (X, Y) 的概率密度为

$$f(x, y) = \begin{cases} 6x^2 y, & 0 \leqslant x \leqslant 1, 0 \leqslant y \leqslant 1, \\ 0, & \text{其他}. \end{cases}$$

问 X 与 Y 是否相互独立，是否相关？

29. 设随机变量 X 的概率密度为

$$f(x) = \begin{cases} \dfrac{1}{2} \cos \dfrac{x}{2}, & 0 \leqslant x \leqslant \pi, \\ 0, & \text{其他}. \end{cases}$$

对 X 独立地重复观察 4 次，用 Y 表示观察值大于 $\dfrac{\pi}{3}$ 的次数，求 Y^2 的数学期望 $E(Y^2)$.

第 5 章 大数定律与中心极限定理

概率论与数理统计是研究随机现象统计规律性的学科,随机现象的规律性只有在相同的条件下进行大量重复试验才能呈现出来,也就是说,要从大量的随机现象中去寻求必然的法则.由此导致我们对极限定理进行研究.极限定理中最重要的有两种:大数定律与中心极限定理.下面我们先介绍大数定律.

5.1 大 数 定 律

5.1.1 切比雪夫不等式

设随机变量 X 的均值 EX 与方差 DX 均存在,则对任意正数 ε 有不等式

$$P(\mid X-EX\mid\geqslant\varepsilon)\leqslant\frac{DX}{\varepsilon^2}$$

成立,该式称为**切比雪夫不等式**,也可表示为

$$P(\mid X-EX\mid<\varepsilon)>1-\frac{DX}{\varepsilon^2}.$$

我们只就连续型随机变量的情况来给予证明(图 5-1).

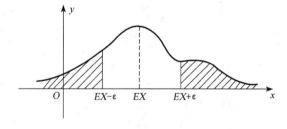

图 5-1

证明　设 X 的概率密度为 $f(x)$，若用"$\displaystyle\int_{|x-EX|\geqslant\varepsilon}$"表示积分区间由满足不等式 $|x-EX|\geqslant\varepsilon$ 的全体 x 构成，则

$$DX = \int_{-\infty}^{+\infty}(x-EX)^2 f(x)\mathrm{d}x \geqslant \int_{|x-EX|\geqslant\varepsilon}(x-EX)^2 f(x)\mathrm{d}x$$

$$\geqslant \int_{|x-EX|\geqslant\varepsilon}\varepsilon^2 f(x)\mathrm{d}x = \varepsilon^2\int_{|x-EX|\geqslant\varepsilon}f(x)\mathrm{d}x$$

$$= \varepsilon^2 P(|X-EX|\geqslant\varepsilon).$$

所以

$$P(|X-EX|\geqslant\varepsilon)\leqslant\frac{DX}{\varepsilon^2}.$$

切比雪夫不等式主要应用于估算随机变量 X 在以 EX 为中心的对称区间上取值的概率。对同样的区间 $|x-EX|<\varepsilon$，DX 越小，则 X 落在区间 $|x-EX|<\varepsilon$ 外的概率越小，说明 X 的取值越集中在 EX 附近；反之，DX 越大，则 X 落在区间 $|x-EX|<\varepsilon$ 外的概率就越大，说明 X 的取值越分散。此不等式也说明了方差是描述随机变量取值与其数学期望分散程度的一个量，此结论不但是大数定律的理论基础，而且对落在有限区间上的概率估算也有重要意义。

例 5.1　一电网有 1 万盏路灯，晚上每盏灯开的概率为 0.7，求同时开的灯数在 6 800～7 200 盏之间的概率至少是多少？

解　设随机变量 X 为同时开的灯数，$X\sim B(n,p)$，$n=10^4$，$p=0.7$，则 $EX=np=7\,000$，$DX=np(1-p)=10^4\times 0.7\times 0.3=2\,100$，

$$P(6\,800\leqslant X\leqslant 7\,200)=\sum_{k=6\,800}^{7\,200}\mathrm{C}_{10^4}^k 0.7^k 0.3^{10^4-k}.$$

根据切比雪夫不等式

$$P(6\,800\leqslant X\leqslant 7\,200)$$

$$= P(6\,800-7\,000\leqslant X-7\,000\leqslant 7\,200-7\,000)$$

$$= P(|X-7\,000|\leqslant 200)\geqslant 1-\frac{2\,100}{200^2}=0.95\quad(\varepsilon=200).$$

5.1.2　大数定律

在第 1 章曾例举过事件发生的频率具有稳定性的事实，即当试验次数 n 很大时，频率 $f_n(A)=\dfrac{n_A}{n}$ 稳定地在某一数值 p 附近摆动，而且一般来说，n 越大，摆动的

幅度越小. 例如,对于一个物理量,多次测量值的平均值也具有稳定性. 这种稳定性就是本节所要讨论的大数定律的客观背景. 在此,我们介绍几种常见的大数定律.

定义 5.1 设随机变量序列 X_1, X_2, $\cdots$, X_n, $\cdots$相互独立,且都服从相同的分布,则称 X_1, X_2, $\cdots$, X_n, $\cdots$**独立同分布**.

例如,在一定条件下,某射手对靶射击,单发命中率为 p. 现独立重复射击 n 发,记 $X_k(k=1,2,\cdots,n)$为第 k 发命中次数,显然,$X_k(k=1,2,\cdots,n)$都服从 $(0-1)$分布. 从而 X_1, X_2, $\cdots$, X_n(这里 n 为有限)独立同分布.

定理 5.1(切比雪夫大数定律) 设 X_1, X_2, $\cdots$, X_n, $\cdots$,是相互独立的随机变量序列,它们的方差有共同的上界,即 $D(X_i) \leqslant M(i=1,2,\cdots)$,则对任意给定的 $\varepsilon > 0$,有

$$\lim_{n\to\infty}P\left(\left|\frac{1}{n}\sum_{i=1}^{n}X_i - \frac{1}{n}\sum_{i=1}^{n}E(X_i)\right| < \varepsilon\right) = 1.$$

此定理可以用切比雪夫不等式证明.

切比雪夫大数定律表明:相互独立的随机变量序列 $\{X_n\}$,如果方差有共同的上界,当 n 充分大时,$\frac{1}{n}\sum_{i=1}^{n}X_i$ 差不多不再是随机的了,其取值接近于数学期望平均值的概率接近于 1. 可见,切比雪夫大数定律给出了平均值稳定性的科学描述.

作为切比雪夫大数定律的特殊情况,有下面的定理.

定理 5.2(独立同分布下的切比雪夫大数定律) 设 X_1, X_2, $\cdots$, X_n 是独立同分布的随机变量序列,且 $E(X_k) = \mu$, $D(X_k) = \sigma^2(k=1,2,\cdots,n)$,记 $\overline{X}_n = \frac{1}{n}\sum_{k=1}^{n}X_k$,则对于任意给定的 $\varepsilon > 0$,有

$$\lim_{n\to\infty}P(|\overline{X}_n - \mu| \geqslant \varepsilon) = 0 \quad \text{或} \quad \lim_{n\to\infty}P(|\overline{X}_n - \mu| < \varepsilon) = 1.$$

证明 因为 $X_k(k=1,2,\cdots,n)$相互独立且同分布,则

$$E(X_k) = \mu, D(X_k) = \sigma^2 \quad (k=1,2,\cdots,n),$$

$$E(\overline{X}_n) = E\left(\frac{\sum_{k=1}^{n}(X_k)}{n}\right) = \frac{1}{n}\sum_{k=1}^{n}E(X_k) = \frac{1}{n}\sum_{k=1}^{n}\mu = \mu,$$

$$D(\overline{X}_n) = D\left(\frac{\sum_{k=1}^{n}X_k}{n}\right) = \frac{1}{n^2}\sum_{k=1}^{n}D(X_k) = \frac{1}{n^2}\sum_{k=1}^{n}\sigma^2 = \frac{\sigma^2}{n}.$$

由切比雪夫不等式知,对于任意 $\varepsilon>0$,有

$$P\left[\,|\,\overline{X}_n-E(\overline{X}_n)\,|\geqslant\varepsilon\,\right]\leqslant\frac{D(\overline{X}_n)}{\varepsilon^2}=\frac{\sigma^2}{n\varepsilon^2},$$

则有

$$\lim_{n\to\infty}P(\,|\,\overline{X}_n-\mu\,|\geqslant\varepsilon)\leqslant0.$$

由于概率是非负的,于是有

$$\lim_{n\to\infty}P(\,|\,\overline{X}_n-\mu\,|\geqslant\varepsilon)=0,$$

自然也有

$$\lim_{n\to\infty}P(\,|\,\overline{X}_n-\mu\,|<\varepsilon)=1.$$

这个定理表明:当 n 充分大时,$\overline{X}_n$ 与 μ 误差很小,这使得测量中常用的算术平均值法得到理论上的解释.

下面给出定理 5.2 的特例——伯努利大数定律.

定理 5.3(伯努利大数定律)　设 n_A 是 n 次独立重复试验中事件 A 发生的次数,p 是事件 A 在每次试验中发生的概率,则对任意给定的 $\varepsilon>0$,有

$$\lim_{n\to\infty}P\left(\left|\frac{n_A}{n}-p\right|\geqslant\varepsilon\right)=0\quad\text{或}\quad\lim_{n\to\infty}P\left(\left|\frac{n_A}{n}-p\right|<\varepsilon\right)=1$$

证明　用 $X_k(k=1,2,\cdots,n)$ 记第 k 次试验中事件 A 发生的次数,则在 n 次独立重复试验中事件 A 发生的次数为

$$n_A=X_1+X_2+\cdots+X_n.$$

由于 $X_k=\begin{cases}1,&\text{当第 }k\text{ 次试验事件 }A\text{ 发生},\\0,&\text{当第 }k\text{ 次试验事件 }A\text{ 不发生},\end{cases}$ $X_k(k=1,2,\cdots,n)$ 相互独立,且都是服从参数为 p 的 $(0-1)$ 分布. 于是

$$E(X_k)=p,\ D(X_k)=pq\quad(k=1,2,\cdots,n),$$

所以

$$\overline{X}_n=\frac{X_1+X_2+\cdots+X_n}{n}=\frac{n_A}{n}=f_n(A).$$

由定理 5.2 可知

$$\lim_{n \to \infty} P\left[\left|\frac{n_A}{n} - p\right| \geqslant \varepsilon\right] = 0 \quad 或 \quad \lim_{n \to \infty} P\left[\left|\frac{n_A}{n} - p\right| < \varepsilon\right] = 1.$$

本定理以数学形式刻画了频率的稳定性. 即当试验次数 n 很大时,实际上可以用事件发生的频率代替事件的概率,这就提供了估算事件概率的一种方法. 例如,一个使用灯泡个数不多的场所,很难预料明天失效灯泡的频率. 这是因为所使用的灯泡数量少(将一个灯泡使用一天看成是一次独立试验),失效的频率很不稳定. 但对于一条马路,由于使用的灯泡数量较大(看成独立重复试验,试验次数 n 较大),明天失效灯泡的频率就很稳定了. 特别是对于一个大城市,在一天内灯泡失效的频率几乎是一个常数.

定理 5.3 的证明中, $n_A = X_1 + X_2 + \cdots + X_n$,由二项分布的客观背景可知, $n_A \sim B(n, p)$,即 n 个相互独立的 $(0-1)$ 分布随机变量之和服从二项分布. 反之,一个二项分布随机变量可以表示为 n 个相互独立的 $(0-1)$ 分布随机变量之和,这是一个十分有用的结果.

例 5.2 在每次随机试验中,事件 A 发生的概率为 0.75,利用切比雪夫不等式,求 n 需要多大时才能使得在 n 次独立重复试验中,事件 A 出现的频率在 $0.74 \sim 0.76$ 的概率至少为 0.9.

解 设随机变量 X 是 n 次试验中事件 A 出现的次数,则

$$X \sim B(n, 0.75), \quad EX = 0.75n, \quad DX = 0.75 \times 0.25n = 0.1875n,$$

所求的 n 是满足 $P\left(0.74 < \dfrac{X}{n} < 0.76\right) \geqslant 0.9$ 的最小值.

$$\begin{aligned}
P\left(0.74 < \frac{X}{n} < 0.76\right) &= P(0.74n < X < 0.76n) \\
&= P(-0.01n < X - 0.75n < 0.01n) \\
&= P(|X - EX| < 0.01n).
\end{aligned}$$

利用切比雪夫不等式,取 $\varepsilon = 0.01n$,则

$$\begin{aligned}
P\left(0.74 < \frac{X}{n} < 0.76\right) &= P(|X - EX| < 0.01n) \\
&\geqslant 1 - \frac{DX}{(0.01n)^2} = 1 - \frac{1\,875}{n},
\end{aligned}$$

依题意有 $\qquad 1 - \dfrac{1\,875}{n} \geqslant 0.9, \quad n \geqslant \dfrac{1\,875}{0.1} = 18\,750.$

所以在 n 取 18 750 时,才能使得在 n 次独立重复试验中,事件 A 出现的频率

在 $0.74 \sim 0.76$ 的概率至少为 0.9.

5.2　中心极限定理

在实际问题中,常常需要考虑许多相互独立的随机因素所产生的综合影响,而每一个别因素在总影响中所起的作用不大. 总影响 X 是这些个别因素即随机变量 X_1, X_2, $\cdots$, X_n 的总和

$$X = X_1 + X_2 + \cdots + X_n.$$

这种随机变量 X 一般都服从或近似服从正态分布.

例如,测量误差这个随机变量 X,由于在测量过程中不可避免地受到温度、湿度、大气压力、视差、人的心理状态等因素的影响. 这些微小因素相互独立,且每一个因素对测量结果的影响都是微小的,甚至是感觉不到的,但它们累积起来其总和却对测量结果有明显的影响,致使测量结果具有随机性,且服从正态分布.

在概率论中,习惯于把和的分布收敛于正态分布这一类定理称为**中心极限定理**.

由于无穷多个随机变量之和可能趋于 ∞,故我们不研究 n 个随机变量之和本身的分布,而考虑它的标准化的随机变量

$$Y_n = \frac{\sum\limits_{k=1}^{n} X_k - E\left(\sum\limits_{k=1}^{n} X_k\right)}{\sqrt{D\left(\sum\limits_{k=1}^{n} X_k\right)}}$$

的极限分布.

可以证明:满足一定的条件,上述极限分布是标准正态分布. 这就是下面要介绍的中心极限定理.

5.2.1　独立同分布序列的中心极限定理

定理 5.4　设随机变量序列 X_1, X_2, $\cdots$, X_n 独立同分布,数学期望和方差为

$$EX_k = \mu, \quad DX_k = \sigma^2 \neq 0 \quad (k = 1, 2, \cdots, n),$$

则当 n 充分大时,随机变量 $\sum\limits_{k=1}^{n} X_k \sim N(n\mu, n\sigma^2)$,随机变量

$$\frac{\sum\limits_{k=1}^{n} X_k - n\mu}{\sqrt{n\sigma^2}} \sim N(0, 1).$$

事实上,无论 X_1, X_2, $\cdots$, X_n 原来服从什么分布,只要具有相同的数学期望和方差,当 n 充分大时其和总可以认为近似地服从标准正态分布.此定理为**独立同分布序列的中心极限定理**.

此定理的结论还可以进一步推广,相互独立的随机变量序列 X_1, X_2, $\cdots$, X_n 无论什么分布,只要具有有限的数学期望和方差,也会有与定理 5.4 类似的结论.

例 5.3 某人要测量甲、乙两地之间的距离,限于测量工具,他分成 1 200 段来测量.每段测量误差为 X(单位:m),且 X 服从 $(-0.5, 0.5)$ 上的均匀分布,求总距离误差的绝对值不超过 20 cm 的概率.

解 设第 k 段的测量误差为 X_k,$X_k \sim U(-0.5, 0.5)$ ($k=1, 2, \cdots, 1\,200$),且 X_1, X_2, $\cdots$, $X_{1\,200}$ 是独立同分布的随机变量,有

$$E(X_k) = 0 = \mu, \quad D(X_k) = \frac{1}{12}[0.5 - (-0.5)]^2 = \frac{1}{12} = \sigma^2,$$

累计误差为 $\sum\limits_{k=1}^{n} X_k$,且 $n\mu = 0$, $n\sigma^2 = \dfrac{1\,200}{12} = 100$. $\sum\limits_{k=1}^{n} X_k \sim N(0, 10^2)$,

所求概率为

$$P\left(\left| \sum_{k=1}^{1200} X_k \right| \leqslant 20 \right) = P\left(-20 < \sum_{k=1}^{n} X_k < 20 \right)$$

$$\approx \left[\Phi\left(\frac{20-0}{10} \right) - \Phi\left(\frac{-20-0}{10} \right) \right] = \Phi(2) - \Phi(-2)$$

$$= 2\Phi(2) - 1 \approx 2 \times 0.977\,2 - 1 = 0.954\,4.$$

即测量总误差不超过 20 m 的概率为 0.954 4.

例 5.4 根据以往经验,某种电器元件的寿命服从均值为 100 h 的指数分布.现随机地取 16 只,设它们的寿命是相互独立的,求这 16 只元件的寿命总和大于 1 920 h 的概率.

解 设第 k 只元件的寿命为 X_k,有 $X_k \sim E(\lambda)$ ($k=1, 2, \cdots, 16$),由题意可知

$$\lambda = \frac{1}{100}, \quad E(X_k) = \frac{1}{\lambda} = 100, \quad D(X_k) = \frac{1}{\lambda^2} = 10\,000.$$

16 只元件的寿命的总和为 $Y = \sum\limits_{k=1}^{16} X_k$, $EY = 1\,600$, $DY = 160\,000$,则

$$\frac{Y-1\,600}{400} \sim N(0,\ 1),$$

所求概率 $P(Y > 1\,920) = 1 - P(Y \leqslant 1\,920) \approx 1 - \Phi\left(\dfrac{1\,920 - 1\,600}{400}\right)$

$$= 1 - \Phi(0.8) \approx 1 - 0.788\,1 = 0.211\,9.$$

即 16 只元件的寿命总和大于 1 920 h 的概率为 0.211 9.

例 5.5 一公寓有 200 户住户,每一住户拥有汽车辆数 X 的分布律为

X	0	1	2
p_k	0.1	0.6	0.3

且住户之间拥有汽车辆数是相互独立的,利用中心极限定理求需要多少个车位才能使每辆汽车都拥有一个车位的概率至少为 0.95?

解 设第 k 户住户拥有汽车辆数为 X_k, $k=1,\ 2,\ \cdots,\ 200$.

$$E(X_k) = 0 \times 0.1 + 1 \times 0.6 + 2 \times 0.3 = 1.2,$$

$$E(X_k^2) = 1 \times 0.6 + 4 \times 0.3 = 1.8,$$

$$D(X_k) = E(X^2) - (EX)^2 = 1.8 - 1.44 = 0.36.$$

由中心极限定理得 $\displaystyle\sum_{k=1}^{200} X_k \sim N(240,\ 72).$

设需要车位 n 个,则

$$P\left(\sum_{k=1}^{200} X_k \leqslant n\right) = \Phi\left(\frac{n-240}{6\sqrt{2}}\right) \geqslant 0.95 \approx \Phi(1.645).$$

故 $\dfrac{n-240}{6\sqrt{2}} \geqslant 1.645$, $n \geqslant 253.96$,因此需要 254 个车位.

下面介绍定理 5.4 的特殊情况.

5.2.2 德莫佛-拉普拉斯中心极限定理

定理 5.5 设 $X \sim B(n,\ p)$,则对任意 x,皆有

$$\lim_{n \to \infty} P\left(\frac{X-np}{\sqrt{np(1-p)}} \leqslant x\right) = \frac{1}{\sqrt{2\pi}} \int_{-\infty}^{x} \mathrm{e}^{-\frac{t^2}{2}}\,\mathrm{d}t.$$

注意到: $EX = np$, $DX = np(1-p)$.

此定理称为德莫佛-拉普拉斯中心极限定理.

证明　定理中的 X 可看作在 n 重伯努利试验中事件 A 出现的总次数. 而每次试验中事件 A 出现的概率为 p, A 出现的次数分别为 X_1, X_2, $\cdots$, X_n, 显然它们相互独立, 且都服从于参数为 p 的(0—1)分布, 即

$$X_k = \begin{cases} 0, & \text{第 } k \text{ 次试验 } \overline{A} \text{ 出现,} \\ 1, & \text{第 } k \text{ 次试验 } A \text{ 出现,} \end{cases}$$

且 $P(X_k=1)=p$, $P(X_k=0)=1-p$, $E(X_k)=p$, $D(X_k)=pq(k=1, 2, \cdots, n)$, 则有

$$X = X_1 + X_2 + \cdots + X_n = \sum_{k=1}^{n} X_k.$$

可见, X_1, X_2, $\cdots$, X_n 满足定理 5.4 的条件, 由定理 5.4 知, 对于任意 x, 有

$$\lim_{n \to \infty} P\left(\frac{X-np}{\sqrt{np(1-p)}} \leqslant x \right) = \frac{1}{\sqrt{2\pi}} \int_{-\infty}^{x} \mathrm{e}^{-\frac{t^2}{2}} \mathrm{d}t = \Phi(x).$$

定理 5.5 得证.

定理 5.5 表明, 当 n 充分大时($n>50$, 在工程上 $n>15$), 即可近似地认为

$$X \sim N(np, np(1-p)), \qquad \frac{X-np}{\sqrt{np(1-p)}} \sim N(0, 1).$$

推论　设 $X \sim B(n, p)$, 当 n 充分大时,

$$P(a < X < b) = \sum_{a < k < b} \mathrm{C}_n^k p^k q^{n-k} \quad (q = 1-p)$$

$$\approx \Phi\left(\frac{b-np}{\sqrt{npq}} \right) - \Phi\left(\frac{a-np}{\sqrt{npq}} \right).$$

此公式给出了 n 较大时, 二项分布的概率计算方法.

例 5.6　有 100 台车床彼此独立地工作, 每台车床的实际工作时间占全部工作时间的 80%, 求下列事件的概率.

(1) 任一时刻有 70～86 台车床工作;

(2) 任一时刻有 80 台以上车床工作.

解　设任一时刻工作的车床台数为 X, $X \sim B(n, p)$, $n=100$, $p=0.8$, $np=80$, $\sqrt{npq}=\sqrt{16}=4$. 用二项分布求 $P(70 \leqslant X \leqslant 86)=\sum\limits_{k=70}^{86} \mathrm{C}_{100}^k 0.8^k 0.2^{100-k}$ 是困难的, 可用定理 5.5 做近似计算.

(1) $P(70 \leqslant X \leqslant 86) \approx \Phi\left(\dfrac{86-80}{4}\right) - \Phi\left(\dfrac{70-80}{4}\right)$

$\qquad = \Phi(1.5) + \Phi(2.5) - 1 \approx 0.9332 + 0.9938 - 1 = 0.927.$

(2) $P(X > 80) = 1 - P(X \leqslant 80) \approx 1 - \Phi\left(\dfrac{80-80}{4}\right) = 1 - \Phi(0) = 0.5.$

例 5.7　某单位设置电话总机共有 200 台分机,设每台分机有 5% 的时间要使用外线通话.假定每台分机是否使用外线通话是相互独立的.问总机要有多少条外线才能以 90% 的概率保证每台分机在需要时有外线可供使用?

解　设总机外线条数为 x,同时使用外线的分机数为 X,则

$$X \sim B(200, 0.05),$$

并要求

$$P(0 \leqslant X \leqslant x) \geqslant 0.9.$$

由于 $np = 10$, $npq = 9.5$,根据中心极限定理,有

$$P(0 \leqslant X \leqslant x) \approx \Phi\left(\dfrac{x-10}{\sqrt{9.5}}\right) - \Phi\left(\dfrac{0-10}{\sqrt{9.5}}\right) = \Phi\left(\dfrac{x-10}{\sqrt{9.5}}\right) \geqslant 0.9,$$

查表得　$\dfrac{x-10}{\sqrt{9.5}} \geqslant 1.28$,解得 $x \geqslant 13.95$,于是取 $x = 14$.

解题过程中,$\Phi\left(\dfrac{0-10}{\sqrt{9.5}}\right) \approx 0$.一般地,当 n 很大时,$\Phi\left(\dfrac{0-np}{\sqrt{npq}}\right) \approx 0$,因此在实际计算中可把求 $P(0 \leqslant X \leqslant x)$ 看作是求 $P(X \leqslant x)$,以后做此类题目时,只需计算 $\Phi\left(\dfrac{x-np}{\sqrt{npq}}\right)$ 的值即可.

例 5.8　某公司有 200 名员工参加资格证书考试,按往年经验该考试通过率为 0.8,试计算这 200 名员工中至少有 150 人考试通过的概率.

解　设

$$X_k = \begin{cases} 1, & \text{第 } k \text{ 人通过考试,} \\ 0, & \text{第 } k \text{ 人未通过考试} \end{cases} \quad (k = 1, 2, \cdots, 200).$$

已知 $P\{X_k = 1\} = 0.8$, $np = 200 \times 0.8 = 160$, $np(1-p) = 32$,

$\displaystyle\sum_{k=1}^{200} X_k$ 是考试通过的人数,由定理 5.5 可知

$$\frac{\sum\limits_{k=1}^{200} X_k - 160}{\sqrt{32}} \sim N(0,\ 1),$$

$$P\left(\sum_{k=1}^{200} X_k \geqslant 150\right) = 1 - P\left(\sum_{k=1}^{200} X_k < 150\right) \approx 1 - \Phi\left(\frac{150-160}{\sqrt{32}}\right)$$

$$\approx 1 - \Phi(-1.77) = \Phi(1.77) \approx 0.96.$$

即至少有150名员工通过资格证书考试的概率为0.96.

　　中心极限定理是概率论中最著名的结果之一,它不仅提供了计算独立随机变量之和的近似概率的简单方法,而且有助于解释为什么很多自然群体的经验频率表现为高斯曲线这一值得注意的事实. 在后面的章节中,我们还将经常用到中心极限定理.

习 题 5

　　1. 已知正常男性成人血液中每毫升白细胞数平均是7 300,方差是 700^2,利用切比雪夫不等式估计每毫升白细胞数在5 200～9 400的概率.

　　2. 有一批建筑房屋用的木柱,其中80%的长度不小于3 m,现从这批木柱中任取100根,求其中至少有30根短于3 m的概率.

　　3. 从发芽率为95%的一批种子里,任取400粒,求不发芽的种子不多于25粒的概率.

　　4. 某城市每天发生火灾的次数是一个随机变量,它服从 $\lambda=2$ 的泊松分布. 设每天是否发生火灾是相互独立的,试用中心极限定理近似计算一年(365天)中发生火灾的次数超过700次的概率.

　　5. 当辐射强度超过每小时 0.5 mR 时,辐射会对人体的健康造成伤害,设每台彩电工作时的平均辐射强度为 0.036 mR,方差为 0.008 1 mR,则家庭中一台彩电的辐射一般不会对人体造成健康伤害,但是彩电销售商店同时有多台彩电工作时,辐射可能对人造成健康伤害.现在有16台彩电同时独立工作,计算这16台彩电的辐射量对人造成健康伤害的概率.(提示:用中心极限定理.)

　　6. 在人寿保险公司里每年有10 000人参加保险,每人在一年内的死亡率为0.001.参加保险的人在每年的第一天交付保险费10元.死亡时,其家属可以从保险公司领取2 000元.求

　　(1) 保险公司一年内获利不少于80 000元的概率;

　　(2) 保险公司一年内亏本的概率.

　　7. 某个复杂系统由100个相互独立的子系统组成.已知在系统运行期间,每个子系统失效的概率为0.1.如果失效的子系统个数超过15个,则总系统便自动停止运动.求总系统不自动停止运动的概率.

　　8. 某一随机试验成功的概率为0.04,独立重复试验100次,由泊松定理和中心极限定理分别求最多成功6次的概率的近似值.

9. 设由机器包装的每包大米的重量是一个随机变量 X(单位:kg),已知 $EX=10$ kg,$DX=0.1$ kg^2,求 100 袋这种大米的总重量在 990~1 010 kg 的概率.

10. 一个罐子中装有 10 个编号为 0,1,2,3,4,5,6,7,8,9 的同样形状的球,从罐中有放回地抽取若干次,每次抽一个,并记下号码.求(1)至少应抽取多少次球才能使 0 号球出现的频率在 0.09~0.11 的概率至少是 0.95?(2)用中心极限定理计算在 100 次抽取中 0 号球出现的次数在 7~13 的概率.

11. 设某学校一专业有 100 名学生,在周末每个学生去某阅览室自修的概率是 0.1,且设每个学生去阅览室自修与否相互独立.试问该阅览室至少应设多少个座位才能以不低于 0.95 的概率保证每个来阅览室自修的学生均有座?

12. 某学校 900 名学生选 6 名教师主讲"高等数学"课程,假定每名学生完全随意地选择一名教师,且学生选择教师是彼此独立的,问每名教师的上课教室应该设有多少座位才能保证因缺少座位而使学生离去的概率小于 1%.(提示:用中心极限定理.)

13. 一食品店有三种饼出售,售出一只饼的价格是一个随机变量 X(单位:元),它收取 1 元,1.2 元,1.5 元各值的概率分别为 0.3,0.2,0.5,某天售出 300 只饼,求(1)这天的收入至少为 400 元的概率;(2)这天售出的价格为 1.2 元的饼多于 60 只的概率.

14. 已知随机变量 X,Y,且 $EX=-2$,$EY=2$,$DX=1$,$DY=4$,$\rho_{XY}=-0.5$,试估计 $\rho\{|X+Y|\geqslant b\}$.

第6章 样本及其分布

从本章起讲述数理统计的初步知识.数理统计是用概率论的思想、方法去研究实际问题.

从总体上来说,数理统计可以分为两大类:一类是如何科学地安排试验,以获取有效的随机数据,此部分内容称为**描述统计学**,如试验设计、抽样方法;另一类是研究如何分析所获得的随机数据,对研究的问题进行科学的、合理的估计和推断,尽可能为采取一定的决策作出精确而可靠的结论,这部分内容称为**推断统计学**,如参数估计、假设检验等.

例如,某工厂生产一种型号的合金材料,用随机的方法选取 100 个样品进行强度测试,于是面临下列几个问题:

(1)估计这批合金材料的强度均值是多少?(参数的点估计问题)

(2)强度均值在什么范围内?(参数的区间估计问题)

(3)若规定强度均值不小于某个定值为合格,那么这批材料是否合格?(参数的假设检验问题)

(4)这批合金材料的强度是否服从正态分布?(分布的检验问题)

(5)若这批材料是由两种不同的工艺生产的,那么不同的工艺对合金材料的强度有否影响?若有影响,哪一种工艺生产的合金材料的强度较好?(方差分析问题)

(6)若这批合金材料由几种原料不同的比例合成,那么如何表达这批合金材料的强度与原料比例之间的关系?(回归分析问题)

我们主要讨论参数的点估计、区间估计、假设检验.其方法是从所要研究的全体对象中抽取一小部分(如 n 个)来进行试验,并依据试验结果推断随机变量的概率分布及数字特征.

6.1 数理统计的几个基本概念

6.1.1 总体与个体

一个统计问题总有它明确的研究对象.一般把研究对象的全体称为**总体**,总体可以用一个随机变量 X 及其分布来描述.组成总体的每个基本元素称为**个体**.应注意的是,当把总体与一批产品联系时,"对象的全体"并非笼统地指这批产品,而是指这批产品的某数量指标的全体.比如,对于某车床加工的一批零件.当我们只考察零件的长度这项指标时,应该把这些长度值的全体当作总体,这时每个零件的长度值就是个体.

在数理统计中,总体 X 的分布永远是未知的,即使有足够的理由可以认为总体 X 服从某种分布,但这个分布的参数还是未知的.

例如,本地区市民家庭月收入是个随机变量 X,X 服从什么分布事先是不清楚的.根据资料可以确信 $X \sim N(\mu, \sigma^2)$,但 μ, σ^2 究竟取什么值还是未知的,对于这些未知值可以根据有关数据来推测.

6.1.2 样本与简单随机样本

在总体 X 中,随机地抽取的 n 个个体 $X_1, X_2, \cdots, X_n$ 称为**总体 X 的样本**.样本所含个体的数目 n 称为**样本容量**.由于 $X_1, X_2, \cdots, X_n$ 是从总体 X 中随机抽取的,可以看成 n 个随机变量.但是,在一次抽取后,它们都是具体的数值,记作 $x_1, x_2, \cdots, x_n$,称为样本的观察值,简称**样本值**.样本的值域称为**样本空间**.

由于抽样的目的是为了对总体进行统计推断,为了保证抽取到的样本能很好地反映总体,必须考虑抽样的方法.最常用的一种抽样方法称为"简单随机抽样",它要求抽取的样本满足下面两点:

(1)**代表性(随机性)** 从总体中抽取样本的每一个个体(用随机变量 X_k 表示)X_k 是随机的,每一个个体被抽到的可能性相同.

(2)**独立同分布性** $X_1, X_2, \cdots, X_n$ 是相互独立的随机变量,其中每一个变量 X_k 与所考察的总体有相同的分布.

有放回地随机抽取得到的是**简单随机样本**.在实际工作中,如果样本容量相对于总体容量来说是很小的,即使是无放回地抽取,也可以近似地认为得到的是一个简单随机样本.

现将总体、个体、样本和简单随机样本这几个基本概念列表比较如下:

	直观理解	数学本质
总体	研究对象的全体	随机变量 X 是指某个数量指标
个体	组成总体的每个基本元素	与总体同分布的某个随机变量 X_k
样本	从总体抽出的 n 个个体	n 个随机变量 X_1, X_2, $\cdots$, X_n
简单随机样本	重复随机抽取所得的样本	要求 X_1, X_2, $\cdots$, X_n 相互独立,且与总体 X 同分布

6.2   统计量及其分布

在数理统计中,从总体 X 中抽取样本 X_1, X_2, $\cdots$, X_n 后,根据对样本的分析和研究去估计、推断总体 X 的分布与数字特征.这必须将样本带来的信息集中起来,进行一番提炼和加工,针对不同的问题构造出样本的各种函数.

定义 6.1   设 X_1, X_2, $\cdots$, X_n 是总体 X 的样本,则称不包含任何未知参数的连续函数 $\varphi(X_1, X_2, \cdots, X_n)$ 为一个**统计量**.

由于 X_1, X_2, $\cdots$, X_n 都是随机变量,所以统计量 $\varphi(X_1, X_2, \cdots, X_n)$ 也是随机变量,且是 n 个随机变量的函数.统计量的意义在于通过构造样本统计量 $\varphi(X_1, X_2, \cdots, X_n)$ 来反映总体的某项信息.

如果 x_1, x_2, $\cdots$, x_n 是 X_1, X_2, $\cdots$, X_n 的样本值,那么 $\varphi(x_1, x_2, \cdots, x_n)$ 便是 $\varphi(X_1, X_2, \cdots, X_n)$ 的一个取值,它是一个常数,称其为 $\varphi(X_1, X_2, \cdots, X_n)$ 的**观察值**.

6.2.1   一个正态总体的样本均值与样本方差

总体 $X \sim N(\mu, \sigma^2)$,其中参数 μ, σ^2 未知,X_1, X_2, $\cdots$, X_n 是 X 的样本,则称

$$\overline{X} = \frac{1}{n} \sum_{k=1}^{n} X_k \text{ 为样本均值;}$$

$$S^2 = \frac{1}{n-1} \sum_{k=1}^{n} (X_k - \overline{X})^2 \text{ 为样本方差;}$$

$$S = \sqrt{\frac{1}{n-1} \sum_{k=1}^{n} (X_k - \overline{X})^2} \text{ 为样本标准差.}$$

但是 $\sum_{k=1}^{n} \dfrac{(X_k - \overline{X})^2}{\sigma^2}$ 不是统计量,因为其中含有未知参数 σ.往后,需要根据不同的要求,构造不同的统计量.

样本方差的计算公式为 $S^2 = \dfrac{1}{n-1} \sum\limits_{i=1}^{n} (X_i - \overline{X})^2 = \dfrac{1}{n-1} (\sum\limits_{i=1}^{n} X_i^2 - n\overline{X}^2)$.

证明 左边 $= \dfrac{1}{n-1} \sum\limits_{i=1}^{n} (X_i^2 - 2X_i \overline{X} + \overline{X}^2)$

$$= \dfrac{1}{n-1} (\sum_{i=1}^{n} X_i^2 - 2\overline{X} \sum_{i=1}^{n} X_i + n\overline{X}^2)$$

$$= \dfrac{1}{n-1} (\sum_{i=1}^{n} X_i^2 - 2n\overline{X}\,\overline{X} + n\overline{X}^2)$$

$$= \dfrac{1}{n-1} (\sum_{i=1}^{n} X_i^2 - n\overline{X}^2) = 右边.$$

对于一组样本值 x_1，x_2，$\cdots$，x_n，样本均值

$$\overline{x} = \frac{1}{n} \sum_{k=1}^{n} x_k$$

表示数据集中的位置，反映了总体 X 取值的平均值的信息. 样本方差

$$s^2 = \frac{1}{n-1} \sum_{k=1}^{n} (x_k - \overline{x})^2$$

描述了数据对均值$\overline{x}$的离散程度，反映了总体方差的信息. s^2 越大，说明数据越分散，波动越大；s^2 越小，说明数据越集中，波动越小. 至于 s^2 的表达式中为什么要除以 $n-1$，而不是除以 n，这是因为作为总体方差 σ^2 近似值的样本方差 s^2 的均值等于 σ^2，对于这一点，后面再进一步说明.

例 6.1 从某总体中抽取一个容量为 5 的样本，测得样本值为 417.3，418.1，419.4，420.1，421.5，求样本均值和样本方差.

解 $\overline{x} = 419 + \dfrac{1}{5}(-1.7 - 0.9 + 0.4 + 1.1 + 2.5) = 419.28.$

$s^2 = \dfrac{1}{4}\big[(417.3 - 419.28)^2 + (418.1 - 419.28)^2 + (419.4 - 419.28)^2 +$

$\qquad (420.1 - 419.28)^2 + (421.5 - 419.28)^2\big]$

$\quad = 2.732.$

设 X_1，X_2，$\cdots$，X_n 是来自总体 X 的样本，$\overline{X} = \dfrac{1}{n} \sum\limits_{k=1}^{n} X_k$ 是样本的平均值，由定理 5.2 可知，无论 X 服从什么分布，都有

$$E(\overline{X}) = EX = \mu,$$

$$D(\overline{X}) = \frac{1}{n}DX = \frac{\sigma^2}{n}.$$

可见,统计量$\overline{X}$围绕总体 X 的数学期望 EX 取值,X 取值的平均数正好是 EX,说明$\overline{X}$的取值比 X 的取值更集中. 以上两式的成立与 X 的分布无关. 因此,在精密测量中总是取用测量值的平均值作为被测量的量度.

6.2.2 一个正态总体条件下的三个统计量的分布

一般情况来说,要得到每一个统计量的分布是困难的,而在一个正态总体的条件下,一些统计量的分布能比较方便地确定. 下面介绍来自正态分布的三个统计量的分布:样本均值的分布;χ^2 分布;t 分布.

1. 统计量 $Z=\dfrac{\overline{X}-\mu}{\sqrt{\dfrac{\sigma^2}{n}}}$的分布

定理 6.1 设总体 $X \sim N(\mu, \sigma^2)$,$X_1, X_2, \cdots, X_n$ 是 X 的一个样本,则有

$$\overline{X} \sim N\left(\mu, \frac{\sigma^2}{n}\right),$$

将其标准化的随机变量记作 Z,可得

$$Z = \frac{\overline{X}-\mu}{\sqrt{\dfrac{\sigma^2}{n}}} \sim N(0, 1).$$

在讨论正态总体的有关问题时,常用到标准正态分布在"α 分位点"这个名称,现介绍如下.

定义 6.2 设 $Z \sim N(0, 1)$,对于给定的 $\alpha(0<\alpha<1)$称满足

$$P(Z > z_\alpha) = \int_{z_\alpha}^{+\infty} \frac{1}{\sqrt{2\pi}} e^{-\frac{t^2}{2}} \mathrm{d}t = \alpha$$

或

$$P(Z \leqslant z_\alpha) = \int_{-\infty}^{z_\alpha} \frac{1}{\sqrt{2\pi}} e^{-\frac{t^2}{2}} \mathrm{d}t = 1-\alpha$$

的点 z_α 为标准正态分布的**α 分位点**,如图 6-1 所示.

因为标准正态分布的概率密度 $\varphi(x)$ 是偶函数,从图 6-1 可知 $z_{1-\alpha}=-z_\alpha$.

对于给定的 α,算出 $1-\alpha$ 后,查标准正态分布表便可求得 z_α 的值.

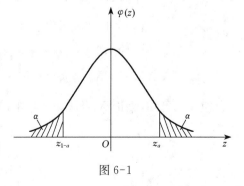

图 6-1

例如，$\alpha = 0.05$，$z_\alpha = z_{0.05} = 1.645$，$z_{1-\alpha} = z_{0.95} = -z_{0.05} = -1.645$；$\alpha = 0.005$，$z_\alpha = z_{0.005} = 2.57$，$z_{1-\alpha} = z_{0.995} = -z_{0.005} = -2.57$.

2. 统计量 $\chi^2 = \dfrac{(n-1)S^2}{\sigma^2}$ 的分布

定义 6.3 设随机变量 X_1，X_2，$\cdots$，X_n 相互独立,且 $X_i \sim N(0, 1)$，$i = 1$，2，$\cdots$，n，则称统计量 $\chi^2 = X_1^2 + X_2^2 + \cdots + X_n^2$ 服从自由度为 n 的 χ^2 分布,记为 $\chi^2 \sim \chi^2(n)$.

自由度是指此处统计量中包含的独立变量的个数. $\chi^2(n)$ 的密度函数为

$$f(x, n) = \begin{cases} \dfrac{1}{2^{\frac{n}{2}} \Gamma\left(\dfrac{n}{2}\right)} x^{\frac{n}{2}-1} \mathrm{e}^{-\frac{x}{2}}, & x > 0, \\ 0, & x \leqslant 0. \end{cases}$$

其中, $\Gamma(n) = \displaystyle\int_0^{+\infty} t^{n-1} \mathrm{e}^{-t} \mathrm{d}t$ 称为 **Γ 函数**.

χ^2 分布与标准正态分布有明显的不同,它是一种不对称的分布, n 是唯一的参数. 图 6-2 是几个不同的自由度 n 对应的 $f(x, n)$ 的基本图形.

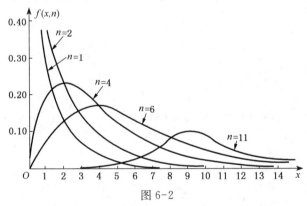

图 6-2

可以证明 χ^2 分布有如下性质:

(1) 若 $\chi^2 \sim \chi^2(n)$,则 $E(\chi^2) = n$，$D(\chi^2) = 2n$.

事实上,因为 $X_i \sim N(0, 1)$,故 $E(X_i^2) = D(X_i) = 1$，

$$D(X_i^2) = E(X_i^4) - [E(X_i^2)]^2 = 3 - 1 = 2 \quad (i = 1, 2, \cdots, n).$$

于是 $E(\chi^2) = E\Big[\Big(\sum_{i=1}^n X_i^2\Big)\Big] = \sum_{i=1}^n E(X_i^2) = n$，

$$D(\chi^2) = D\Big[\Big(\sum_{i=1}^n X_i^2\Big)\Big] = \sum_{i=1}^n D(X_i^2) = 2n.$$

(2) 若 $\chi_1^2 \sim \chi^2(n_1)$，$\chi_2^2 \sim \chi^2(n_2)$ 相互独立，则 $\chi_1^2 + \chi_2^2 \sim \chi^2(n_1 + n_2)$.

定义 6.4 对于给定的正数 $\alpha(0 < \alpha < 1)$，则

(1) 称满足 $P(\chi^2 > x) = \alpha$ 的点 x 为 χ^2 分布的**右侧 α 分位点**，记为 $\chi_\alpha^2(n)$，即有 $P(\chi^2 > \chi_\alpha^2(n)) = \alpha$，如图 6-3 所示.

(2) 称满足 $P(\chi^2 < x) = \alpha$ 的点 x 为 χ^2 分布的**左侧 α 分位点**，记为 $\chi_{1-\alpha}^2(n)$，即有 $P(\chi^2 < \chi_{1-\alpha}^2(n)) = \alpha$，如图 6-4 所示.

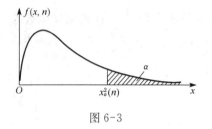

图 6-3   图 6-4

(3) 称满足 $P(x_1 < \chi^2 < x_2) = 1 - \alpha$ 的点 x_1 和 x_2 为 χ^2 分布的**双侧 α 分位点**，记为 $\chi_{1-\frac{\alpha}{2}}^2(n)$ 和 $\chi_{\frac{\alpha}{2}}^2(n)$，即有 $P(\chi_{1-\frac{\alpha}{2}}^2(n) < \chi^2 < \chi_{\frac{\alpha}{2}}^2(n)) = 1 - \alpha$，如图 6-5 所示.

α 分位点可根据 n 和下标的值，从附表四中查到. 例如，$\alpha = 0.25$，$n = 30$，$\chi_{0.25}^2(30) = 34.8$，即

$$P(\chi^2 > 34.8) = \int_{34.8}^{+\infty} f(x, n)\mathrm{d}x = 0.25.$$

又如，$\alpha = 0.1$，$n = 20$，$\chi_{1-\alpha}^2(n) = \chi_{0.9}^2(20) = 12.443$；

$$\chi_{1-\frac{\alpha}{2}}^2(n) = \chi_{0.95}^2(20) = 10.851; \quad \chi_{\frac{\alpha}{2}}^2(n) = \chi_{0.05}^2(20) = 31.410,$$

可得 $\qquad \chi_{0.99}^2(10) = 2.558, \quad \chi_{0.01}^2(10) = 23.209.$

定理 6.2 设 X_1，X_2，$\cdots$，X_n 是来自一个正态总体 $X \sim N(\mu, \sigma^2)$ 的一个样本，则样本均值 $\overline{X} = \dfrac{1}{n}\sum\limits_{i=1}^{n} X_i$ 与样本方差 $S^2 = \dfrac{1}{n-1}\sum\limits_{i=1}^{n}(X_i - \overline{X})^2$ 是相互独立的随机变量，并且统计量

$$\chi^2 = \frac{(n-1)S^2}{\sigma^2} \sim \chi^2(n-1),$$

即称 χ^2 服从**自由度为 $n-1$ 的 χ^2 分布**，记为 $\chi^2 \sim \chi^2(n-1)$.

3. 统计量 $T = \dfrac{\overline{X} - \mu}{\sqrt{\dfrac{S^2}{n}}}$ 的分布

定义 6.5 若 $X \sim N(0, 1)$，$Y \sim \chi^2(n)$，且 X 与 Y 相互独立，则称随机变量

$$T = \frac{X}{\sqrt{\dfrac{Y}{n}}} \sim t(n),$$

即 T 服从**自由度为 n 的 t 分布**，记为 $T \sim t(n)$，其概率密度为

$$f(x, n) = \frac{\Gamma\left(\dfrac{n+1}{2}\right)}{\sqrt{n\pi}\,\Gamma\left(\dfrac{n}{2}\right)} \left(1 + \frac{x^2}{n}\right)^{-\frac{n+1}{2}} \quad (-\infty < x < +\infty).$$

图 6-6 是几个不同的自由度 n 对应的概率密度 $f(x, n)$ 的基本图形.

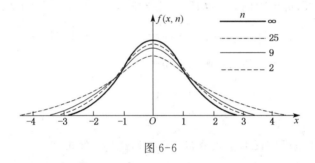

图 6-6

可以证明 t 分布具有以下性质：

(1) $\lim\limits_{n \to \infty} f(x, n) = \dfrac{1}{\sqrt{2\pi}} \mathrm{e}^{-\frac{x^2}{2}} = \varphi(x)$，即当 n 足够大时，t 分布的极限 $(n \to +\infty)$ 分布近似于标准正态分布.

(2) $X \sim t(n)$，则 $EX = 0$，因为 $f(x, n)$ 关于 y 轴对称；$DX > 1$，因为 $f(x, n)$ 比标准正态分布的概率密度 $\varphi(x)$ 要平坦一些.

定义 6.6 当统计量 $T \sim t(n)$，对给定的 α 满足：

(1) $P(T > t_\alpha(n)) = \alpha$ 的点 $t_\alpha(n)$ 称为 t 分布的**右侧 α 分位点**，如图 6-7 所示.

(2) $P(T < t_{1-\alpha}(n)) = \alpha$ 的点 $t_{1-\alpha}(n)$ 称 t 分布的**左侧 α 分位点**，如图 6-8 所示. 由 t 分布的对称性知 $t_{1-\alpha}(n) = -t_\alpha(n)$.

(3) $P(t_{1-\frac{\alpha}{2}}(n) < T < t_{\frac{\alpha}{2}}(n)) = 1 - \alpha$ 的点 $t_{1-\frac{\alpha}{2}}(n)$ 和 $t_{\frac{\alpha}{2}}(n)$ 称为 t 分布的**双侧 α 分位点**，如图 6-9 所示.

由 t 分布的对称性知 $t_{1-\frac{\alpha}{2}}(n) = -t_{\frac{\alpha}{2}}(n)$.

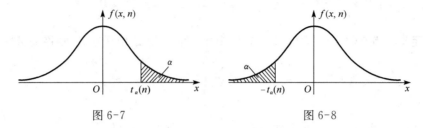

图 6-7　　　　　　　　　　图 6-8

t 分布的 α 分位点可根据 n 和下标的值从附表五中查到. 例如,当 $\alpha = 0.01$, $n = 25$ 时,$t_{0.01}(25) = 2.485\,1$,即

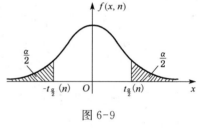

$$P(T > 2.485\,1) = \int_{2.485\,1}^{+\infty} f(x, n)\mathrm{d}x = 0.01;$$

当 $\alpha = 0.05$, $n = 10$ 时,$t_{0.05}(10) = 1.812\,5$,

图 6-9

$$t_{0.95}(10) = t_{1-0.05}(10) = -t_{0.05} = -1.812\,5;$$

当 $\alpha = 0.1$, $n = 20$ 时,双侧 α 分位点

$$t_{\frac{\alpha}{2}}(20) = t_{0.05}(20) = 1.724\,7;$$

$$t_{1-\frac{\alpha}{2}}(20) = -t_{\frac{\alpha}{2}}(20) = -t_{0.05}(20) = -1.724\,7.$$

当 $n > 45$ 时,可用标准正态分布 $N(0, 1)$ 代替 t 分布.

定理 6.3　设总体 $X \sim N(\mu, \sigma^2)$,X_1, X_2, $\cdots$, X_n 是 X 的一个样本,样本均值为 $\overline{X}$,样本方差为 S^2,则统计量

$$T = \frac{\overline{X} - \mu}{\sqrt{\dfrac{S^2}{n}}} \sim t(n-1),$$

即 T 服从自由度为 $n-1$ 的 t 分布,记作 $T \sim t(n-1)$.

习 题 6

1. 设 X_1, X_2, $\cdots$, X_n 是总体 X 的样本,$\overline{X} = \dfrac{1}{n}\sum\limits_{k=1}^{n} X_k$,$S^2 = \dfrac{1}{n-1}\sum\limits_{k=1}^{n}(X_k - \overline{X})^2$,若

(1) $X \sim N(\mu, \sigma^2)$;

(2) $X \sim \pi(\lambda)$(X 服从参数为 λ 的泊松分布);

(3) X 服从参数为 p 的(0—1)分布;

(4) $X \sim E(\lambda)$ (X 服从参数为 λ 的指数分布),

分别求 $E(\overline{X})$, $D(\overline{X})$, $E(S^2)$.

2. 测得自动车床加工的十个零件的尺寸与规定尺寸的偏差见下表:

n	1	2	3	4	5	6	7	8	9	10
$X_n/\mu m$	2	1	-2	3	2	4	-2	5	3	4

试求零件尺寸偏差的样本均值和样本方差.

3. 从某地区男中学生中随机抽取 9 人,测得其身高和体重值如下(括号中第一个数字为身高 X(单位:cm),第二个数字为体重 Y(单位:kg):

(160, 43) (157, 40) (153, 42) (158, 49) (157, 45) (154, 42) (154, 41)

(163, 46) (156, 45)

分别求身高 X 和体重 Y 的样本均值和样本方差.

4. 在总体 $X \sim N(52, 6.3^2)$ 中随机抽取一容量为 36 的样本,求样本均值 $\overline{X}$ 落在 50.8~53.8 的概率.

5. 在总体 $X \sim N(80, 20^2)$ 中随机抽取一容量为 100 的样本,求样本均值与总体均值之差的绝对值大于 3 的概率.

6. 查表计算下例分位点.

(1) $t_{0.05}(30)$; (2) $t_{0.025}(16)$; (3) $t_{0.01}(34) = 2.4411 = \lambda$,

并对查表得到的数值 λ,求概率 $P(t(34) < \lambda)$, $P(t(34) > \lambda)$, $P(t(34) < -\lambda)$, $P(|t(34)| > \lambda)$;

(4) $\chi^2_{0.05}(9)$; (5) $\chi^2_{0.99}(21)$.

7. 已知某种白炽灯泡的使用寿命 $X \sim N(\mu, \sigma^2)$,在某星期所生产的该种灯泡中随机抽取 10 只,测得其寿命(单位:h)如下:

1 067   919   1 196   785   1 126   936   918   1 156   920   948

试用样本数字特征法求出寿命总体的均值 μ 和方差 σ^2 的估计值,并估计这种灯泡的寿命大于 1 300 h 的概率.

第7章 参 数 估 计

设总体 X 的分布函数的形式为已知,但它的分布参数 θ 是未知的,这就需要用总体的样本 X_1,X_2,$\cdots$,X_n 所提供的信息,选择适当的方法来估计这些未知参数的值. 这类问题称为参数的**估计**问题. 设 θ 为总体 X 的待估计参数,若用样本 X_1,X_2,$\cdots$,X_n 的一个统计量 $\hat{\theta} = \hat{\theta}(X_1,X_2,\cdots,X_n)$ 来估计 θ,则称 $\hat{\theta}$ 为 θ 的**估计量**,相应地,称统计值 $\hat{\theta} = \hat{\theta}(x_1,x_2,\cdots,x_n)$ 为 θ 的**估计值**,并仍简记为 $\hat{\theta}$.

7.1 矩 估 计 法

7.1.1 矩法原理

1. 总体原点矩

总体 X 的 k 阶幂的数学期望 $E(X^k)$,$k=1,2,\cdots,n$,称为**总体 X 的 k 阶原点矩**,记为 μ_k. 即

$$\mu_k = E(X^k) \quad (k=1,2,\cdots,n).$$

特别地,$\mu_1 = EX$ 称为总体 X 的一阶原点矩,即数学期望;$\mu_2 = E(X^2)$ 称为总体 X 的二阶原点矩.

2. 样本原点矩

对于样本 X_1,X_2,$\cdots$,X_n,$X_i^k(k=1,2,\cdots,m; i=1,2,\cdots,n)$ 是随机变量,而且 $\dfrac{1}{n}\sum X_i^k$ 也是随机变量,称 $A_k = \dfrac{1}{n}\sum\limits_{i=1}^{n} X_i^k$ 为**样本的 k 阶原点矩**. 特别地,

$A_1 = \dfrac{1}{n}\sum\limits_{i=1}^{n} X_i$,称为样本的一阶原点矩,即样本均值;

$A_2 = \dfrac{1}{n}\sum\limits_{i=1}^{n} X_i^2$,称为样本的二阶原点矩.

3. 矩估计法

根据大数定理,当 n 充分大时,

$$A_1 \approx EX, \quad A_2 \approx E(X^2),$$

而 EX,$E(X^2)$ 是根据总体 X 的分布函数计算出来的,一般会含有待估参数. 这样就得到了关于待估参数为未知数的近似方程(组),解之即得到待估参数的表达式. 利用样本矩代替总体矩,从而得出待估参数表达式的方法,称为**矩估计法**.

为了区别估计量、估计值和参数真实值的不同,在估出参数上加上"∧",如$\hat{\lambda}$.

例 7.1 总体 $X \sim U(0, \theta)$,θ 未知,有 X_1,X_2,$\cdots$,X_n 是来自总体 X 的样本,求 θ 的矩估计量.

解 总体 X 的数学期望

$$\mu_1 = EX = \frac{\theta}{2}.$$

由大数定理,样本均值$\overline{X}$可作为总体均值 EX 的近似,令

$$A_1 = EX = \frac{1}{n}\sum_{i=1}^{n} X_i = \overline{X},$$

则有 $\mu_1 = A_1$,即$\frac{\hat{\theta}}{2} = \overline{X}$,得到 θ 的估计量 $\hat{\theta} = 2\,\overline{X}$.

若有 5 个样本值:1.3, 2.1, 3.0, 3.5, 4.1,得$\overline{x} = 2.8$,则 θ 的估计值$\hat{\theta} = 2 \times 2.8 = 5.6$.

此例,我们还可以用样本二阶原点矩估计 θ 的值.

解 由均匀分布的期望和方差

$$E(X^2) = DX + (EX)^2 = \frac{\theta^2}{12} + \left(\frac{\theta}{2}\right)^2 = \frac{\theta^2}{3}.$$

样本二阶原点矩 A_2 作为总体二阶原点矩 $E(X^2)$ 的近似,令

$$A_2 = \frac{1}{n}\sum_{i=1}^{n} X_i^2 = E(X^2),$$

由此得到 θ 的二阶矩估计量 $\hat{\theta} = \sqrt{3A_2}$,由具体的样本值得

$$A_2 = \frac{1}{5}(1.3^2 + 2.1^2 + 3.0^2 + 3.5^2 + 4.1^2) = 8.832.$$

于是 θ 的二阶矩估计值为 $\hat{\theta} = \sqrt{3 \times 8.832} \approx 5.147\,4$.

可见,用不同阶数的样本原点矩进行估计,所得到的估计结果是不一样的,因为用不同的估计方法得到不同的估计结果是完全正常的. 而对于 θ 的真值也许永远无法知道.

例 7.2 总体 X 的概率密度为

$$f(x) = \begin{cases} (\theta+1)x^\theta, & 0 \leqslant x \leqslant 1, \\ 0, & \text{其他}. \end{cases}$$

求参数 θ 的矩估计量.

解 $EX = \int_0^1 x(\theta+1)x^\theta \,\mathrm{d}x = (\theta+1)\int_0^1 x^{\theta+1}\,\mathrm{d}x = \dfrac{\theta+1}{\theta+2}$.

令 $\overline{X} = \dfrac{\theta+1}{\theta+2} = 1 - \dfrac{1}{\theta+2}$,得 θ 的矩估计量 $\hat{\theta} = \dfrac{2\overline{X}-1}{1-\overline{X}}$.

7.1.2 常用分布参数的矩估计

例 7.3 设某炸药厂一天中发生着火次数 X 服从参数为 λ 的泊松分布,λ 未知,用以下的样本值,试估计参数 λ.

着火的次数 k	0	1	2	3	4	5	6
发生 k 次着火的天数 n_k	75	90	54	22	6	2	1

解 由于 $X \sim \pi(\lambda)$,故 $\lambda = EX$,由已知数据计算得

$$\overline{x} = \frac{1}{250}(0 \times 75 + 1 \times 90 + 2 \times 54 + 3 \times 22 + 4 \times 6 + 5 \times 2 + 6 \times 1) \approx 1.22.$$

由 $A_1 = \mu_1$,即 $EX = \overline{x}$,得 λ 的估计值 $\hat{\lambda} = 1.22$.

例 7.4 设总体 X 的均值 μ 和方差 σ^2 都存在,且 $\sigma^2 > 0$,但 μ,σ^2 均未知. 又设 X_1,X_2,$\cdots$,X_n 是来自总体 X 的样本,试求 μ,σ^2 的矩估计量.

解 $EX = \mu$,$E(X^2) = DX + (EX)^2 = \sigma^2 + \mu^2$,

令

$$\begin{cases} EX = \mu = A_1, \\ E(X^2) = DX + (EX)^2 = \sigma^2 + \mu^2 = A_2, \end{cases}$$

得出

$$\begin{cases} \hat{\mu} = A_1 = \overline{X}, \\ \hat{\sigma}^2 = A_2 - A_1^2 = \dfrac{1}{n}\left(\sum_{i=1}^n X_i^2 - n\overline{X}^2\right) = \dfrac{n-1}{n}S^2. \end{cases}$$

注 $S^2 = \dfrac{1}{n-1}\Big(\sum\limits_{i=1}^{n} X_i^2 - n\overline{X}^2\Big).$

此例题说明,均值和方差的矩估计量表达式不因总体的分布函数不同而不同.

例 7.5 已知总体 $X \sim B(n, p)$,$X_1, X_2, \cdots, X_n$ 是来自总体 X 的一个样本,求参数 p 的矩估计量.

解 总体 $X \sim B(n, p)$,则 $\mu_1 = EX = np$,由 $\mu_1 = \overline{X}$,有 $np = \overline{X}$,

所以参数 p 的矩估计量为 $\hat{p} = \dfrac{\overline{X}}{n}$.

例 7.6 已知总体 $X \sim U(a, b)$,$X_1, X_2, \cdots, X_n$ 是来自总体 X 的一个样本,求参数 a, b 的矩估计量.

解 由于总体 $X \sim U(a, b)$,则

$$\mu_1 = EX = \frac{a+b}{2},$$

$$\mu_2 = E(X^2) = DX + (EX)^2 = \frac{(b-a)^2}{12} + \frac{(a+b)^2}{4},$$

得方程组
$$\begin{cases} \mu_1 = \overline{X}, \\ \mu_2 = \dfrac{1}{n}\sum\limits_{i=1}^{n} X_i^2, \end{cases}$$

故
$$\begin{cases} a+b = 2\mu_1, & (1) \\ \dfrac{(b-a)^2}{12} + \dfrac{(a+b)^2}{4} = \mu_2. & (2) \end{cases}$$

将方程(1)代入方程(2),解得

$$\hat{a} = \mu_1 - \sqrt{3(\mu_2 - \mu_1^2)} = \overline{X} - \sqrt{\frac{3}{n}\sum_{i=1}^{n}(X_i^2 - n\overline{X}^2)} = \overline{X} - \sqrt{\frac{3(n-1)}{n}}S,$$

$$\hat{b} = \mu_1 + \sqrt{3(\mu_2 - \mu_1^2)} = \overline{X} + \sqrt{\frac{3}{n}\sum_{i=1}^{n}(X_i^2 - n\overline{X}^2)} = \overline{X} + \sqrt{\frac{3(n-1)}{n}}S.$$

下面列出其他几个常用分布未知参数的矩估计量的表达式:

(1) 正态分布 $X \sim N(\mu, \sigma^2)$,含有两个未知参数 μ, σ^2,

$$\hat{\mu} = \overline{X}, \quad \hat{\sigma}^2 = \frac{1}{n}\sum_{i=1}^{n}(X_i - \overline{X})^2.$$

(2) 均匀分布 $X \sim U(a, b)$,也含有两个未知参数 a, b.

$$\begin{cases} \hat{a} = \overline{X} - \sqrt{3}S_n, \\ \hat{b} = \overline{X} + \sqrt{3}S_n. \end{cases}$$

其中,$S_n = \dfrac{1}{n} \displaystyle\sum_{i=1}^{n} (X_i - \overline{X})^2.$

(3) 指数分布 $X \sim E(\lambda)$,含有一个未知参数 λ,$\hat{\lambda} = \dfrac{1}{\overline{X}}.$

(4) 泊松分布 $X \sim \pi(\lambda)$,含有一个未知参数 λ,$\hat{\lambda} = \overline{X}.$

7.2 极大似然估计法

极大似然估计法的原理是设随机试验 E 有 n 个可能结果:A_1, A_2, $\cdots$, A_n,若在一次试验中,事件 A_k 发生了,则人们自然认为事件 A_k 在这 n 个可能结果中出现的概率最大,先考察一个例子.

例 7.7 假设一盒子中有白球和黑球共 4 个,如果有放回地抽取 3 次,每次取 1 个,结果抽到 2 次白球,1 次黑球,试估计盒中白球的个数.

解 设盒中白球数为 k 个,X 为 3 次抽样中抽到的白球数,则 $X \sim B(3, p)$,其中 $p = \dfrac{k}{4}(k = 1, 2, 3).$

当 $k = 1$ 时,$p = \dfrac{1}{4}$,$P(X = 2) = C_3^2 \left(\dfrac{1}{4}\right)^2 \left(\dfrac{3}{4}\right) = \dfrac{9}{64}$;

当 $k = 2$ 时,$p = \dfrac{2}{4}$,$P(X = 2) = C_3^2 \left(\dfrac{2}{4}\right)^2 \left(\dfrac{2}{4}\right) = \dfrac{24}{64}$;

当 $k = 3$ 时,$p = \dfrac{3}{4}$,$P(X = 2) = C_3^2 \left(\dfrac{3}{4}\right)^2 \left(\dfrac{1}{4}\right) = \dfrac{27}{64}.$

可见,当 $p = \dfrac{3}{4}$ 时,$P(X = 2)$ 为最大值.因此取 $\dfrac{3}{4}$ 为 p 的估计值较合理,从而盒中白球数为 3 个比较合理.

总之,最大似然估计法就是在一次抽样中,若得到一组样本值 x_1, x_2, $\cdots$, x_n,则应该选择这样的 $\hat{\theta} = \hat{\theta}(x_1, x_2, \cdots, x_n)$ 作为参数 θ 的估计值,它使得这组观测值 x_1, x_2, $\cdots$, x_n 出现的概率最大.

例 7.8 一批产品中含有次品,从中随机抽取 100 件,发现 3 件次品,试估计这批产品的次品率.

解　从直观上说,次品率 p 的估计即为频率 $\frac{3}{100}$,从矩估计法也可得出这一结论. 现在我们换一种角度来考察这一问题.

这个问题的总体 X 是两点分布:

X	1	0
p_k	p	q

其中,$q = 1 - p$, $0 < p < 1$.

从这一总体 X 取得容量为 n 的样本 X_1, X_2, $\cdots$, X_n,其中 $X_i (i=1, 2, \cdots, n)$ 的分布律为

$$P(X_i = x_i) = p^{x_i}(1-p)^{1-x_i}.$$

其中,$x_i = \begin{cases} 1, & \text{第 } i \text{ 次取到次品,} \\ 0, & \text{第 } i \text{ 次取到正品.} \end{cases}$

从而得到样本联合分布律为

$$\begin{aligned}
P &= P(X_1 = x_1, X_2 = x_2, \cdots, X_n = x_n) \\
&= P(X_1 = x_1)P(X_2 = x_2)\cdots P(X_n = x_n) \\
&= p^{\sum\limits_{i=1}^{n} x_i}(1-p)^{n-\sum\limits_{i=1}^{n} x_i}.
\end{aligned}$$

现在 $n = 100$, $\sum\limits_{i=1}^{n} x_i = 3$,则

$$P = p^3(1-p)^{97}.$$

样本分布律 P 是未知参数 p 的函数,记为 $L(p)$,即

$$P = L(p) = p^3(1-p)^{97}.$$

现在 p 未知,要对 p 作估计. 按极大似然估计法的要求,p 的估计值 $\hat{p}$,应该使 $P = L(p)$ 有最大概率. 因此,问题归结为求函数 $L(p)$ 的最大值点. 为了计算方便,上述等式两边同时取自然对数,因为 $L(p)$ 的最大值点与 $\ln L(p)$ 的最大值点相同. 所以,问题又归结为求 $\ln L(p)$ 的最大值点的问题. 由极值的必要条件,应有

$$\frac{\mathrm{d}\ln L(p)}{\mathrm{d}p} = 0.$$

本例中,$\ln L(p) = 3\ln p + 97\ln(1-p)$,

$$\frac{\mathrm{dln}\,L(p)}{\mathrm{d}p} = \frac{3}{p} - \frac{97}{1-p} = 0,$$

解得 $$\hat{p} = \frac{3}{100}.$$

从高等数学的角度,$\hat{p}$ 是函数 $\ln L(p)$ 的唯一驻点,且可以验证它是极大值点,从而为函数 $\ln L(p)$ 的最大值点. $\hat{p}$ 是 p 的极大似然估计值.

一般地,若取容量为 n 的样本中有 k 件次品,则有 $\sum\limits_{i=1}^{n} x_i = k$,得

$$L(p) = p^k (1-p)^{n-k},$$

$$\ln L(p) = k\ln p + (n-k)\ln(1-p),$$

$$\frac{\mathrm{dln}\,L(p)}{\mathrm{d}p} = \frac{k}{p} - \frac{n-k}{1-p} = 0,$$

解得 p 的极大似然估计 $\hat{p} = \dfrac{k}{n}$,即为次品率.

从上例可见,样本联合分布律 $P = L(p)$ 起了关键的作用,样本联合分布律为

$$\prod_{i=1}^{n} P(X_i = x_i) = p^{\sum\limits_{i=1}^{n} x_i} (1-p)^{n-\sum\limits_{i=1}^{n} x_i}.$$

它具有下列特性:

(1) 当 p 已知时,它是样本值 $x_1, x_2, \cdots, x_n$ 的概率;

(2) 当样本值 $x_1, x_2, \cdots, x_n$ 已知,但 p 未知时,它是 p 的函数.

参数估计问题中,属于(2)这一情况. 在这时,这一样本分布律称为**似然函数**. 本例中,求 p 的极大似然估计 $\hat{p}$ 归结为求似然函数 $L(p)$(或 $\ln L(p)$)的最大值点的问题.

定义 7.1 (1) 设离散型随机变量总体 X 分布的类型已知,但含有未知参数 θ,设总体的分布律为

$$P(X = x) = p(x;\, \theta),$$

设 $x_1, x_2, \cdots, x_n$ 是样本 $X_1, X_2, \cdots, X_n$ 的样本值,则样本的联合分布律

$$p(x_1;\, \theta)\, p(x_2;\, \theta)\cdots p(x_n;\, \theta) = \prod_{i=1}^{n} p(x_i,\, \theta)$$

称为**似然函数**,记为 $L(\theta) = L(x_1, x_2, \cdots, x_n, \theta)$,即

$$L(\theta) = \prod_{i=1}^{n} p(x_i, \theta).$$

（2）设连续型随机变量总体 X 分布的类型已知，但含有未知参数 θ，设总体的概率密度为 $f(x; \theta)$，设 $x_1, x_2, \cdots, x_n$ 是样本 $X_1, X_2, \cdots, X_n$ 的样本值，则样本概率密度

$$f(x_1; \theta)f(x_2; \theta)\cdots f(x_n; \theta) = \prod_{i=1}^{n} f(x_i; \theta)$$

称为**似然函数**，记为 $L(\theta) = L(x_1, x_2, \cdots, x_n; \theta)$，即

$$L(\theta) = \prod_{i=1}^{n} f(x_i; \theta).$$

总之，似然函数即为样本分布，但要强调的是样本值 $x_1, x_2, \cdots, x_n$ 是已知的，而 θ 是未知的.

定义 7.2 若参数 θ 的估计值 $\hat{\theta} = \hat{\theta}(x_1, x_2, \cdots, x_n)$ 使得

$$L(\hat{\theta}) = L(x_1, x_2, \cdots, x_n; \hat{\theta}) = \max_{\theta} L(x_1, x_2, \cdots, x_n; \theta) = \max_{\theta} L(\theta).$$

其中最大值是在 θ 变化范围中取，则称 $\hat{\theta} = \hat{\theta}(x_1, x_2, \cdots, x_n)$ 为 θ 的**极大似然估计值**，而相应的统计量 $\hat{\theta}(X_1, X_2, \cdots, X_n)$ 为 θ 的**极大似然估计量**.

$\ln L(\theta)$ 称为**对数似然函数**，一般求对数似然函数 $\ln L(\theta)$ 的最大值点较易，因此常用对数似然函数寻求极大似然估计. 先求对数似然函数 $\ln L(\theta)$ 的驻点，令 $\dfrac{\mathrm{d}\ln L(\theta)}{\mathrm{d}\theta} = 0$ 这一方程的解为 $\hat{\theta} = \hat{\theta}(x_1, x_2, \cdots, x_n)$. 一般来说，对统计问题而言，$\hat{\theta}$ 是唯一的，且为极大值点. 从而 $\hat{\theta} = \hat{\theta}(x_1, x_2, \cdots, x_n)$ 即为极大似然估计值.

若总体 X 的分布中含有 r 个未知参数 $\theta_1, \theta_2, \cdots, \theta_r$，如上定义似然函数

$$L(\theta_1, \theta_2, \cdots, \theta_r) = L(x_1, x_2, \cdots, x_n; \theta_1, \theta_2, \cdots, \theta_r)$$

与对数似然函数 $\ln L(\theta_1, \theta_2, \cdots, \theta_n)$ 对 $\theta_1, \theta_2, \cdots, \theta_r$ 求偏导数，得

$$\begin{cases} \dfrac{\partial \ln L(\theta_1, \theta_2, \cdots, \theta_r)}{\partial \theta_1} = 0, \\[2mm] \dfrac{\partial \ln L(\theta_1, \theta_2, \cdots, \theta_r)}{\partial \theta_2} = 0, \\[2mm] \qquad\qquad\vdots \\[2mm] \dfrac{\partial \ln L(\theta_1, \theta_2, \cdots, \theta_r)}{\partial \theta_r} = 0. \end{cases}$$

这个方程组的解$\hat{\theta}_k=\hat{\theta}_k(x_1, x_2, \cdots, x_n)$分别为$\theta_k(k=1, 2, \cdots, r)$的极大似然估计值.

例7.9 设总体X的分布律为$P(X=x_i)=C_m^{x_i}p^{x_i}(1-p)^{m-x_i}(i=1, 2, \cdots, m; 0<p<1)$. $X_1, X_2, \cdots, X_n$是来自总体X的一个样本,求p的极大似然估计值.

解 设$x_1, x_2, \cdots, x_n$是对应$X_1, X_2, \cdots, X_n$的样本值. 似然函数为

$$L(p)=\prod_{i=1}^{n}P(X=x_i)=\prod_{i=1}^{n}C_m^{x_i}p^{x_i}(1-p)^{m-x_i}=(\prod_{I=1}^{n}C_m^{x_i})p^{\sum_{i=1}^{n}x_i}(1-p)^{mn-\sum_{i=1}^{n}x_i},$$

$$\ln L(p)=\ln(\prod_{i=1}^{n}C_m^{x_i})+(\sum_{i=1}^{n}x_i)\ln p+(mn-\sum_{i=1}^{n}x_i)\ln(1-p).$$

令 $\dfrac{\mathrm{d}\ln L(p)}{\mathrm{d}p}=0$, 则

$$\frac{\sum_{i=1}^{n}x_i}{p}=\frac{mn-\sum_{i=1}^{n}x_i}{1-p}, \quad \frac{1-p}{p}=\frac{mn-\sum_{i=1}^{n}x_i}{\sum_{i=1}^{n}x_i},$$

解得$\hat{p}=\dfrac{\bar{x}}{m}$.

所以二项分布中参数p的极大似然估计量为$\hat{p}=\dfrac{\bar{X}}{m}$.

例7.10 设总体$X\sim\pi(\lambda)$,λ未知,有样本$X_1, X_2, \cdots, X_n$,相应的样本值为$x_1, x_2, \cdots, x_n$,求λ的极大似然估计值.

解 总体$X\sim\pi(\lambda)$,其似然函数是$X_1, X_2, \cdots, X_n$的联合分布律为
$L(\lambda)=P(X_1=x_2, X_2=x_2, \cdots, X_n=x_n)$
$=P(X_1=x_1)\cdot P(X_2=x_2)\cdot\cdots\cdot P(X_n=x_n)$ （由独立性）.

泊松分布的分布律为

$$P(X=x)=\frac{\lambda^x}{x!}e^{-\lambda},$$

于是 $$L(\lambda)=L(x_1, x_2, \cdots, x_n, \lambda)=\frac{\lambda^{x_1}}{x_1!}e^{-\lambda}\cdot\frac{\lambda^{x_2}}{x_2!}e^{-\lambda}\cdot\cdots\cdot\frac{\lambda^{x_n}}{x_n!}e^{-\lambda}$$

$$=\frac{e^{-n\lambda}\lambda^{\sum_{i=1}^{n}x_i}}{x_1!x_2!\cdots x_n!}.$$

取对数得

$$\ln L(\lambda) = -n\lambda + \sum_{i=1}^{n} x_i \cdot \ln \lambda - \ln(x_1! x_2! \cdots x_n!),$$

对 λ 求导数 $\quad \dfrac{\mathrm{d}\ln L(\lambda)}{\mathrm{d}\lambda} = -n + \dfrac{\sum\limits_{i=1}^{n} x_i}{\lambda} \xlongequal{\text{令}} 0$，得 λ 的极大似然估计值为

$$\hat{\lambda} = \frac{1}{n} \sum_{i=1}^{n} x_i = \bar{x}.$$

例 7.11 设总体 X 的概率分布为

X	0	1	2	3
p_k	θ^2	$2\theta(1-\theta)$	θ^2	$1-2\theta$

其中 $\theta\left(0 < \theta < \dfrac{1}{2}\right)$ 是未知参数，利用总体 X 的样本值：3，1，3，0，3，1，2，3，求 θ 的矩估计值和最大似然估计值.

解 $EX = 0 \times \theta^2 + 1 \times 2\theta(1-\theta) + 2 \times \theta^2 + 3 \times (1-2\theta) = 3 - 4\theta$，

$$\bar{x} = \frac{1}{8} \times (3+1+3+0+3+1+2+3) = 2.$$

令 $EX = \bar{x}$，即 $3 - 4\theta = 2$，解得 θ 的矩估计值为 $\hat{\theta} = \dfrac{1}{4}$.

对于给定的样本值 3，1，3，0，3，1，2，3，似然函数为

$$L(\theta) = 4\theta^6 (1-\theta)^2 (1-2\theta)^4,$$
$$\ln L(\theta) = \ln 4 + 6\ln\theta + 2\ln(1-\theta) + 4\ln(1-2\theta),$$

$$\frac{\mathrm{d}\ln L(\theta)}{\mathrm{d}\theta} = \frac{6}{\theta} - \frac{2}{1-\theta} - \frac{8}{1-2\theta} = \frac{6 - 28\theta + 24\theta^2}{\theta(1-\theta)(1-2\theta)}.$$

令 $\dfrac{\mathrm{d}\ln L(\theta)}{\mathrm{d}\theta} = 0$，解得 $\theta_{1,2} = \dfrac{7 \pm \sqrt{13}}{12}$，因为 $\dfrac{7 + \sqrt{13}}{12} > \dfrac{1}{2}$ 不合题意，所以 θ 的最大似然估计值为 $\hat{\theta} = \dfrac{7 - \sqrt{13}}{12}$.

例 7.12 设总体 $X \sim E(\lambda)$，其概率密度为

$$f(x; \lambda) = \begin{cases} \lambda e^{-\lambda x}, & x \geqslant 0, \\ 0, & x < 0. \end{cases}$$

有样本 $X_1, X_2, \cdots, X_n$，相应的样本值为 $x_1, x_2, \cdots, x_n$，求 λ 的极大似然估计值.

解 似然函数

$$L(\lambda) = \lambda e^{-\lambda x_1} \cdot \lambda e^{-\lambda x_2} \cdot \cdots \cdot \lambda e^{-\lambda x_n}$$

$$= \lambda^n e^{-\lambda \sum_{i=1}^n x_i} \quad (x_i \geqslant 0),$$

取对数似然函数

$$\ln L(\lambda) = n\ln \lambda - \lambda \sum_{i=1}^n x_i \quad (x_i \geqslant 0),$$

对 λ 求导数

$$\frac{\mathrm{d}\ln L(\lambda)}{\mathrm{d}\lambda} = \frac{n}{\lambda} - \sum_{i=1}^n x_i \xrightarrow{\text{令}} 0,$$

得 λ 的极大似然估计值为

$$\hat{\lambda} = \frac{n}{\sum_{i=1}^n x_i} = \frac{1}{\frac{1}{n}\sum_{i=1}^n x_i} = \frac{1}{\overline{x}}.$$

例 7.13 设总体 $X \sim U[a, b]$,参数 a, b 未知,有样本 $X_1, X_2, \cdots, X_n$,相应的样本值为 $x_1, x_2, \cdots, x_n$,求 a 和 b 的极大似然估计值.

解 X 的概率密度为

$$f(x; a, b) = \begin{cases} \dfrac{1}{b-a}, & a \leqslant x \leqslant b, \\ 0, & \text{其他.} \end{cases}$$

构造似然函数 $L(a, b) = \dfrac{1}{(b-a)^n}, a < x_i < b \quad (i = 1, 2, \cdots, n).$

取对数似然函数 $\ln L(a, b) = -n\ln(b-a), a \leqslant x_i \leqslant b \quad (i = 1, 2, \cdots, n).$

求偏导数 $\begin{cases} \dfrac{\partial \ln L}{\partial a} = \dfrac{n}{b-a} > 0, & \text{表明 } \ln L \text{ 关于 } a \text{ 严格单调递增,} \\ \dfrac{\partial \ln L}{\partial b} = \dfrac{-n}{b-a} < 0, & \text{表明 } \ln L \text{ 关于 } b \text{ 严格单调递减.} \end{cases}$

可见求导得不到其最大值,需要从似然函数本身入手.

要使似然函数 $L(a, b) = \dfrac{1}{(b-a)^n}, a \leqslant x_i \leqslant b (i = 1, 2, \cdots, n)$ 取得最大值,必须 $b-a$ 取得最小值.

令 $x_{(1)} = \min\{x_1, x_2, \cdots, x_n\}$, $x_{(n)} = \max\{x_1, x_2, \cdots, x_n\}$,而 $a \leqslant x_1, x_2, \cdots, x_n \leqslant b.$

于是对满足条件 $a \leqslant x_{(1)} \leqslant x_{(n)} \leqslant b$ 的任意 a, b 有

$$L(a, b) = \frac{1}{(b-a)^n} \leqslant \frac{1}{(x_{(n)} - x_{(1)})^n}.$$

所以当 $a = x_{(1)}$, $b = x_{(n)}$ 时, $L(a, b)$ 达到极大值, 即 a, b 的最大似然估计值分别为

$$\hat{a} = x_{(1)} = \min\{x_1, x_2, \cdots, x_n\}, \quad \hat{b} = x_{(n)} = \max\{x_1, x_2, \cdots, x_n\}.$$

例 7.14 设总体 X 的概率密度为

$$f(x; \theta) = \begin{cases} (\theta+1)x^\theta, & 0 \leqslant x \leqslant 1, \\ 0, & \text{其他.} \end{cases}$$

有样本 X_1, X_2, $\cdots$, X_n, 相应的样本值为 x_1, x_2, $\cdots$, x_n, 求 θ 的极大似然估计值.

解 取似然函数 $L(\theta) = \prod_{i=1}^{n} (\theta+1)x_i^\theta = (\theta+1)^n \cdot \left(\prod_{i=1}^{n} x_i\right)^\theta$,

取对数似然函数

$$\ln L(\theta) = n\ln(\theta+1) + \theta\ln\left(\prod_{i=1}^{n} x_i\right) \quad (0 \leqslant x_i \leqslant 1),$$

对 θ 求导得

$$\frac{\mathrm{d}\ln L(\theta)}{\mathrm{d}\theta} = \frac{n}{\theta+1} + \ln\left(\prod_{i=1}^{n} x_i\right) \stackrel{\text{令}}{=\!=\!=} 0,$$

得 θ 的极大似然估计为

$$\hat{\theta} = \frac{-n}{\ln\left(\prod\limits_{i=1}^{n} x_i\right)} - 1 = \frac{-n}{\sum\limits_{i=1}^{n} \ln x_i} - 1.$$

例 7.15 设总体 $X \sim N(\mu, \sigma^2)$, μ 和 σ^2 都未知, 有样本 X_1, X_2, $\cdots$, X_n, 相应的样本值为 x_1, x_2, $\cdots$, x_n, 求 μ 和 σ^2 的极大似然估计值.

解 这是两个未知参数的情形, 总体 X 的概率密度为

$$f(x; \mu, \sigma^2) = \frac{1}{\sqrt{2\pi}\sigma} \mathrm{e}^{\frac{(x-\mu)^2}{2\sigma^2}} \quad (-\infty < x < +\infty),$$

似然函数为

$$L(\mu, \sigma^2) = \prod_{i=1}^{n} \frac{1}{\sqrt{2\pi}\sigma} \mathrm{e}^{-\frac{(x_i-\mu)^2}{2\sigma^2}} = (2\pi)^{-\frac{n}{2}} \cdot (\sigma^2)^{-\frac{n}{2}} \cdot \mathrm{e}^{\frac{-\sum\limits_{i=1}^{n}(x_i-\mu)^2}{2\sigma^2}},$$

$$\ln L(\mu, \sigma^2) = -\frac{n}{2}\ln(2\pi) - \frac{n}{2}\ln\sigma^2 - \frac{1}{2\sigma^2}\sum_{i=1}^{n}(x_i - \mu)^2,$$

$$\frac{\partial \ln L(\mu, \sigma^2)}{\partial \mu} = \frac{-1}{2\sigma^2} \cdot 2\sum_{i=1}^{n}(x_i - \mu) \cdot (-1) = \frac{1}{\sigma^2}\left(\sum_{i=1}^{n}x_i - n\mu\right) \xlongequal{\diamondsuit} 0,$$

得 $\hat{\mu} = \overline{x}$,

$$\frac{\partial \ln L}{\partial \sigma^2} = -\frac{n}{2}\frac{1}{\sigma^2} - \frac{1}{2}\sum_{i=1}^{n}(x_i - \mu)^2\left[-\frac{1}{(\sigma^2)^2}\right]$$

$$= \frac{-1}{2\sigma^2}\left[n - \frac{1}{\sigma^2}\sum_{i=1}^{n}(x_i - \mu)^2\right] \xlongequal{\diamondsuit} 0,$$

得

$$\hat{\sigma}^2 = \frac{1}{n}\sum_{i=1}^{n}(x_i - \hat{\mu})^2.$$

于是,μ 和 σ^2 的极大似然估计分别为

$$\hat{\mu} = \frac{1}{n}\sum_{i=1}^{n}x_i = \overline{x},$$

$$\hat{\sigma}^2 = \frac{1}{n}\sum_{i=1}^{n}(x_i - \hat{\mu})^2 = \frac{1}{n}\sum_{i=1}^{n}(x_i - \overline{x})^2.$$

上面我们介绍了参数估计的两种方法:矩估计法和极大似然估计法,统称为参数的点估计法. 矩估计法是一种较经典的参数点估计方法,简便易行.

极大似然估计法是一种较好的参数点估计法. 因为这一方法首先要求出似然函数(即样本分布),所以必须知道总体分布的类型. 理论研究表明,极大似然估计有较多的优良性质.

7.3 估计量的评选标准

总体的同一参数 θ 存在不同的估计量时,选用哪一个为好呢? 这就涉及估计量的好坏标准问题. 参数 θ 的估计量 $\hat{\theta}(X_1, X_2, \cdots, X_n)$ 也是随机变量. 随着样本值的不同,所得到的 θ 的估计值不同. 当选用 $\hat{\theta}(X_1, X_2, \cdots, X_n)$ 作为 θ 的估计时,总的想法是希望 $\hat{\theta}(X_1, X_2, \cdots, X_n)$ 的取值与 θ 接近得好一些. 所谓"接近得好"不能仅根据一次取值来衡量,而是希望用 $\hat{\theta}(X_1, X_2, \cdots, X_n)$ 对 θ 独立进行多次估计

时，$\hat{\theta}(X_1, X_2, \cdots, X_n)$ 的多个取值以参数 θ 为中心摆动；同时，摆动的幅度越小越好；另外，当样本容量 n 增大时，$\hat{\theta}(X_1, X_2, \cdots, X_n)$ 任意靠近 θ 的可能性也增大．满足了这三点，便可以认为 $\hat{\theta}(X_1, X_2, \cdots, X_n)$ 与 θ "接近得好"．下面介绍三种常用的评选估计量的标准，以便对各种估计量的优劣作出选择.

7.3.1　无偏性

为了方便起见，我们把未知参数 θ 的估计量 $\hat{\theta}(X_1, X_2, \cdots, X_n)$ 简记为 $\hat{\theta}$，它是随机变量.

定义 7.3　设 $\hat{\theta}$ 是未知参数的估计量，若 $E(\hat{\theta}) = \theta$，则称 $\hat{\theta}$ 是 θ 的**无偏估计量**.

这就是说，如果随机变量 $\hat{\theta}$ 的数学期望是 θ，那么 $\hat{\theta}$ 是 θ 的无偏估计量．如果 $\hat{\theta}$ 满足无偏性，那么虽然 $\hat{\theta}$ 的取值由于随机性而偏离参数 θ 的真值，但 $\hat{\theta}$ 取值的平均数即数学期望却等于未知参数 θ 的真值．无偏性的意义是用 $\hat{\theta}$ 估计 θ 时，没有系统偏差.

例 7.16　设总体 X 的数学期望 μ 与方差 σ^2 存在，$X_1, X_2, \cdots, X_n$ 是 X 的样本，求证：

(1) $\hat{\mu}_1 = \overline{X} = \dfrac{1}{n} \sum\limits_{i=1}^{n} X_i$ 是 μ 的无偏估计量；

(2) $\hat{\mu}_2 = \sum\limits_{i=1}^{n} p_i X_i$（其中 $\sum\limits_{i=1}^{n} p_i = 1$）也是 μ 的无偏估计量；

(3) $\hat{\sigma}_1^2 = S^2 = \dfrac{1}{n-1} \sum\limits_{i=1}^{n} (X_i - \overline{X})^2$ 是 σ^2 是无偏估计量；

(4) $\hat{\sigma}_2^2 = D^2 = \dfrac{1}{n} \sum\limits_{i=1}^{n} (X_i - \overline{X})^2$ 不是 σ^2 的无偏估计量.

证明　(1) 由 $\hat{\mu}_1 = \overline{X} = \dfrac{1}{n} \sum\limits_{i=1}^{n} X_i$，

$$E(\hat{\mu}_1) = E\overline{X} = EX = \mu,$$

则 $\hat{\mu}_1$ 是 μ 的无偏估计量.

(2) $E(\hat{\mu}_2) = E\left(\sum\limits_{i=1}^{n} p_i X_i\right) = \sum\limits_{i=1}^{n} E(p_i X_i) = \sum\limits_{i=1}^{n} p_i (EX_i)$

$$= \sum\limits_{i=1}^{n} p_i EX = EX \sum\limits_{i=1}^{n} p_i = EX = \mu,$$

则 $\hat{\mu}_2 = \sum\limits_{i=1}^{n} p_i X_k$ 是 μ 的无偏估计量.

(3) $\sum_{i=1}^{n} (X_i - \overline{X})^2 = \sum_{i=1}^{n} X_i^2 - n\overline{X}^2$，于是

$$E(\hat{\sigma}_1^2) = E(S^2) = E\left[\frac{1}{n-1} \sum_{i=1}^{n} (X_i - \overline{X})^2\right]$$

$$= \frac{1}{n-1} E\left(\sum_{i=1}^{n} X_i^2 - n\overline{X}^2\right) = \frac{1}{n-1}\left[\sum_{i=1}^{n} E(X_i^2) - nE(\overline{X}^2)\right]$$

$$= \frac{1}{n-1}\left\{\sum_{i=1}^{n} [DX_i + (EX)^2] - n[D\overline{X} + (E\overline{X})^2]\right\}$$

$$= \frac{1}{n-1}\left[n\sigma^2 + n\mu^2 - n\left(\frac{\sigma^2}{n} + \mu^2\right)\right] = \sigma^2,$$

则 $\hat{\sigma}_1^2 = S^2$ 是 σ^2 的无偏估计量.

(4) $\hat{\sigma}_2^2 = \frac{1}{n} \sum_{i=1}^{n} (X_i - \overline{X})^2 = \frac{n-1}{n} \cdot \frac{1}{n-1} \sum_{i=1}^{n} (X_i - \overline{X})^2 = \frac{n-1}{n} S^2,$

$$E(\hat{\sigma}_2^2) = E\left(\frac{n-1}{n} S^2\right) = \frac{n-1}{n} E(S^2) = \frac{n-1}{n} \sigma^2 \neq \sigma^2.$$

因此，$\hat{\sigma}_2^2$ 不是 σ^2 的无偏估计量，这就是说，用 $\hat{\sigma}_2^2 = D^2$ 估计总体 X 的方差 σ^2 时，有系统偏差. 这就是为什么常用样本方差 S^2 估计总体方差 σ^2，而较少用 D^2 估计 σ^2 的原因. 不过当 n 很大时，S^2 与 D^2 相差不大，应用上也就不加区别了.

例 7.17 设 $X_1, X_2, \cdots, X_n$ 是总体 $X \sim \pi(\lambda)$ 的样本，证明统计量 $a\overline{X} + (1-a)S^2$ (a 为任意常数) 是参数 λ 的无偏估计.

解 因为 $E(\overline{X}) = EX = \lambda$；$E(S^2) = DX = \lambda$；

$$E[a\overline{X} + (1-a)S^2] = aE(\overline{X}) + (1-a)E(S^2) = a\lambda + (1-a)\lambda = \lambda,$$

所以 $a\overline{X} + (1-a)S^2$ 是参数 λ 的无偏估计. 可见一个未知参数可以有不同的无偏估计量. 本质上，无偏估计就是求统计量的数学期望.

7.3.2 有效性

用 $\hat{\theta}$ 估计 θ 仅具有无偏性是不够的，还希望 $\hat{\theta}$ 的取值密集于 θ 附近，而且密集的程度越高越好. 我们知道，随机变量取值的集中度由方差描述，因此提出所谓"有效性"标准.

定义 7.4 设 $\hat{\theta}_1$ 和 $\hat{\theta}_2$ 都是参数 θ 的无偏估计量，若 $D(\hat{\theta}_1) < D(\hat{\theta}_2)$，则称 $\hat{\theta}_1$ 较 $\hat{\theta}_2$ 有效.

有效性的意义是用 $\hat{\theta}$ 估计 θ 时，除无系统偏差外，还有估计精度高的意义. 比较有效性必须是在未知参数具有无偏性的前提下.

例 7.18 设总体 X 的数学期望 μ,方差 σ^2 存在,X_1,X_2,$\cdots$,X_n 是 X 的样本,证明估计 μ 时,$\hat{\mu}_1 = \overline{X}$ 较 $\hat{\mu}_2 = \sum\limits_{i=1}^{n} p_i X_i$(其中 $\sum\limits_{i=1}^{n} p_i = 1$)有效.

证明 在例 7.16 中,已证明二者都是 μ 的无偏估计量,现在再证明 $D(\hat{\mu}_1) < D(\hat{\mu}_2)$.

因为

$$D(\hat{\mu}_1) = D\overline{X} = \frac{1}{n}DX = \frac{\sigma^2}{n} = \frac{\left(\sum\limits_{i=1}^{n} p_i\right)^2}{n}\sigma^2,$$

$$D(\hat{\mu}_2) = D\left(\sum_{i=1}^{n} p_i X_i\right) = \sum_{i=1}^{n} D(p_i X_i)$$

$$= \sum_{i=1}^{n} p_i^2 DX_i = \left(\sum_{i=1}^{n} p_i^2\right)DX = \left(\sum_{i=1}^{n} p_i^2\right)\sigma^2.$$

用数学归纳法可以证明,当 p_i 相异时有

$$\left(\frac{\sum\limits_{i=1}^{n} p_i}{n}\right)^2 < \sum_{i=1}^{n} p_i^2.$$

因为 $D(\hat{\mu}_1) < D(\hat{\mu}_2)$,$\hat{\mu}_1$ 比 $\hat{\mu}_2$ 更有效. 本质上,有效性就是比较无偏估计量方差的大小.

7.3.3 一致性

无偏性与有效性是在样本容量 n 一定的情况下对估计量提出的要求. 一个好的估计量 $\hat{\theta}$,当样本容量 n 增大时,$\hat{\theta}$ 的取值与参数 θ 的真值任意接近的可能性应该更大. 因此,还有所谓"一致性"标准.

定义 7.5 设 $\hat{\theta} = \hat{\theta}(X_1, X_2, \cdots, X_n)$ 是未知参数 θ 的估计量,若对任意的 $\varepsilon > 0$,有

$$\lim_{n\to\infty} P(|\hat{\theta} - \theta| < \varepsilon) = 1,$$

则称 $\hat{\theta} = \hat{\theta}(X_1, X_2, \cdots, X_n)$ 是 θ 的一致估计.

例 7.19 由大数定理

$$\lim_{n\to\infty} P\left(\left|\frac{1}{n}\sum_{i=1}^{n} X_i - EX\right| < \varepsilon\right) = 1$$

可知,样本均值 $\overline{X} = \frac{1}{n}\sum\limits_{i=1}^{n} X_i$ 是总体均值 EX 的一致估计.

对于估计量的评选,提出了上面三条标准,对于一个具体的统计量不一定三条都满足. 例如,无偏性在直观上比较合理,但并非每个参数都能够找到它的无偏估计量. 有效性在直观上理论上都是合理的,因此使用较多. 用一致性衡量估计量好坏,由于要求样本容量很大,实际上不容易办到. 可以证明,在一定条件下由极大似然估计法得到的估计量也具有一致性.

7.4 置 信 区 间

7.4.1 置信区间的概念

为了估计总体 X 的未知参数 θ(如均值 μ 和方差 σ^2),我们已讨论了未知参数的点估计法. 由于总体未知参数 θ 的估计量 $\hat{\theta}(X_1, X_2, \cdots, X_n)$ 是随机变量,无论这个估计量的性质多好,通过一个样本 $X_1, X_2, \cdots, X_n$ 的一组观测值所得到的估计值只能是未知参数 θ 的近似值,并且样本值不同所得到的估计值也不同. 同时也不能反映这个近似值的误差范围,所以使用起来把握不大. 能不能通过样本寻找一个区间以一定的把握包含总体未知参数 θ 呢? 这就是总体未知参数的区间估计问题.

定义 7.6 若由 X 的样本 $X_1, X_2, \cdots, X_n$ 确定两个统计量 $\theta_1 = \theta_1(X_1, X_2, \cdots, X_n)$, $\theta_2 = \theta_2(X_1, X_2, \cdots, X_n)$, $\theta_1 < \theta_2$,则称 (θ_1, θ_2) 为**随机区间**.

随机区间 (θ_1, θ_2) 与普通常数区间 (a, b) 不同,随机区间的下限 θ_1 与上限 θ_2 都是样本 $X_1, X_2, \cdots, X_n$ 的函数. 它的长度以及在实轴上的位置与样本 $X_1, X_2, \cdots, X_n$ 有关. 一旦获得样本 $x_1, x_2, \cdots, x_n$, $\theta_1(x_1, x_2, \cdots, x_n)$ 与 $\theta_2(x_1, x_2, \cdots, x_n)$ 都是常数,这时 (θ_1, θ_2) 便是普通的常数区间.

定义 7.7 设 θ 是总体 X 的未知参数,若存在随机区间 (θ_1, θ_2),使对于给定的 α $(0 < \alpha < 1)$ 满足

$$P(\theta_1 < \theta < \theta_2) = 1 - \alpha,$$

则称随机区间 (θ_1, θ_2) 是 θ 的置信水平为 $1 - \alpha$ 的**置信区间**,θ_1 称为**置信下限**,θ_2 称为**置信上限**,概率 $1 - \alpha$ 称为**置信水平**或**置信度**,α 称为**显著水平**.

置信水平的大小是根据实际需要选定的,通常 $\alpha = 0.10, 0.05, 0.025$, $1 - \alpha = 0.90, 0.95, 0.975$. 置信区间的意义是它以 $1 - \alpha$ 的概率包含未知参数 θ. 由于服从正态分布的总体广泛存在,因此在本章重点讨论一个正态总体的数学期望 μ 与方差 σ^2 的区间估计.

7.4.2 数学期望的置信区间

设 X_1，X_2，$\cdots$，X_n 为总体 $X \sim N(\mu, \sigma^2)$ 的样本，$\overline{X}$ 为样本均值，S^2 为样本方差. 我们的任务是通过样本 X_1，X_2，$\cdots$，X_n 寻找一个区间，它以 $1-\alpha$ 的概率包含总体 X 的数学期望 μ，为此需要选定一个与 μ 相联系的随机变量统计量.

1. 已知方差时，均值的置信区间

设一个正态总体 $X \sim N(\mu, \sigma^2)$，则有 $\overline{X} \sim N\left(\mu, \dfrac{\sigma^2}{n}\right)$，$E(\overline{X}) = \mu$，$D(\overline{X}) = \dfrac{\sigma^2}{n}$.

取统计量

$$Z = \frac{\overline{X} - \mu}{\sqrt{\dfrac{\sigma^2}{n}}} \sim N(0, 1),$$

对于给定的 α（$0 < \alpha < 1$），令

$$P\left\{\left|\frac{\overline{X} - \mu}{\sqrt{\dfrac{\sigma^2}{n}}}\right| < z_{\frac{\alpha}{2}}\right\} = 1 - \alpha, \tag{1}$$

查标准正态分布表可得 $z_{\frac{\alpha}{2}}$ 的值.

例如，当 $\alpha = 0.05$ 时，$\dfrac{\alpha}{2} = 0.025$，查表得 $z_{\frac{\alpha}{2}} = z_{0.025} = 1.96$.

式（1）等价于

$$P\left(\overline{X} - z_{\frac{\alpha}{2}}\sqrt{\frac{\sigma^2}{n}} < \mu < \overline{X} + z_{\frac{\alpha}{2}}\sqrt{\frac{\sigma^2}{n}}\right) = 1 - \alpha.$$

这就是说，随机区间为 $\left(\overline{X} - z_{\frac{\alpha}{2}}\sqrt{\dfrac{\sigma^2}{n}}, \ \overline{X} + z_{\frac{\alpha}{2}}\sqrt{\dfrac{\sigma^2}{n}}\right)$. $\tag{2}$

式（2）以 $1-\alpha$ 的概率包含了未知数学期望 μ.

按定义 7.7 可知，式（2）是 μ 的置信区间，置信度为 $1-\alpha$，置信下限 $\theta_1 = \overline{X} - z_{\frac{\alpha}{2}}\sqrt{\dfrac{\sigma^2}{n}}$，置信上限为 $\theta_2 = \overline{X} + z_{\frac{\alpha}{2}}\sqrt{\dfrac{\sigma^2}{n}}$. 它们都不含未知参数.

当给出样本值 x_1，x_2，$\cdots$，x_n 后，便得到常数区间：

$$\left(\overline{x} - z_{\frac{\alpha}{2}}\sqrt{\frac{\sigma^2}{n}}, \ \overline{x} + z_{\frac{\alpha}{2}}\sqrt{\frac{\sigma^2}{n}}\right),$$

也称为**已知 σ^2 时 μ 的置信区间**.

图 7-1 给出 μ 的置信区间的图形.

例 7.20 已知幼儿身高 $X \sim N(\mu, \sigma^2)$，现从 5～6 岁的幼儿中随机地抽查 9 人，其高度(单位:cm)分别为

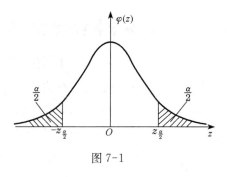

图 7-1

$$115 \quad 120 \quad 131 \quad 115 \quad 109$$
$$115 \quad 115 \quad 105 \quad 110$$

已知 $\sigma = 7$，$\alpha = 0.05$，求总体 X 的均值 μ 的置信区间.

解 已知 $\sigma = 7$，$n = 9$，$\alpha = 0.05$. 由样本值算得

$$\bar{x} = \frac{1}{9}(115 + 120 + 131 + 115 + 109 + 115 + 115 + 105 + 110) = 115.$$

查标准正态分布表 $z_{\frac{\alpha}{2}} = z_{0.025} = 1.96$. 由此得 μ 的置信区间

$$\left(115 - 1.96 \times \frac{7}{3}, \; 115 + 1.96 \times \frac{7}{3}\right) \approx (110.43, \; 119.57).$$

即幼儿的平均身高在 110.43～119.57 cm 的可能性为 95%.

例 7.21 某厂生产滚珠，从长期实践知道滚珠的直径 X(单位:mm)可认为服从正态分布，即 $X \sim N(\mu, \sigma^2)$. 从某天的产品里随机抽取 6 个，量得直径如下:

$$14.6, \; 15.1, \; 14.9, \; 14.8, \; 15.4, \; 15.2$$

若知道该产品直径的方差 $\sigma^2 = 0.05$，试求平均直径 μ 的置信区间. ($\alpha = 0.05$)

解 μ 的置信区间为 $\left(\overline{X} - z_{\frac{\alpha}{2}}\sqrt{\dfrac{\sigma^2}{n}}, \; \overline{X} + z_{\frac{\alpha}{2}}\sqrt{\dfrac{\sigma^2}{n}}\right)$，

$$\bar{x} = \frac{1}{6}(14.6 + 15.1 + 14.9 + 14.8 + 15.4 + 15.2) = 15,$$

$$z_{0.025}\sqrt{\frac{\sigma^2}{n}} = 1.96\sqrt{\frac{0.05}{6}} \approx 0.18.$$

μ 的置信水平为 0.95 的置信区间为 $(15 - 0.18, \; 15 + 0.18)$，即 $(14.82, 15.18)$，换句话说，滚珠直径的均值在 14.82～15.18 mm 的可能性为 95%.

例 7.22 在交通工程中需要测定车速，由以往的经验知道，测量值为随机变量 X(单位:km/h)，且 $X \sim N(\mu, \sigma^2)$，其中 $\sigma^2 = 3.58^2$，计算至少需观测多少次才能以 0.99 的可靠性保证平均测量值的误差在 ± 1 之间?

解 由题意可知，测量值 $X \sim N(\mu, 3.58^2)$，用平均观测值 $\overline{X}$ 来估计均值 μ，其误差为 $|\overline{X} - \mu|$. 由题目要求有 $P(|\overline{X} - \mu| < 1) \geqslant 0.99$，则 $\alpha = 0.01$.

由置信区间的概念,所求 μ 的可靠性为 0.99 的置信区间为

$$\left(\overline{X} - z_{\frac{\alpha}{2}} \frac{\sigma}{\sqrt{n}}, \overline{X} + z_{\frac{\alpha}{2}} \frac{\sigma}{\sqrt{n}}\right), \quad 即 \quad P\left(|\overline{X} - \mu| < z_{0.005} \frac{3.58}{\sqrt{n}}\right) \geqslant 0.99.$$

令 $z_{0.005} \dfrac{3.58}{\sqrt{n}} = 1$, $z_{0.005} = 2.576$, $n = 3.58^2 \times 2.576^2 = 86.047$,则至少需

观测 87 次才能以 0.99 的可靠性保证平均测量值的误差在 ± 1 之间.

2. 未知方差时,均值的置信区间

已知总体 $X \sim N(\mu, \sigma^2)$,当总体 X 的方差 σ^2 未知时,容易想到用样本方差 S^2 代替 σ^2.已知统计量

$$T = \frac{\overline{X} - \mu}{\sqrt{\dfrac{S^2}{n}}} \sim t(n-1),$$

对于给定的 α $(0 < \alpha < 1)$,有

$$P\left(\left|\frac{\overline{X} - \mu}{\sqrt{\dfrac{S^2}{n}}}\right| < t_{\frac{\alpha}{2}}(n-1)\right) = 1 - \alpha.$$

查 t 分布表,可得 $t_{\frac{\alpha}{2}}(n-1)$ 的值,由上式可得到

$$P\left(\overline{X} - t_{\frac{\alpha}{2}}(n-1)\sqrt{\frac{S^2}{n}} < \mu < \overline{X} + t_{\frac{\alpha}{2}}(n-1)\sqrt{\frac{S^2}{n}}\right) = 1 - \alpha.$$

得 μ 的置信度为 $1 - \alpha$ 的置信区间为

$$\left(\overline{X} - t_{\frac{\alpha}{2}}(n-1)\sqrt{\frac{S^2}{n}}, \ \overline{X} + t_{\frac{\alpha}{2}}(n-1)\sqrt{\frac{S^2}{n}}\right).$$

当给出样本值 $x_1, x_2, \cdots, x_n$,便得到常数区间为

$$\left(\overline{x} - t_{\frac{\alpha}{2}}(n-1)\sqrt{\frac{s^2}{n}}, \ \overline{x} + t_{\frac{\alpha}{2}}(n-1)\sqrt{\frac{s^2}{n}}\right).$$

置信区间的图形如图 7-2 所示.

例 7.23 随机地从一批钉子中抽取 16 枚,测得其长度为

2.14　2.10　2.13　2.15　2.13　2.12

2.13　2.10　2.15　2.12　2.14　2.10

2.13　2.11　2.14　2.11

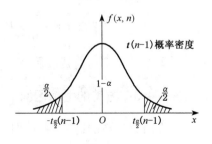

图 7-2

设钉长 $X \sim N(\mu, \sigma^2)$，试求总体均值 μ 的置信水平为 0.90 的置信区间.

解 σ^2 未知，μ 的置信区间为 $\left(\bar{x} - t_{\frac{\alpha}{2}}(n-1)\sqrt{\dfrac{s^2}{n}},\ \bar{x} + t_{\frac{\alpha}{2}}(n-1)\sqrt{\dfrac{s^2}{n}}\right)$.

由给定的样本值，经计算可得

$$\bar{x} = 2 + \frac{1}{16}(0.14 + 0.10 + 0.13 + \cdots + 0.11) = 2.125,$$

$$s^2 = \frac{1}{15}\left[(2.14 - 2.125)^2 + (2.10 - 2.125)^2 + \cdots + (2.11 - 2.125)^2\right]$$

$$= 0.017\,13^2.$$

由 $1 - \alpha = 0.90$，$\alpha = 0.1$，查自由度为 15 的 t 分布表，得

$$t_{\frac{\alpha}{2}}(n-1) = t_{0.05}(15) = 1.753,$$

$$t_{\frac{\alpha}{2}}(n-1)\sqrt{\frac{s^2}{n}} = 1.753 \times \frac{0.017\,13}{4} = 0.007\,5,$$

则 μ 的置信水平为 0.90 的置信区间为

$$(2.125 - 0.007\,5,\ 2.125 + 0.007\,5) = (2.117\,5,\ 2.132\,5).$$

例 7.24 为了调查某地旅游者的平均消费额 X，随机访问了 40 名旅游者，得到平均消费额为 $\bar{x} = 105$ 元，样本方差 $s^2 = 28^2$，已知 $X \sim N(\mu, \sigma^2)$，求该地旅游者的平均消费额 μ 的置信区间.（$\alpha = 0.05$）

解 由题意可知，本题是在 σ^2 未知的条件下求正态总体参数 μ 的置信区间，其区间为

$$\left(\bar{x} - t_{\frac{\alpha}{2}}(n-1)\sqrt{\frac{s^2}{n}},\ \bar{x} + t_{\frac{\alpha}{2}}(n-1)\sqrt{\frac{s^2}{n}}\right),$$

查表得

$$t_{\frac{0.05}{2}}(39) = t_{0.025}(39) = 2.022\,7,$$

因而所求 μ 的置信区间为

$$\left(105 - 2.022\,7 \times \frac{28}{\sqrt{40}},\ 105 + 2.022\,7 \times \frac{28}{\sqrt{40}}\right) \approx (96.05,\ 113.95).$$

即旅游者平均消费额在 96.05 元至 113.95 元的可能性为 95%.

7.4.3 方差的置信区间

在研究生产的稳定性与加工的精度问题时，需要考虑一个正态总体 X 的未知

方差的置信区间.

已知统计量

$$\chi^2 = \frac{(n-1)S^2}{\sigma^2} \sim \chi^2(n-1),$$

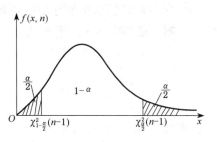

图 7-3

χ^2 中包含未知参数 σ^2,又因为它的分布与 σ^2 无关,以 χ^2 作为函数用于 σ^2 的区间估计,如图 7-3 所示.

$$P\left(\chi^2_{1-\frac{\alpha}{2}}(n-1) < \frac{(n-1)S^2}{\sigma^2} < \chi^2_{\frac{\alpha}{2}}(n-1)\right) = 1-\alpha.$$

此式等价于

$$P\left(\frac{(n-1)S^2}{\chi^2_{\frac{\alpha}{2}}(n-1)} < \sigma^2 < \frac{(n-1)S^2}{\chi^2_{1-\frac{\alpha}{2}}(n-1)}\right) = 1-\alpha,$$

于是得到 σ^2 的置信区间为 $\left(\dfrac{(n-1)S^2}{\chi^2_{\frac{\alpha}{2}}(n-1)}, \dfrac{(n-1)S^2}{\chi^2_{1-\frac{\alpha}{2}}(n-1)}\right)$.

以上区间以 $1-\alpha$ 的概率包含未知方差 σ^2,这就是 σ^2 的置信水平为 $1-\alpha$ 的置信区间. 置信区间图形如图 7-3 所示,顺便有 σ 的置信度为 $1-\alpha$ 的置信区间为 $\left(\sqrt{\dfrac{(n-1)S^2}{\chi^2_{\frac{\alpha}{2}}(n-1)}}, \sqrt{\dfrac{(n-1)S^2}{\chi^2_{1-\frac{\alpha}{2}}(n-1)}}\right)$.

例 7.25(续例 7.23) 求总体方差 σ^2 的置信水平为 0.90 的置信区间.

解 $s^2 = 0.01713^2$,由 $1-\alpha = 0.9$,$\alpha = 0.10$,查自由度为 15 的 χ^2 分布表,得

$$\chi^2_{1-\frac{\alpha}{2}}(n-1) = \chi^2_{0.95}(15) = 7.26,$$

$$\chi^2_{\frac{\alpha}{2}}(n-1) = \chi^2_{0.05}(15) = 25.$$

代入公式得 σ^2 的置信水平为 0.90 的置信区间为

$$\left(\frac{(n-1)s^2}{\chi^2_{\frac{\alpha}{2}}(n-1)}, \frac{(n-1)s^2}{\chi^2_{1-\frac{\alpha}{2}}(n-1)}\right) = \left(\frac{15 \times 0.01713^2}{25}, \frac{15 \times 0.01713^2}{7.26}\right)$$

$$= (0.00018, 0.00061).$$

例 7.26 已知初生婴儿的体重服从正态分布,随机抽取 12 名婴儿测得体重(单位:g)如下:

$$3\,100 \quad 2\,520 \quad 3\,000 \quad 3\,000 \quad 3\,600 \quad 3\,160$$

$$3\,560 \quad 3\,320 \quad 2\,880 \quad 2\,600 \quad 3\,400 \quad 2\,540$$

试以 95% 的置信水平估计初生婴儿的平均体重以及方差的置信区间.

解 设初生婴儿体重为 X g, $X \sim N(\mu, \sigma^2)$. 计算得 $\overline{x} = 3\,057$, $s^2 = 375.3^2$.

(1) 方差 σ^2 未知, 均值 μ 的置信区间为

$$\left(\overline{X} - t_{\frac{\alpha}{2}}(n-1) \frac{s}{\sqrt{n}}, \ \overline{X} + t_{\frac{\alpha}{2}}(n-1) \frac{s}{\sqrt{n}} \right),$$

查表得 $t_{\frac{\alpha}{2}}(n-1) = t_{0.025}(11) = 2.201$, 则

$$t_{\frac{\alpha}{2}}(n-1) \frac{s}{\sqrt{n}} = 2.201 \times \frac{375.3}{\sqrt{12}} \approx 239,$$

则 μ 的置信区间为 $(3\,057 - 239, \ 3\,057 + 239) = (2\,818, \ 3\,296)$.

(2) σ^2 的置信区间为 $\left(\dfrac{11s^2}{\chi_{\frac{\alpha}{2}}^2(n-1)}, \ \dfrac{11s^2}{\chi_{1-\frac{\alpha}{2}}^2(n-1)} \right),$

$$\chi_{0.025}^2(11) = 21.92, \quad \chi_{0.975}^2(11) = 3.816, \quad 11\,s^2 = 1\,549\,000.$$

于是, σ^2 的置信区间为 $\left(\dfrac{1\,549\,000}{21.92}, \ \dfrac{1\,549\,000}{3.816} \right) \approx (70\,666, \ 405\,922.4)$.

以上关于正态总体参数的区间估计的讨论列表如下:

正态总体参数的区间估计表

所估计参数	条件	统计量	置信区间
μ	σ^2 已知	$Z = \dfrac{\overline{X} - \mu}{\sigma} \cdot \sqrt{n}$	$\left(\overline{X} \pm z_{\frac{\alpha}{2}} \dfrac{\sigma}{\sqrt{n}} \right)$
	σ^2 未知	$T = \dfrac{\overline{X} - \mu}{S} \cdot \sqrt{n}$	$\left(\overline{X} \pm t_{\frac{\alpha}{2}}(n-1) \dfrac{S}{\sqrt{n}} \right)$
σ^2	μ 未知	$\chi^2 = \dfrac{n-1}{\sigma^2} S^2$	$\left(\dfrac{(n-1)S^2}{\chi_{\frac{\alpha}{2}}^2(n-1)}, \ \dfrac{(n-1)S^2}{\chi_{1-\frac{\alpha}{2}}^2(n-1)} \right)$

习 题 7

1. 设某车间生产一批产品, 抽取了 n 件产品进行检查, 用矩估计法和极大似然估计法估计其不合格品率.

2. 设总体 X 的概率分布为

X	1	2	3
p_k	θ	$\dfrac{\theta}{2}$	$1 - \dfrac{3\theta}{2}$

其中 $\theta(\theta>0)$ 是未知参数,利用总体 X 的样本值 $2,3,2,1,3$,求 θ 的矩估计值和最大似然估计值.

3. 设总体 X 的概率分布为

X	0	1	2	3
p_k	θ^2	$2\theta(1-\theta)$	θ^2	$1-2\theta$

其中 $\theta\left(0<\theta<\dfrac{1}{2}\right)$ 是未知参数,利用总体 X 的样本值:$3,1,3,0,3,1,2,3$,求 θ 的矩估计值和极大似然估计值.

4. 设随机变量总体 X 的概率密度为

$$f(x;\theta)=\begin{cases}\sqrt{\theta}\,x^{\sqrt{\theta}-1}, & 0\leqslant x\leqslant 1,\\ 0, & \text{其他}\end{cases}\quad(\theta>0),$$

有样本 $X_1,X_2,\cdots,X_n$,其相应的样本值为 $x_1,x_2,\cdots,x_n$. 求未知参数 θ 的矩估计值与极大似然估计值.

5. 设总体 X 的概率密度为

$$f(x;\theta)=\begin{cases}\theta x^{-(\theta+1)}, & x>1,\\ 0, & \text{其他}\end{cases}\quad(\theta>1),$$

有样本 $X_1,X_2,\cdots,X_n$,其相应的样本值为 $x_1,x_2,\cdots,x_n$. 求未知参数 θ 的矩估计值与极大似然估计值.

6. 设总体 X 的概率密度为

$$f(x;\theta)=\begin{cases}\dfrac{x}{\theta^2}\mathrm{e}^{-\frac{x^2}{2\theta^2}}, & x>1,\\ 0, & \text{其他}\end{cases}\quad(\theta>0),$$

有样本 $X_1,X_2,\cdots,X_n$,其相应的样本值为 $x_1,x_2,\cdots,x_n$,求未知参数 θ 的极大似然估计值.

7. 设某种元件使用寿命 X(单位:h)的概率密度是

$$f(x;\theta)=\begin{cases}\dfrac{1}{\theta}, & 0<x<\theta,\\ 0, & \text{其他}.\end{cases}$$

随机地取 n 个元件进行寿命试验,结果分别是 $x_1,x_2,\cdots,x_n$,求未知参数 θ 的极大似然估计值.

8. 设某种元件使用寿命 X(单位:h)的密度函数是

$$f(x;\theta)=\begin{cases}\mathrm{e}^{-(x-\theta)}, & x\geqslant\theta,\\ 0, & x<\theta.\end{cases}$$

随机地取 n 个元件进行寿命试验,结果分别是 x_1,x_2,$\cdots$,x_n,求未知参数 θ 的极大似然估计值.

9. 设总体 X 的密度函数为

$$f(x;a;\lambda)=\begin{cases}\lambda a x^{a-1}\mathrm{e}^{-\lambda x}, & x\geqslant 0, \\ 0, & x<0\end{cases}\quad(a>0,\lambda>0),$$

x_1,x_2,$\cdots$,x_n 是样本 X_1,X_2,$\cdots$,X_n 的样本值,求未知参数 a 和 λ 的极大似然估计值.

10. 设总体 X 的分布函数为

$$F(x;\beta)=\begin{cases}1-\dfrac{1}{x^{\beta}}, & x>1, \\ 0, & x\leqslant 1,\end{cases}$$

其中未知参数 $\beta>1$,X_1,X_2,$\cdots$,X_n 为来自总体 X 的简单随机样本,求(1)总体 X 的概率密度函数 $f(x,\beta)$;(2)β 的矩估计量;(3)β 的最大似然估计量.

11. 设 X_1,X_2,$\cdots$,X_n 为总体 X 的简单随机样本,总体 X 的分布函数为

$$F(x;\alpha;\beta)=\begin{cases}1-\left(\dfrac{\alpha}{x}\right)^{\beta}, & x>\alpha, \\ 0, & x\leqslant\alpha,\end{cases}\quad\alpha>0,\beta>1,$$

求(1)当 $\alpha=1$ 时,求参数 β 的最大似然估计量;(2)当 $\beta=2$ 时,求参数 α 的最大似然估计量.

12. 设总体 $X\sim U(a,1)$,有样本 X_1,X_2,$\cdots$,X_n,样本均值 $\overline{X}$,证明 $\hat{a}=2\overline{X}-1$ 是 a 的无偏估计.

13. 设总体 X,$EX=a$,$DX=b^2$,有样本 X_1,X_2,X_3,参数 a 有三个估计量 $\hat{a}_1=\dfrac{1}{3}(X_1+X_2+X_3)$,$\hat{a}_2=\dfrac{1}{5}X_1+\dfrac{3}{5}X_2+\dfrac{1}{5}X_3$,$\hat{a}_3=\dfrac{1}{2}X_1+\dfrac{1}{3}X_2+\dfrac{1}{4}X_3$,试说明哪几个是 a 的无偏估计量? 在无偏估计量中,哪一个最有效?

14. 测量某物体的长度时由于存在测量误差,每次测得的长度只能是近似值.假定 n 个测量值 X_1,X_2,$\cdots$,X_n 是独立同分布的随机变量,具有共同的数学期望 μ(即物体的实际长度),标准差是 $\sigma=1$,用测量值的平均值 $\overline{X}=\dfrac{1}{n}\sum_{k=1}^{n}X_k$ 来估计.

(1)问 $\overline{X}$ 是否为 μ 的无偏估计量,为什么?

(2)要以 95% 以上的把握使得 $\overline{X}$ 和 μ 的差的绝对值不超过 0.2,问至少要测量多少次?(提示:用中心极限定理.)

15. 设总体 $X\sim N(\mu,10^2)$,要使 μ 的置信水平为 0.95 的置信区间的长度不大于5,样本容量 n 最小应为多少?

16. 设总体 $X\sim N(\mu,1.25^2)$,问需要抽取容量为多大的样本,才能使 μ 的置信水平为 0.95 的置信区间的长度不大于 0.49?

17. 对方差 σ^2 为已知的正态分布来说,问需要抽取容量为多大的样本,可使总体均值 μ 的置信水平为 0.95 的置信区间的长度不大于 L?

18. 已知样本值为

$$3.3 \quad -0.3 \quad -0.6 \quad -0.9$$

求具有 $\sigma=3$ 的正态分布的均值的置信区间.若 σ 未知,则均值的置信区间为何?($\alpha=0.05$)

19. 为了在一条装备线上对某项试验确定一个标准的操作时间.现抽取了 16 名工人从事该项试验,结果发现平均操作时间为 13 min,标准差为 3 min.假定操作时间服从正态分布,试以 95% 的把握确定真正平均操作时间所处的范围.

20. 测量铝的比重 16 次,得 $\bar{x}=2.705$,$s=0.029$,试求铝的比重均值以及 μ 的置信区间(设 16 次测量结果可以看作一个正态总体样本,$\alpha=0.05$).

21. 某车间生产的螺杆直径 $X \sim N(\mu, \sigma^2)$,今随机抽取 5 只,测得直径(单位:mm)为

$$22.5 \quad 21.5 \quad 22.0 \quad 21.8 \quad 21.4$$

(1) 已知 $\sigma=0.3$,求 μ 的置信区间;

(2) σ 未知,求 μ 的置信区间.($\alpha=0.05$)

22. 对某种型号飞机的飞行速度进行 15 次独立试验,测得飞机的最大飞行速度(单位:m/s)如下:

422.2	418.7	425.6	420.3	425.8	423.1	431.5	428.2
438.3	434.0	412.3	417.2	413.5	441.3	423.7	

根据长期的经验,可以认为最大飞行速度 $X \sim N(\mu, \sigma^2)$.试求最大飞行速度的均值和方差的置信区间.($\alpha=0.05$)

23. 为了估计灯泡使用时数的均值 μ 及标准差 σ,测试 10 个灯泡,得 $x=1\,500$ h,$s=20$ h.如果已知灯泡使用时数服从正态分布的,求 μ 及 σ 的置信水平为 0.95 的置信区间.

24. 从正态总体中抽取容量为 5 的样本,其观测值为

$$1.86 \quad 3.22 \quad 1.46 \quad 4.01 \quad 2.64$$

试求正态总体方差 σ^2 及标准差 σ 的置信区间.($\alpha=0.05$)

25. 投资的年回报率的方差常常用来衡量投资的风险,随机地调查 26 个年回报率(%).得样本标准差 $s=0.15$,设年回报率服从正态分布,求它的 σ^2 的置信水平为 0.95 的置信区间.

第8章 假设检验

在实际问题中,前人对某些问题已得到了初步的结论,这些结论可能是正确的,也可能是错误的.若视这些结论为假设,问题在于我们是否应该接受这些假设呢?例如,自动包装机的工作是否正常,新生儿的重量是否服从正态分布等.这类问题的共同处理方法是先把一些结论当作某种假设;针对这种假设,利用一个实际观测的样本信息,通过一定的程序检验这个假设是否合理;从而决定接受或否定假设.这种检验称为**假设检验**.

1. 假设检验的思想方法

先介绍一条实际推断原理——**小概率原理**.

人们通过大量实践针对小概率事件,即在一次试验中发生的概率很小的事件总结出一条原理:**小概率事件在一次试验中几乎不会发生**.并称此为实际推断原理,其为判断假设的根据.

假设检验使用的方法是概率论的反证法:即先对关心的问题提出**原假设 H_0**,然后运用样本信息看在 H_0 成立的条件下会不会发生矛盾,最后对 H_0 存在与否作出判断.概率反证法的逻辑是:如果小概率事件在一次检验中居然发生了,我们就有很大的把握认为所作的假设是不合理的,并据此否定原假设 H_0;若不发生,则接受 H_0,并称 H_0 相容.

小概率事件在一次试验中发生的概率记为 α,称 α 为**显著水平**或**检验水平**.一般取 $\alpha=0.05, 0.01, 0.1$.需要说明的是,对于不同的 α,对同一个问题可能得到不同的结论,显著水平 α 的选取带有人为的意志,要视具体情况而定.对某些重大问题,作出的否定某假设的结论要慎重些,则 α 应当取得小些;反之,则可取大些.

2. 两类错误

由于人们作出判断的依据是一个样本,即由部分来推断整体,所以假设检验不可能绝对正确.可能犯的错误有两类:

原假设 H_0 为真时拒绝 H_0,为**第一类错误**(弃真);

原假设 H_0 不为真时接受 H_0,为**第二类错误**(取伪).

样本容量增大可减少犯第一类错误,但犯另一类错误的概率增大.一般情况下,只对犯第一类错误加以控制,而不考虑犯第二类的错误,此种检验法称为**显著性检验**.

8.1 正态总体均值的假设检验

正态分布有两个参数,一是均值 μ,二是方差 σ^2. 这两个参数确定以后,一个正态分布 $X \sim N(\mu, \sigma^2)$ 就完全确定了. 因此,关于正态分布参数的检验问题,也就化为检验这两个参数的问题.

设总体 $X \sim N(\mu, \sigma^2)$, X_1, X_2, $\cdots$, X_n 是 X 的样本,我们对参数 μ, σ^2 作显著性检验.

8.1.1 均值检验的基本思想方法

设总体 $X \sim N(\mu, \sigma^2)$,其中 σ^2 是已知的,我们通过具体例子说明均值 μ 检验的基本思想方法.

例 8.1 已知某炼铁厂在某种工艺条件下铁水含碳量 $X \sim N(4.55, 0.108^2)$. 现改变了工艺条件,又测了 5 炉铁水,其含碳量分别为

$$4.28 \quad 4.40 \quad 4.42 \quad 4.35 \quad 4.37$$

若总体方差没有变化,即 $\sigma^2 = 0.108^2$,那么总体均值 μ 有无变化?

解 由样本的观测值,可求出样本均值的观测值

$$\bar{x} = \frac{1}{5}(4.28 + 4.40 + 4.42 + 4.35 + 4.37) = 4.364.$$

由数据上看,$\bar{x} = 4.364$ 与 $\mu = 4.55$ 之间有差异(或误差). 这个误差可能包含了两种不同性质的误差:

(1) 由于生产过程中受偶然因素的影响所造成的误差,即随机误差. 即使在同一种工艺条件下,这种误差也是不可避免的.

(2) 由于工艺条件的改变所造成的误差,即条件误差.

以上两种误差经常纠缠在一起,除了极明显的情况外,一般是难以直观判断的. 我们假设不存在条件误差,也就是说 $\bar{x}$ 和 μ 的误差纯粹是随机误差,或者说样本仍可看作是由原来总体 X 中抽取的具体做法如下:

(1) 首先提出原(待检)假设 $H_0: \mu = 4.55$,备择假设 $H_1: \mu \neq 4.55$. 在这前提

下,选取统计量

$$Z = \frac{\overline{X} - 4.55}{\sqrt{\dfrac{0.108^2}{5}}} \sim N(0,\ 1).$$

(2) 对于给定的显著水平 α（$0 < \alpha < 1$），由标准正态分布可知(图 8-1)

$$P(|Z| \geqslant z_{\frac{\alpha}{2}}) = \alpha.$$

$|Z| > z_{\frac{\alpha}{2}}$ 是个小概率事件.

(3) 根据已知的样本值进行计算,可得

$$Z_0 = \frac{\overline{x} - 4.55}{\sqrt{\dfrac{0.108^2}{5}}} = \frac{4.364 - 4.55}{\sqrt{\dfrac{0.108^2}{5}}} \approx -3.9.$$

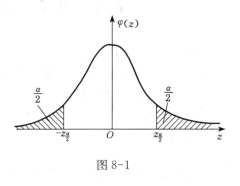

图 8-1

若取 $\alpha = 0.05$, $z_{\frac{\alpha}{2}} = z_{0.025} = 1.96$.

(4) 而 $|Z_0| = 3.9 > z_{\frac{\alpha}{2}} = 1.96$,可见,在原假设(即 $\overline{X}$ 和 μ 的误差纯粹是随机误差)成立的前提下,小概率事件居然在一次抽样中发生了.这就不能不使我们怀疑原假设的正确性.从而否定原假设,认为 $\overline{X}$ 和 μ 的误差是条件误差起主要作用,即工艺条件的改变使总体均值有了显著变化.因此该否定 H_0,认为 $\mu \neq 4.55$.

如果根据已知样本计算出 $|Z_0| < z_{\frac{\alpha}{2}}$,则不能否定原假设或者说假设是相容的.遇到这种相容的情形,应接受原假设.

8.1.2　均值 μ 检验和检验程序

1. 总体方差 σ^2 已知

在已知方差 σ^2 的条件下,利用标准正态分布,检验正态总体均值的程序如下:

(1) 根据问题实际提出假设

$$H_0 : \mu = \mu_0, \quad H_1 : \mu \neq \mu_0 \quad (\mu_0 \text{ 为常数}),$$

称 H_0 为原假设,称 H_1 为备择假设(一般,备择假设 H_1 可不写出).检验的目的是在原假设 H_0 和备择假设 H_1 二者之间作一抉择.

(2) 选取统计量 Z,即

$$Z = \frac{\overline{X} - \mu_0}{\sqrt{\dfrac{\sigma^2}{n}}} \sim N(0,\ 1).$$

（3）对于给定的 α，有

$$P(|Z| \geqslant z_{\frac{\alpha}{2}}) = \alpha.$$

由给定的样本值，计算 Z 的值 Z_0，查正态分布表确定 $z_{\frac{\alpha}{2}}$ 的值.

（4）作出判断.

若 $|Z_0| \geqslant z_{\frac{\alpha}{2}}$，则否定 H_0；若 $|Z_0| < z_{\frac{\alpha}{2}}$，则接受 H_0.

一般地，$\alpha = 0.10$，$z_{\frac{\alpha}{2}} = 1.64$；$\alpha = 0.05$，$z_{\frac{\alpha}{2}} = 1.96$；$\alpha = 0.01$，$z_{\frac{\alpha}{2}} = 2.58$.

例 8.2　某车间用一台包装机包盐，额定标准为每袋净重 0.5 kg. 设包装机称得盐重为 X，$X \sim N(\mu, \sigma^2)$，根据长期的经验知其方差 $\sigma^2 = 0.015^2$. 某天开工后，为检验包装机的工作是否正常，随机抽取 9 袋盐，称其净重为

0.497　0.506　0.518　0.524　0.488　0.510　0.515　0.515　0.511

在显著水平 $\alpha = 0.05$ 的情况下，问这天包装机工作是否正常？

解　$\bar{x} = \dfrac{1}{9}(0.497 + 0.506 + 0.518 + 0.524 + 0.488 +$

$\qquad 0.510 + 0.515 + 0.515 + 0.511)$

$\qquad = 0.509.$

（1）提出原假设 $H_0 : \mu = 0.5$（表示包装机工作正常），备择假设 $H_1 : \mu \neq 0.5$.

（2）选取统计量 $Z = \dfrac{\bar{X} - 0.5}{\sqrt{\dfrac{0.015^2}{9}}} \sim N(0, 1)$.

（3）由 $P(|Z| > z_{\frac{\alpha}{2}}) = 0.05$，求出

$$Z_0 = \frac{\bar{x} - 0.5}{\sqrt{0.015^2}} \times \sqrt{9} = \frac{0.509 - 0.5}{0.015} \times 3 \approx 1.8.$$

查正态分布表 $z_{\frac{\alpha}{2}} = z_{0.025} = 1.96$.

（4）由于 $1.8 < 1.96$，即 $|Z_0| < z_{\frac{\alpha}{2}}$，因此接受 H_0，即在 $\alpha = 0.05$ 下，可认为这天包装机工作正常.

2. 总体方差 σ^2 未知时

未知总体方差 σ^2 是常见的，那么如何检验正态总体的均值 μ 呢？我们自然想到用样本方差 S^2 来代替总体方差 σ^2，用统计量 T 代替统计量 Z，利用 t 分布检验均值 $\mu = \mu_0$，这就是 t **检验**. 其检查程序如下：

（1）提出原（待检）假设 $H_0 : \mu = \mu_0$，备择假设 $H_1 : \mu \neq \mu_0$.

（2）构造统计量 $T=\dfrac{\overline{X}-\mu}{\sqrt{\dfrac{S^2}{n}}}\sim t(n-1)$.

（3）对于给定的 α，由图 8-2 知

$$P(|T|\geqslant t_{\frac{\alpha}{2}}(n-1))=\alpha.$$

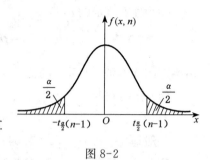

图 8-2

查 t 分布表确定 $t_{\frac{\alpha}{2}}(n-1)$，由给定的样体值计算 $T=T_0$.

（4）做出判断.

若 $|T_0|\geqslant t_{\frac{\alpha}{2}}(n-1)$，则否定 H_0；若 $|T_0|<t_{\frac{\alpha}{2}}(n-1)$，则接受 H_0.

由于所用的统计量服从 t 分布，故称 t 检验法.

例 8.3 对一批新的某种液体存贮罐进行耐裂试验，抽测 5 个，得爆压力数据为（单位：kg/cm^2）：

$$545\qquad545\qquad530\qquad550\qquad545$$

根据经验，爆压力可认为是服从正态分布的，且过去该种液体存贮罐的平均爆压力为 $549\ \text{kg/cm}^2$，问这批新罐的平均爆压力与过去有无显著差别？（$\alpha=0.05$）

解 依题意设 $H_0:\mu=549$，$H_1:\mu\neq549$.

因为方差 σ^2 未知，故采用 t 检验法.

选取统计量

$$T=\dfrac{\overline{X}-\mu}{\sqrt{\dfrac{S^2}{n}}}\sim t(n-1),$$

由样本算得

$$\overline{x}=500+\frac{1}{5}(45+45+30+50+45)=543,$$

$$s^2=\frac{1}{4}\big[(45-43)^2+(45-43)^2+(30-43)^2+(50-43)^2+(45-43)^2\big]$$

$$=7.58^2,$$

$$T_0=\dfrac{\overline{x}-549}{\sqrt{\dfrac{s^2}{n}}}=\dfrac{543-549}{\dfrac{7.58}{\sqrt{5}}}\approx-1.77.$$

查 t 分布表，得 $t_{\frac{\alpha}{2}}(n-1)=t_{0.025}(4)=2.776$.

因为 $|T_0|\approx|-1.77|\approx1.77<2.776=t_{\frac{\alpha}{2}}(n-1)$，所以 H_0 相容，接受 H_0，认

为新罐的平均爆压力与旧罐无显著差异.

例 8.4 电工器材厂生产一种云母带,其厚度 $X \sim N(\mu, \sigma^2)$,且平均厚度经常保持为 0.13 mm. 某日开工后检验 10 处厚度,算出均值为 0.146 mm,标准差为 0.015 mm. 问该日云母带的厚度的均值与 0.13 mm 有无显著差异?($\alpha = 0.05$)

解 依题意设 $H_0: \mu = 0.13$,$H_1: \mu \neq 0.13$.

选取统计量

$$T = \frac{\overline{X} - \mu_0}{\sqrt{\dfrac{S^2}{n}}} \sim t(n-1),$$

由题意,得 $\overline{x} = 0.146$,$s^2 = 0.015^2$,有

$$T_0 = \frac{0.146 - 0.13}{0.015} \times \sqrt{10} \approx 3.373.$$

对于给定的 $\alpha = 0.05$,查 t 分布表,得

$$t_{\frac{\alpha}{2}}(n-1) = t_{0.025}(9) = 2.262.$$

由于
$$|T_0| \approx 3.376 > 2.262 = t_{\frac{\alpha}{2}}(n-1).$$

因此否定 H_0,即在 $\alpha = 0.05$ 下,可以认为该日云母带的厚度较平日有显著差异.

顺便指出,一个正态总体 X,对均值 $\mu = \mu_0$ 的假设检验与区间估计有密切联系,如 σ^2 未知,μ 的置信水平为 $1 - \alpha$ 的置信区间是满足

$$P\left\{ \left| \frac{\overline{X} - \mu}{\sqrt{\dfrac{S^2}{n}}} \right| < t_{\frac{\alpha}{2}}(n-1) \right\} = 1 - \alpha$$

的随机区间
$$\left(\overline{X} \pm t_{\frac{\alpha}{2}}(n-1)\sqrt{\frac{S^2}{n}} \right).$$

假设检验相当于找出 μ 的置信度为 $1 - \alpha$ 的置信区间

$$\left(\overline{X} - t_{\frac{\alpha}{2}}(n-1)\sqrt{\frac{S^2}{n}}, \ \overline{X} + t_{\frac{\alpha}{2}}(n-1)\sqrt{\frac{S^2}{n}} \right).$$

如果 μ_0 不在置信区间内,则否定 H_0,接受 H_1.

由此可以看出:已知(未知)方差对均值的假设检验问题与已知(未知)方差对均值的区间估计问题形式上虽然不同,但它们的统计思想是相通的. 其相同点为区间估计与假设检验都需要利用一个适当的分布已知的统计量;都需要利用 α 分位

点.其区别为在区间估计中对 μ 并不了解,希望得到 μ 的取值区间.而在假设检验中对 μ 是比较了解的.因为一般来说 μ 与 μ_0 不会有显著差异,这也是取原假设 $H_0:\mu=\mu_0$ 的理由.在假设检验中,对 H_0 采取保护政策,以 $1-\alpha$ 保护 H_0,不轻易否定 H_0,除非偏差太大.

8.2 正态总体方差的假设检验

在均值 μ 未知的条件下,可以用 χ^2 分布来检验一个正态总体的方差.设总体 $X\sim N(\mu, \sigma^2)$,从中抽取容量为 n 的样本,样本方差为 S^2.在未知均值 μ 的条件下,利用 χ^2 分布检验方差 $\sigma^2=\sigma_0^2$ 的程序如下:

(1) 提出原理设 $H_0: \sigma^2=\sigma_0^2$,备择假设 $H_1: \sigma^2\neq\sigma_0^2$.

(2) 构造统计量 χ^2,并确定分布

$$\chi^2=\frac{(n-1)S^2}{\sigma_0^2}\sim\chi^2(n-1).$$

(3) 对于给定的 α,由给定的样本值,计算 $\chi^2=\chi_0^2$,查 χ^2 分布表,求 $\chi_{1-\frac{\alpha}{2}}^2(n-1)$,$\chi_{\frac{\alpha}{2}}^2$ $(n-1)$ 的值.

(4) 做出判断,如图 8-3 所示.

由于 $[\chi^2\leqslant\chi_{1-\frac{\alpha}{2}}^2(n-1)]$ 或 $[\chi^2\geqslant$ $\chi_{\frac{\alpha}{2}}^2(n-1)]$ 是小概率事件,若 $\chi_0^2\leqslant\chi_{1-\frac{\alpha}{2}}^2(n-1)$ 或 $\chi_0^2\geqslant\chi_{\frac{\alpha}{2}}^2(n-1)$,则否定 H_0;若 $\chi_{1-\frac{\alpha}{2}}^2(n-1)<\chi_0^2<\chi_{\frac{\alpha}{2}}^2(n-1)$,则接受 H_0.

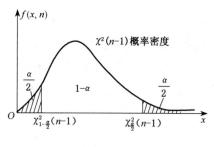

图 8-3

例 8.5 某车间生产铜丝,生产一向较稳定,可认为其折断力 $X\sim N(\mu, \sigma^2)$.今从产品中随机抽取 10 根检查折断力,得数据如下(单位:kN):

578　572　570　568　572　570　570　572　596　584

是否可相信车间的铜丝折断力的方差为 64?($\alpha=0.05$)

解 依题意设 $H_0:\sigma^2=64$,$H_1:\sigma^2\neq64$.
选择统计量

$$\chi^2=\frac{(n-1)S^2}{\sigma^2}\sim\chi^2(n-1).$$

由样本值,计算得

$$s^2 = 75.73,$$

$$\chi_0^2 = \frac{9 \times 75.73}{64} \approx 10.65.$$

查自由度为 9 的 χ^2 分布表得

$$\chi_{1-\frac{\alpha}{2}}^2(n-1) = \chi_{0.975}^2(9) = 2.70,$$

$$\chi_{\frac{\alpha}{2}}^2(n-1) = \chi_{0.025}^2(9) = 19.0.$$

由于 $\qquad\qquad \chi_{1-\frac{\alpha}{2}}^2(n-1) < \chi_0^2 < \chi_{\frac{\alpha}{2}}^2(n-1),$

即 $\qquad\qquad\qquad\qquad 2.70 < 10.65 < 19.$

所以,接受 H_0,即在 $\alpha = 0.05$ 下,可以认为铜丝折断力的方差为 64.

例 8.6 一细纱车间纺出某种细纱支数标准差为 1.2. 某日从纺出的一批纱中,随机抽取 15 缕进行支数测量,测得样本标准差为 $s = 2.1$,问纱的均匀度有无显著变化? ($\alpha = 0.05$,假定总体细纱支数 X 的分布是正态分布.)

解 依题意设 $H_0: \sigma^2 = 1.2^2$,$H_1: \sigma^2 \neq 1.2^2$.

选择统计量

$$\chi^2 = \frac{(n-1)S^2}{\sigma_0^2}, \quad \chi_0^2 = \frac{14 \times 2.1^2}{1.2^2} = 42.875.$$

由题意知 $\qquad\qquad \alpha = 0.05, \quad n = 15,$

查表得

$$\chi_{\frac{\alpha}{2}}^2(n-1) = \chi_{0.025}^2(14) = 26.119,$$

$$\chi_{1-\frac{\alpha}{2}}^2(n-1) = \chi_{0.975}^2(14) = 5.629.$$

因为 $\chi_0^2 > \chi_{0.025}^2(14)$,所以拒绝 H_0,即认为这天细纱均匀度有显著变化.

8.3　正态总体均值与方差的单侧检验

前两节,我们提出的假设检验均为双边检验,根据实际问题设 $H_0: \mu = \mu_0$,$H_1: \mu \neq \mu_0$. 在备择假设 H_1 中,包含了 $\mu > \mu_0$ 或 $\mu < \mu_0$,但在许多实际问题中,假设

不是双侧的，而是单侧的.

例如，某厂生产的元件，在改用新工艺生产后，寿命均值 μ 是否比原来 μ_0 有所提高？故提出的假设为 $H_0 : \mu \leqslant \mu_0$，$H_1 : \mu > \mu_0$，这称为**右侧假设检验**.

又如，某河流水质指标浊度，经过环境治理后，浊度均值 μ 是否比原来 μ_0 有所降低？故提出假设为 $H_0 : \mu \geqslant \mu_0$，$H_1 : \mu < \mu_0$，这称为**左侧假设检验**.

右侧假设检验和左侧假设检验统称为单假设检验，其处理方法和实例叙述如下：

例 8.7 某厂生产的元件寿命（单位：h）$X \sim N(\mu, \sigma^2)$，$\sigma^2 = 100^2$. 改用新工艺生产后，抽查 25 件算得平均寿命 $\bar{x} = 970$，问寿命均值是否比原来的值 950 有所提高？（$\alpha = 0.05$）

解 问题的回答是在"没有提高"和"提高"二者之间进行选择，这是右侧检验，故提出假设

$$H_0 : \mu \leqslant 950（没有提高），\quad H_1 : \mu > 950（有显著提高）.$$

样本均值 $\bar{X}$ 是总体均值 μ 的点估计，从表面上看，改用新工艺后抽查的 25 件元件的平均寿命 $\bar{x} = 970$ 超过原来 $\mu = 950$，但这不能断定 μ 已提高. 因为当 μ 是原值 950 时，$\bar{X}$ 在 μ 附近取值，$\bar{X}$ 适当大于 950 是完全可能的. 我们还是倾向于 μ 没有提高，对"新工艺使寿命均值 μ 提高"这一结论应从严控制，故设 H_0 是 $\mu = 950$（以及 $1 - \alpha$ 保护 H_0），设 H_1 为 $\mu > 950$，即为右侧检验，这是科学推断.

当 H_0 成立时，选取统计量 $Z = \dfrac{\bar{X} - \mu}{\sigma / \sqrt{n}} \sim N(0, 1)$，由标准正态分布的右侧 α 分位点

$$P\left(\frac{\bar{X} - 950}{\sigma / \sqrt{n}} < z_\alpha \right) = 1 - \alpha.$$

H_0 的接受域为 $\dfrac{\bar{X} - 950}{\sigma / \sqrt{n}} < z_\alpha$ 或 $\bar{X} < 950 + \dfrac{\sigma}{\sqrt{n}} z_\alpha$.

由 $\alpha = 0.05$，查标准正态表得 $z_{0.05} = 1.645$，

计算得 $\qquad\qquad 950 + \dfrac{\sigma}{\sqrt{n}} z_{0.05} \approx 982.9$，$\quad \bar{x} = 970 < 982.9$.

故接受 H_0，因此认为寿命均值没有显著提高.

例 8.8 自来水厂水源浊度 $X \sim N(\mu, \sigma^2)$，$\sigma^2 = 0.5^2$，对水源周边环境进行整

治后,为了检测水源浊度是否有所改善,取水样 12 个,分别测量浊度,得 $\bar{x}=1.75$,问浊度均值是否低于标准值 2?($\alpha=0.05$)

解 由题意,这是左侧检验,提出假设 $H_0:\mu\geqslant2$, $H_1:\mu<2$.

选取统计量

$$Z=\frac{\overline{X}-2}{\sigma/\sqrt{n}}\sim N(0,1),$$

由标准正态分布的左侧 α 分位点

$$P\left(\frac{\overline{X}-2}{\sigma/\sqrt{n}}>-z_a\right)=1-\alpha,$$

接受域为

$$Z=\frac{\overline{X}-2}{\sigma/\sqrt{n}}>-z_a.$$

计算得

$$Z_0=\frac{1.75-2}{0.5/\sqrt{12}}=-1.732<-z_{0.05}=-1.645.$$

故拒绝 H_0,认为近期水源浊度均值显著低于标准值.

例 8.9 对某次统考成绩,随机抽查 26 份试卷,$s^2=162$.问考试成绩的方差是否超过标准值 $\sigma^2=12^2$?(即成绩的两极分化程度是否增大).设考试成绩 $X\sim N(\mu,\sigma^2)$.($\alpha=0.05$)

解 由题意设 $H_0:\sigma^2\leqslant12^2$, $H_1:\sigma^2>12^2$.

选取统计量

$$\chi^2=\frac{(n-1)S^2}{\sigma^2}\sim\chi^2(n-1),$$

由 χ^2 分布的右侧 α 分位点

$$P\left(\frac{(n-1)S^2}{\sigma^2}<\chi_a^2(n-1)\right)=1-\alpha,$$

接受域为

$$\frac{(n-1)S^2}{\sigma^2}<\chi_a^2(n-1).$$

计算并查表得 $\chi_0^2=\frac{25\times162}{12^2}\approx28.1<\chi_{0.05}^2(25)=37.652,$

故接受 H_0,认为方差没有显著地大于标准值.

习 题 8

1. 某食品厂一直生产一种罐头,其平均净重为 $\mu_0=450$ g,标准差为 $\sigma_0=5$ g. 后改进了包装工艺,有关技术人员认为,新工艺不会对标准差发生影响,但不知平均重量会不会改变,于是做抽样检验. 设由一个容量为 15 的样本测得每罐的平均净重为 446 g,有无充分的证据判定这一样本均值与 μ_0 之间的差别是由新工艺造成的?(假定罐头重量 $X \sim N(\mu, \sigma^2)$, $\alpha=0.05$)

2. 5 名工作人员彼此独立地测量同一块土地,分别测得面积(单位:km²)如下:

$$1.27 \quad 1.24 \quad 1.23 \quad 1.21 \quad 1.28$$

设测定值 $X \sim N(\mu, \sigma^2)$,则根据这些数据是否可认为这块土地的实际面积为1.23 km²?($\alpha=0.05$)

3. 某厂生产的灯炮标准寿命为 2 000 h,今从一批中随机抽取 20 只灯泡,得寿命的样本均值 $\bar{x}=1$ 832 h,标准差 $s=497$ h. 已知同批灯泡寿命 $X \sim N(\mu, \sigma^2)$,问该批灯泡的平均寿命是否符合标准?($\alpha=0.05$)

4. 由过去的实验可知,某产品的某质量指标 $X \sim N(\mu, \sigma^2)$,$\sigma=7.5$. 现从这批产品中随机抽取 25 件,测得样本标准差 $s=6.5$,问产品质量的方差有无显著变化?($\alpha=0.01$)

5. 正常人的脉搏平均为 72 次/min,现某医生测得 10 例慢性四乙基铅中毒者的脉搏(次/min)如下:

$$54 \quad 67 \quad 78 \quad 70 \quad 66 \quad 67 \quad 70 \quad 65 \quad 69 \quad 68$$

问患者和正常人的脉搏有无显著差异?(可视患者的脉搏 $X \sim N(\mu, \sigma^2)$, $\alpha=0.05$)

6. 某批矿砂的 5 个样品中的镍含量(%)经测定为

$$3.25 \quad 3.27 \quad 3.24 \quad 3.265 \quad 3.24$$

设测定值 $X \sim N(\mu, \sigma^2)$,问在 $\alpha=0.01$ 下能否认为这批矿砂的镍含量均值为3.25?

7. 已知某炼铁厂在生产正常情况下,铁水含碳量的均值 $\mu=7$,方差 $\sigma^2=0.03$. 现在测量 10 炉铁水,测得其平均含碳量 $\bar{x}=6.97$,样本方差 $s^2=0.037$ 5. 设铁水含碳量 $X \sim N(\mu, \sigma^2)$,试问该厂生产是否正常?($\alpha=0.05$)

8. 某物质的有效含量 $X \sim N(0.75, 0.06^2)$,为鉴别该物质库存两年后有效含量是否下降,检测了 30 个样品,得平均有效含量为 $\bar{x}=0.73$. 设库存两年后有效含量仍是正态分布,且方差不变,问库存两年后有效含量是否显著下降?($\alpha=0.05$)

9. 成年男子的肺活量为随机变量 $X \sim N(\mu, \sigma^2)$,$\mu=3$ 750 ml,选取 20 名成年男子参加某项体育锻炼一定时期后,测得他们的肺活量的平均值为 $\bar{x}=3$ 808 ml. 设方差为 $\sigma^2=120^2$,试检验肺活量均值的提高是否显著?($\alpha=0.02$)

10. 某种心脏用药皆能适当提高病人的心率,对 16 名服药病人测定其心率增加值为

（次/min）

    8 7 10 3 15 11 9 10 11 13 6 9 8 12 0 4

设心率增加量 $X \sim N(\mu, \sigma^2)$，问心率增加量的均值是否符合该药的期望值 $\mu = 10$（次/min）？（$\alpha = 0.1$）

  11. 试取 $\alpha = 0.05$，检验对上题的假设 $H_0 : \sigma^2 = 9$.

附 录

　　　　　　　　　　　　　　　　常用分布表

类型	名称	分布列或分布密度	均值	方　差
离散型	二点分布 $B(1, p)$	$P(X = k) = p^k q^{1-k}$ $(0 < p < 1; q = 1-p; k = 0, 1)$	p	pq
	二项分布 $X \sim B(n, p)$	$P(X = k) = C_n^k p^k q^{n-k}$ $(0 < p < 1; q = 1-p; k = 0, 1, \cdots, n)$	np	npq
	泊松分布 $X \sim \pi(\lambda)$	$P(X = k) = \dfrac{\lambda^k}{k!} e^{-\lambda}$ $(\lambda > 0; k = 0, 1, 2, \cdots)$	λ	λ
	几何分布	$P(X = k) = p q^{k-1}$ $(0 < p < 1; q = 1-p; k = 1, 2, \cdots)$	$\dfrac{1}{p}$	$\dfrac{q}{p^2}$
连续型	均匀分布 $X \sim U(a, b)$	$f(x) = \begin{cases} \dfrac{1}{b-a}, & a < x < b, \\ 0, & \text{其他} \end{cases} (a < b)$	$\dfrac{a+b}{2}$	$\dfrac{(b-a)^2}{12}$
	指数分布 $X \sim E(\lambda)$	$f(x) = \begin{cases} \lambda e^{-\lambda x}, & x > 0, \\ 0, & x \leq 0 \end{cases} (\lambda > 0)$	$\dfrac{1}{\lambda}$	$\dfrac{1}{\lambda^2}$
	标准正态分布 $X \sim N(0, 1)$	$\varphi(x) = \dfrac{1}{\sqrt{2\pi}} e^{-\frac{x^2}{2}}$ $(-\infty < x < +\infty)$	0	1
	一般正态分布 $X \sim N(\mu, \sigma^2)$	$f(x) = \dfrac{1}{\sqrt{2\pi}\sigma} e^{-\frac{(x-\mu)^2}{2\sigma^2}}$ $(\sigma > 0, -\infty < x < +\infty)$	μ	σ^2

附表二   标准正态分布表

$$\Phi(z) = \int_{-\infty}^{z} \frac{1}{\sqrt{2\pi}} e^{-\frac{x^2}{2}} \mathrm{d}x$$
$$= P(Z \leqslant z)$$

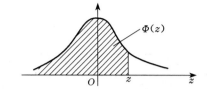

z	0	1	2	3	4	5	6	7	8	9
0.0	0.500 0	0.504 0	0.508 0	0.512 0	0.516 0	0.519 9	0.523 9	0.527 9	0.531 9	0.535 9
0.1	0.539 8	0.543 8	0.547 8	0.551 7	0.555 7	0.559 6	0.563 6	0.567 5	0.571 4	0.575 3
0.2	0.579 3	0.583 2	0.587 1	0.591 0	0.594 8	0.598 7	0.602 6	0.606 4	0.610 3	0.614 1
0.3	0.617 9	0.621 7	0.625 5	0.629 3	0.633 1	0.636 8	0.640 6	0.644 3	0.648 0	0.651 7
0.4	0.655 4	0.659 1	0.662 8	0.666 4	0.670 0	0.673 6	0.677 2	0.680 8	0.684 4	0.687 9
0.5	0.691 5	0.695 0	0.698 5	0.701 9	0.705 4	0.708 8	0.712 3	0.715 7	0.719 0	0.722 4
0.6	0.725 7	0.729 1	0.732 4	0.735 7	0.738 9	0.742 2	0.745 4	0.748 6	0.751 7	0.754 9
0.7	0.758 0	0.761 1	0.764 2	0.767 3	0.770 3	0.773 4	0.776 4	0.779 4	0.782 3	0.785 2
0.8	0.788 1	0.791 0	0.793 9	0.796 7	0.799 5	0.802 3	0.805 1	0.807 8	0.810 6	0.813 3
0.9	0.815 9	0.818 6	0.821 2	0.823 8	0.826 4	0.828 9	0.831 5	0.834 0	0.836 5	0.838 9
1.0	0.841 3	0.843 8	0.846 1	0.848 5	0.850 8	0.853 1	0.855 4	0.857 7	0.859 9	0.862 1
1.1	0.864 3	0.866 5	0.868 6	0.870 8	0.872 9	0.874 9	0.877 0	0.879 0	0.881 0	0.883 0
1.2	0.884 9	0.886 9	0.888 8	0.890 7	0.892 5	0.894 4	0.896 2	0.898 0	0.899 7	0.901 5
1.3	0.903 2	0.904 9	0.906 6	0.908 2	0.909 9	0.911 5	0.913 1	0.914 7	0.916 2	0.917 7
1.4	0.919 2	0.920 7	0.922 2	0.923 6	0.925 1	0.926 5	0.927 8	0.929 2	0.930 6	0.931 9
1.5	0.933 2	0.934 5	0.935 7	0.937 0	0.938 2	0.939 4	0.940 6	0.941 8	0.943 0	0.944 1
1.6	0.945 2	0.946 3	0.947 4	0.948 4	0.949 5	0.950 5	0.951 5	0.952 5	0.953 5	0.954 5
1.7	0.955 4	0.956 4	0.957 3	0.958 2	0.959 1	0.959 9	0.960 8	0.961 6	0.962 5	0.963 3
1.8	0.964 1	0.9648	0.965 6	0.966 4	0.967 1	0.967 8	0.968 6	0.969 3	0.970 0	0.970 6
1.9	0.971 3	0.971 0	0.972 6	0.973 2	0.973 8	0.974 4	0.975 0	0.975 6	0.976 2	0.976 7
2.0	0.977 2	0.977 8	0.978 3	0.978 8	0.979 3	0.979 8	0.980 3	0.980 8	0.981 2	0.981 7
2.1	0.982 1	0.982 6	0.983 0	0.983 4	0.983 8	0.984 2	0.984 6	0.985 0	0.985 4	0.985 7
2.2	0.986 1	0.986 4	0.986 8	0.987 1	0.987 4	0.987 8	0.988 1	0.988 4	0.988 7	0.989 0
2.3	0.989 3	0.989 6	0.989 8	0.990 1	0.990 4	0.990 6	0.990 9	0.991 1	0.991 3	0.991 6
2.4	0.991 8	0.992 0	0.992 2	0.992 5	0.992 7	0.992 9	0.993 1	0.993 2	0.993 4	0.993 5
2.5	0.993 8	0.994 0	0.994 1	0.994 3	0.994 5	0.994 6	0.994 8	0.994 9	0.995 1	0.995 2
2.6	0.995 3	0.995 5	0.995 6	0.995 7	0.995 9	0.996 0	0.996 1	0.996 2	0.996 3	0.996 4
2.7	0.996 5	0.996 6	0.996 7	0.996 8	0.996 9	0.997 0	0.997 1	0.997 2	0.997 3	0.997 4
2.8	0.997 4	0.997 5	0.997 6	0.997 7	0.997 7	0.997 8	0.997 9	0.997 9	0.998 0	0.998 1
2.9	0.998 1	0.998 2	0.998 2	0.998 3	0.998 4	0.998 4	0.998 5	0.998 5	0.998 6	0.998 6
3.0	0.998 7	0.999 0	0.999 3	0.999 5	0.999 7	0.999 8	0.999 8	0.999 9	0.999 9	1.000 0

附表三 泊松分布表 1

$$1 - F(x-1) = \sum_{k=x}^{\infty} \frac{e^{-\lambda}\lambda^k}{k!}$$

x	$\lambda=0.2$	$\lambda=0.3$	$\lambda=0.4$	$\lambda=0.5$	$\lambda=0.6$
0	1.000 000 0	1.000 000 0	1.000 000 0	1.000 000 0	1.000 000 0
1	0.181 269 2	0.259 181 8	0.329 680 0	0.393 469	0.451 188
2	0.017 523 1	0.036 936 3	0.061 551 9	0.090 204	0.121 901
3	0.001 148 5	0.003 599 5	0.007 926 3	0.014 388	0.023 115
4	0.000 056 8	0.000 265 8	0.000 776 3	0.001 752	0.003 358
5	0.000 002 3	0.000 015 8	0.000 061 2	0.000 172	0.000 394
6	0.000 000 1	0.000 000 8	0.000 004 0	0.000 014	0.000 039
7			0.000 000 2	0.000 001	0.000 003

x	$\lambda=0.7$	$\lambda=0.8$	$\lambda=0.9$	$\lambda=1.0$	$\lambda=1.2$
0	1.000 000 0	1.000 000 0	1.000 000 0	1.000 000 0	1.000 000 0
1	0.503 415	0.550 671	0.593 430	0.632 121	0.698 806
2	0.155 805	0.191 208	0.227 518	0.264 241	0.337 373
3	0.034 142	0.047 423	0.062 857	0.080 301	0.120 513
4	0.005 753	0.009 080	0.013 459	0.018 988	0.033 769
5	0.000 786	0.001 411	0.002 344	0.003 660	0.007 746
6	0.000 090	0.000 184	0.000 343	0.000 594	0.001 500
7	0.000 009	0.000 021	0.000 043	0.000 083	0.000 251
8	0.000 001	0.000 002	0.000 005	0.000 010	0.000 037
9				0.000 001	0.000 005
10					0.000 001

x	$\lambda=1.4$	$\lambda=1.6$	$\lambda=1.8$	$\lambda=2$	
0	1.000 000	1.000 000	1.000 000	1.000 000	
1	0.753 403	0.798 103	0.834 701	0.864 665	
2	0.408 167	0.475 069	0.537 163	0.593 994	
3	0.166 502	0.216 642	0.269 379	0.323 324	
4	0.053 725	0.078 813	0.108 708	0.142 877	
5	0.014 253	0.023 682	0.036 407	0.052 653	
6	0.003 201	0.006 040	0.010 378	0.016 564	
7	0.000 622	0.001 336	0.002 569	0.004 534	
8	0.000 107	0.000 260	0.000 562	0.001 097	
9	0.000 016	0.000 045	0.000 110	0.000 237	
10	0.000 002	0.000 007	0.000 019	0.000 046	
11		0.000 001	0.000 003	0.000 008	

续表

x	λ=2.5	λ=3.0	λ=3.5	λ=4.0	λ=4.5	λ=5.0
0	1.000 000	1.000 000	1.000 000	1.000 000	1.000 000	1.000 000
1	0.917 915	0.950 213	0.969 803	0.981 684	0.988 891	0.993 262
2	0.712 703	0.800 852	0.864 112	0.908 422	0.938 901	0.959 572
3	0.456 187	0.576 810	0.679 153	0.761 897	0.826 422	0.875 348
4	0.242 424	0.352 768	0.463 367	0.566 530	0.657 704	0.734 974
5	0.108 822	0.184 737	0.274 555	0.371 163	0.467 896	0.559 507
6	0.042 021	0.083 918	0.142 386	0.214 870	0.297 070	0.384 039
7	0.014 187	0.033 509	0.065 288	0.110 674	0.168 949	0.237 817
8	0.004 247	0.011 905	0.026 739	0.051 134	0.086 586	0.133 372
9	0.001 140	0.003 803	0.009 874	0.021 363	0.040 257	0.068 094
10	0.000 277	0.001 102	0.003 315	0.008 132	0.017 093	0.031 828
11	0.000 062	0.000 292	0.001 019	0.002 840	0.006 669	0.013 695
12	0.000 013	0.000 071	0.000 289	0.000 915	0.002 404	0.005 453
13	0.000 002	0.000 016	0.000 076	0.000 274	0.000 805	0.002 019
14		0.000 003	0.000 019	0.000 076	0.000 252	0.000 698
15		0.000 001	0.000 004	0.000 020	0.000 074	0.000 226
16			0.000 001	0.000 005	0.000 020	0.000 069
17				0.000 001	0.000 005	0.000 020
18					0.000 001	0.000 005
19						0.000 001

泊松分布表 2

$$P(X=k)=\frac{e^{-\lambda}\lambda^k}{k!}$$

k	λ							
	0.1	0.2	0.3	0.4	0.5	0.6	0.7	0.8
0	0.904 837	0.818 731	0.740 818	0.670 320	0.606 531	0.548 812	0.496 585	0.449 329
1	0.904 84	0.163 746	0.222 245	0.268 128	0.303 265	0.329 287	0.347 610	0.359 463
2	0.004 524	0.016 375	0.033 337	0.053 626	0.075 816	0.098 786	0.121 663	0.143 785
3	0.000 151	0.001 092	0.003 334	0.007 150	0.012 636	0.019 757	0.028 388	0.038 343
4	0.000 004	0.000 055	0.000 250	0.000 715	0.001 580	0.002 964	0.004 968	0.007 669
5	—	0.000 002	0.000 015	0.000 057	0.000 158	0.000 356	0.000 696	0.001 227
6	—	—	0.000 001	0.000 004	0.000 013	0.000 036	0.000 081	0.000 164
7	—	—	—	—	0.000 001	0.000 003	0.000 008	0.000 019
8	—	—	—	—	—	—	0.000 001	0.000 002

k	λ							
	0.9	1.0	1.5	2.0	2.5	3.0	3.5	4.0
0	0.406 570	0.367 879	0.223 130	0.135 335	0.082 085	0.049 787	0.030 197	0.018 316
1	0.365 913	0.367 879	0.334 695	0.270 671	0.205 212	0.149 361	0.150 091	0.073 263
2	0.164 661	0.183 940	0.251 021	0.270 671	0.256 516	0.224 042	0.184 959	0.146 525
3	0.049 398	0.061 313	0.125 510	0.180 447	0.213 763	0.224 042	0.215 785	0.195 367
4	0.011 115	0.015 328	0.047 067	0.090 224	0.133 602	0.168 031	0.188 812	0.195 367
5	0.002 001	0.003 066	0.014 120	0.036 089	0.066 801	0.100 819	0.132 169	0.156 293
6	0.000 300	0.000 511	0.003 530	0.012 030	0.027 834	0.050 409	0.077 098	0.104 196
7	0.000 039	0.000 073	0.000 756	0.003 437	0.009 941	0.021 604	0.038 549	0.059 540
8	0.000 04	0.000 009	0.000 142	0.000 859	0.003 106	0.008 102	0.016 865	0.029 770
9	—	0.000 001	0.000 024	0.000 191	0.000 863	0.002 701	0.006 559	0.013 231
10	—	—	0.000 004	0.000 038	0.000 216	0.000 810	0.002 296	0.005 292
11	—	—	—	0.000 007	0.000 049	0.000 221	0.000 730	0.001 925
12	—	—	—	0.000 004	0.000 010	0.000 055	0.000 213	0.000 642
13	—	—	—	—	0.000 002	0.000 013	0.000 057	0.000 197
14	—	—	—	—	—	0.000 003	0.000 014	0.000 056
15	—	—	—	—	—	0.000 001	0.000 003	0.000 015
16	—	—	—	—	—	—	0.000 001	0.000 004
17	—	—	—	—	—	—	—	0.000 001

续表

k	λ							
	4.5	5.0	6.0	7.0	8.0	9.0	10.0	
0	0.011 109	0.006 738	0.002 479	0.000 912	0.000 335	0.000 123	0.000 045	
1	0.049 990	0.033 690	0.014 873	0.006 383	0.002 684	0.001 111	0.000 454	
2	0.112 479	0.084 224	0.044 618	0.022 341	0.010 735	0.004 998	0.002 270	
3	0.168 718	0.140 374	0.089 235	0.052 129	0.028 626	0.014 994	0.007 567	
4	0.189 808	0.175 467	0.133 853	0.091 226	0.057 252	0.033 737	0.018 917	
5	0.170 327	0.175 467	0.160 623	0.127 717	0.091 604	0.060 727	0.037 833	
6	0.128 120	0.146 223	0.160 623	0.149 003	0.122 138	0.091 090	0.063 055	
7	0.082 363	0.104 445	0.137 677	0.149 003	0.139 587	0.117 116	0.090 079	
8	0.046 329	0.065 278	0.103 258	0.130 377	0.139 587	0.131 756	0.112 599	
9	0.023 165	0.036 266	0.068 838	0.101 405	0.124 077	0.131 756	0.125 110	
10	0.010 424	0.018 133	0.041 303	0.070 983	0.099 262	0.118 580	0.125 110	
11	0.004 264	0.008 242	0.022 529	0.045 171	0.072 190	0.097 020	0.113 736	
12	0.001 599	0.003 434	0.011 264	0.026 350	0.048 127	0.072 765	0.094 780	
13	0.000 554	0.001 321	0.005 199	0.014 188	0.029 616	0.050 376	0.072 907	
14	0.000 178	0.000 472	0.002 288	0.007 094	0.016 924	0.032 384	0.052 077	
15	0.000 053	0.000 157	0.000 891	0.003 311	0.009 026	0.019 431	0.034 718	
16	0.000 015	0.000 049	0.000 334	0.001 448	0.004 513	0.010 930	0.021 699	
17	0.000 004	0.000 014	0.000 118	0.000 596	0.002 124	0.005 786	0.012 764	
18	0.000 001	0.000 004	0.000 039	0.000 232	0.000 944	0.002 893	0.007 091	
19	—	0.000 001	0.000 012	0.000 085	0.000 397	0.001 370	0.003 732	
20	—	—	0.000 004	0.000 030	0.000 159	0.000 617	0.001 866	
21	—	—	0.000 001	0.000 010	0.000 061	0.000 264	0.000 889	
22	—	—	—	0.000 003	0.000 022	0.000 108	0.000 404	

附表四 χ^2 分布表

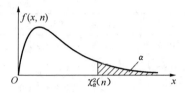

$$P\{\chi^2(n) > \chi_\alpha^2(n)\} = \alpha$$

n	$\alpha=0.995$	0.99	0.975	0.95	0.90	0.75
1	—	—	0.001	0.004	0.016	0.102
2	0.010	0.020	0.051	0.103	0.211	0.575
3	0.072	0.115	0.216	0.352	0.584	1.213
4	0.207	0.297	0.484	0.711	1.064	1.923
5	0.412	0.554	0.831	1.145	1.610	2.675
6	0.678	0.872	1.237	1.635	2.204	3.455
7	0.989	1.230	1.690	2.167	2.833	4.255
8	1.344	1.646	2.180	2.733	3.490	5.071
9	1.735	2.088	2.700	3.325	4.168	5.899
10	2.156	2.558	3.247	3.940	4.865	6.737
11	2.603	3.053	3.816	4.575	5.578	7.584
12	3.074	3.571	4.404	5.226	6.304	8.438
13	3.565	4.107	5.009	5.892	7.042	9.299
14	4.075	4.660	5.629	6.571	7.790	10.165
15	4.601	5.229	6.262	7.261	8.547	11.037
16	5.142	5.812	6.908	7.962	9.312	11.912
17	5.697	6.408	7.564	8.672	10.085	12.792
18	6.265	7.015	8.231	9.390	10.865	13.675
19	6.844	7.633	8.907	10.117	11.651	14.562
20	7.434	8.260	9.591	10.851	12.443	15.452
21	8.034	8.897	10.283	11.591	13.240	16.344
22	8.643	9.542	10.982	12.338	14.042	17.240
23	9.260	10.196	11.689	13.091	14.848	18.137
24	9.886	10.856	12.401	13.848	15.659	19.037
25	10.520	11.524	13.120	14.611	16.473	19.939
26	11.160	12.198	13.844	15.379	17.292	20.843

续表

n	α＝0.995	0.99	0.975	0.95	0.90	0.75
27	11.808	12.879	14.573	16.151	18.114	21.749
28	12.410	13.565	15.308	16.928	18.939	22.657
29	13.121	14.257	16.047	17.708	19.768	23.567
30	13.787	14.954	16.791	18.493	20.599	24.478
31	14.458	15.655	17.539	19.281	21.434	25.900
32	15.134	16.362	18.291	20.072	22.271	26.304
33	15.815	17.074	19.047	20.867	23.110	27.219
34	16.501	17.789	19.806	21.664	23.952	28.136
35	17.192	18.509	20.569	22.465	24.797	29.054
36	17.887	19.233	21.336	23.269	25.643	29.973
37	18.586	19.960	22.106	24.075	26.492	30.893
38	19.289	20.691	22.878	24.884	27.343	31.815
39	19.996	21.426	23.654	25.695	28.196	32.737
40	20.707	22.164	24.433	26.509	29.051	33.650
41	21.421	22.906	25.215	27.326	29.907	34.585
42	22.138	23.650	25.999	28.144	30.765	35.510
43	22.859	21.398	26.785	28.965	31.625	36.436
44	23.584	25.148	27.575	29.787	32.487	37.363
45	24.311	25.901	28.366	30.612	33.350	38.291
n	α＝0.25	0.10	0.05	0.025	0.01	0.005
1	1.323	2.706	3.841	5.024	6.635	7.879
2	2.773	4.605	5.991	7.378	9.210	10.597
3	4.108	6.251	7.815	9.348	11.345	12.838
4	5.385	7.779	9.488	11.143	13.277	14.860
5	6.626	9.236	11.071	12.833	15.086	16.750
6	7.841	10.645	12.592	14.449	16.812	18.548
7	9.037	12.017	14.067	16.013	18.475	20.278
8	10.219	13.362	15.507	17.535	20.090	21.955
9	11.389	14.684	16.919	19.023	21.666	23.589
10	12.549	15.987	18.307	20.483	23.209	25.188
11	13.701	17.275	19.675	21.950	24.725	26.757

续表

n	$\alpha=0.25$	0.10	0.05	0.025	0.01	0.005
12	14.845	18.549	21.026	23.337	26.217	28.299
13	15.984	19.812	22.362	24.736	27.688	29.819
14	17.117	21.064	23.685	26.119	29.141	31.319
15	18.245	22.307	24.996	27.488	30.578	32.801
16	19.369	23.542	26.296	28.845	32.000	34.267
17	20.489	24.769	27.587	30.191	33.409	35.718
18	22.718	27.204	30.144	32.852	36.191	38.582
19	22.718	27.204	30.144	32.852	36.191	38.582
20	23.828	28.412	31.410	34.170	37.566	39.997
21	24.935	29.615	32.671	35.479	38.932	41.401
22	26.039	30.813	33.924	36.781	40.289	42.796
23	27.141	32.007	35.172	38.076	41.638	44.181
24	28.241	33.196	36.415	39.364	42.980	45.559
25	29.379	34.382	37.652	40.646	44.314	46.928
26	30.435	35.563	38.885	41.923	45.642	48.290
27	31.528	36.741	40.113	43.194	46.963	49.645
28	32.620	37.916	41.337	44.461	48.278	50.993
29	33.711	39.087	42.557	45.722	49.588	52.336
30	34.800	40.256	43.773	46.979	50.892	53.672
31	35.887	41.422	44.985	48.232	52.191	55.003
32	36.973	42.585	46.194	49.480	53.486	56.328
33	38.058	43.745	47.400	50.725	54.776	57.648
34	39.141	44.903	48.602	51.966	56.061	58.964
35	40.223	46.059	49.802	53.203	57.342	60.275
36	41.304	47.212	50.998	54.437	58.619	61.581
37	42.383	48.363	52.192	55.668	59.892	62.883
38	43.462	59.513	53.384	56.896	61.162	64.181
39	44.539	50.660	54.572	58.120	62.428	65.476
40	45.616	51.805	55.758	59.342	63.691	66.766
41	46.692	52.949	56.842	60.561	64.950	88.053
42	47.766	54.090	58.124	61.777	66.206	69.336
43	48.840	55.230	59.304	62.990	67.459	70.616
44	49.913	56.369	60.481	64.201	69.710	71.893
45	40.985	57.505	61.656	65.410	69.957	73.166

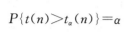

附表五　　　　　　　　　　　　　　　t 分布表

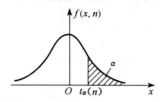

$$P\{t(n) > t_\alpha(n)\} = \alpha$$

n	$\alpha=0.25$	0.10	0.05	0.025	0.01	0.005
1	1.000 0	3.077 7	6.313 8	12.706 2	31.820 7	63.657 4
2	0.816 5	1.885 6	2.920 0	4.302 7	6.964 6	9.424 8
3	0.764 9	1.637 7	2.353 4	3.182 4	4.540 7	5.840 9
4	0.740 7	1.533 2	2.131 8	2.776 4	3.746 9	4.604 1
5	0.726 7	1.475 9	2.015 0	2.570 6	3.364 9	4.032 2
6	0.717 6	1.439 8	1.943 2	2.446 9	3.142 8	3.707 4
7	0.711 1	1.414 9	1.894 6	2.364 6	2.998 0	3.499 5
8	0.706 4	1.396 8	1.850 5	2.306 0	2.896 5	3.355 4
9	0.702 7	1.383 0	1.833 1	2.262 2	2.821 4	3.249 8
10	0.699 8	1.372 2	1.812 5	2.238 4	2.763 8	3.169 3
11	0.697 4	1.363 4	1.795 9	2.201 0	2.718 1	3.105 8
12	0.695 5	1.356 2	1.782 3	2.178 8	2.681 0	3.054 5
13	0.693 8	1.350 2	1.770 9	2.160 4	2.650 3	3.012 3
14	0.692 4	1.345 0	1.761 3	2.144 8	2.624 5	2.976 8
15	0.691 2	1.340 6	1.753 1	2.131 5	2.602 5	2.946 7
16	0.690 1	1.336 8	1.745 9	2.119 9	2.583 5	2.920 8
17	0.689 2	1.333 4	1.739 6	2.109 8	2.566 9	2.898 2
18	0.688 4	1.330 4	1.734 1	2.100 9	2.552 4	2.878 4
19	0.687 6	1.327 7	1.729 1	2.093 0	2.539 5	2.860 9
20	0.687 0	1.325 3	1.724 7	2.086 0	2.528 0	2.845 3
21	0.686 4	1.323 2	1.720 7	2.079 6	2.517 7	2.831 4
22	0.685 8	1.321 2	1.717 1	2.073 9	2.508 3	2.818 8
23	0.685 3	1.319 5	1.713 9	2.068 7	2.499 9	2.807 3
24	0.684 8	1.317 8	1.710 9	2.063 9	2.492 2	2.796 9
25	0.684 4	1.316 3	1.708 1	2.059 5	2.485 1	2.787 4
26	0.674 0	1.315 0	1.705 6	2.055 5	2.478 6	2.778 7

续表

n	$\alpha=0.25$	0.10	0.05	0.025	0.01	0.005
27	0.638 7	1.313 7	1.703 3	2.051 8	2.472 7	2.770 7
28	0.683 4	1.312 5	1.701 1	2.048 4	2.467 1	2.763 3
29	0.683 0	1.311 4	1.699 1	2.045 2	2.462 0	2.756 4
30	0.682 8	1.310 4	1.697 3	2.042 3	2.457 3	2.750 0
31	0.682 5	1.309 5	1.695 5	2.039 5	2.452 8	2.744 0
32	0.682 2	1.308 6	1.683 9	2.036 9	2.448 7	2.738 5
33	0.682 0	1.307 7	1.692 4	2.034 5	2.444 8	2.733 3
34	0.681 8	1.307 0	1.690 9	2.032 2	2.441 1	2.728 4
35	0.681 6	1.306 2	1.689 6	2.030 1	2.437 7	2.723 8
36	0.681 4	1.305 5	1.688 3	2.028 1	2.434 5	2.719 5
37	0.681 2	1.304 9	1.687 1	2.026 2	2.431 4	2.715 4
38	0.681 0	1.304 2	1.686 0	2.024 4	2.428 6	2.711 6
39	0.680 8	1.303 6	1.684 9	2.022 7	2.425 8	2.707 9
40	0.696 7	1.303 1	1.683 9	2.021 1	2.423 3	2.704 5
41	0.680 5	1.302 5	1.682 9	2.019 5	2.420 8	2.701 2
42	0.680 4	1.302 0	1.682 0	2.018 1	2.418 5	2.698 1
43	0.680 2	1.301 6	1.681 1	2.016 7	2.416 3	2.695 1
44	0.680 1	1.301 1	1.680 2	2.015 4	2.414 1	2.682 3
45	0.680 0	1.300 6	1.679 4	2.014 1	2.412 1	2.689 6

参 考 答 案

习 题 1

1. (1) $n = \mathrm{C}_3^1 \mathrm{C}_3^1 = 9$; (2) $n = \mathrm{C}_2^1 \cdot \mathrm{C}_2^1 \cdot \mathrm{C}_2^1 = 8$; (3) $n = \mathrm{C}_5^2 = 10$;

(4) $n = 101$; (5) $n = 3! = 6$.

2. $A \bigcup B = S$, $AB = \varnothing$, A 与 B 互为对立事件.

3. $\overline{A}$："三件都是正品"；$\overline{B}$："三件中至多有一件是废品"；$\overline{C}$："三件中至少有一件是废品"；$A \bigcup B = A$；$AC = \varnothing$.

4. $B = A_1 A_2$，$C = \overline{A_1} \overline{A_2}$，$D = A_1 \overline{A_2} \bigcup \overline{A_1} A_2$，$E = A_1 \bigcup A_2$，$B$ 与 C，B 与 D，C 与 D，C 与 E 两两互不相容，C 与 E 对立.

5. (1) $A \overline{B} C =$ "选出的是北方的男同学非运动员"，$A \overline{B} \overline{C} =$ "选出的是南方的男同学非运动员"；

(2) $C \subset B$ "该班选出的北方的同学都是运动员"，$A \overline{B} \subset \overline{C}$ "不是运动员的男同学都是南方人"；

(3) 当 $A \subset BC$ 时，有 $ABC = A$.

6. (1) $A_1 A_2 A_3 A_4$； (2) $\overline{A_1} \overline{A_2} \overline{A_3} \overline{A_4}$； (3) $A_1 \bigcup A_2 \bigcup A_3 \bigcup A_4$； (4) $A_1 A_2 \overline{A_3} \overline{A_4}$；

(5) $\overline{A_1} \overline{A_2} \overline{A_3} \bigcup \overline{A_2} \overline{A_3} \overline{A_4} \bigcup \overline{A_1} \overline{A_3} \overline{A_4} \bigcup \overline{A_1} \overline{A_2} \overline{A_4}$；

(6) $A_1 \overline{A_2} \overline{A_3} \overline{A_4} \bigcup \overline{A_1} A_2 \overline{A_3} \overline{A_4} \bigcup \overline{A_1} \overline{A_2} A_3 \overline{A_4} \bigcup \overline{A_1} \overline{A_2} \overline{A_3} A_4$

7. $P(A) = 13^4 / \mathrm{C}_{52}^4 \approx 0.105\,5$.

8. $P(A) = 1 - p(\overline{A}) = 1 - \dfrac{11^4}{12^4} \approx 0.3$. (提示：设 A "至少有 1 人是 10 月生日")

9. $P(A) = \dfrac{\mathrm{C}_4^1 P_9^2}{P_{10}^3} = \dfrac{2}{5}$.

10. $P(至少有一次出现正面) = 1 - P(全不出现正面) = 1 - \left(\dfrac{1}{2} \right)^{10} = 0.999$.

11. $P(A) = \dfrac{\mathrm{C}_6^3 \mathrm{C}_4^2}{\mathrm{C}_{10}^5} = \dfrac{10}{21} = 0.476$.

12. $P(A) = \dfrac{3}{5}$； $P(B \mid A) = \dfrac{5}{9}$； $P(B \mid \overline{A}) = \dfrac{2}{3}$. **13.** $\dfrac{7}{8}$

14. 提示，用 A_1，A_2，A_3 分别表示从甲袋取得白球、红球、黑球事件. 用 B_1，B_2，B_3 分别表示从乙袋取得白球、红球、黑球事件，则 $A = A_2 B_2$，且 A_2 与 B_2 相互独立. $B = A_1 B_1 \bigcup A_2 B_2 \bigcup$

A_3B_3,且三者互斥,A_i 与 B_i 相互独立. $P(A)=42/625$, $P(B)=207/625$.

15. $p_1=0.9\times0.8\times0.7\times0.9\approx0.45$; $p_2=0.7\times0.7\times0.8\approx0.39$. 所以采用第一种工艺获得一级品的概率较大.

16. $P(A)=\dfrac{C_5^0 C_{95}^5}{C_{100}^5}\approx0.76$; $P(B)=\dfrac{C_5^1 C_{95}^4}{C_{100}^5}\approx0.22$;

$P(C)=1-P(A)-P(B)\approx0.02$.

17. $P(A)=C_{10}^3(0.01)^3(0.99)^7\approx0.0001$.

18. $P(A)=\displaystyle\sum_{k=6}^{10}C_{10}^k 0.8^k 0.2^{10-k}\approx0.967$. **19.** 0.0975.

20. (1) 0.05, 0.3, 0.5; (2) 0.95, 0.85; (3) $\dfrac{1}{3}$, $\dfrac{3}{4}$, $\dfrac{1}{11}$.

21. (1) 0.2, 0.4; (2) 0.9; (3) 0.7.

22. $\dfrac{13}{15}$. **23.** $p(A)=\dfrac{1}{4}$. **24.** $\dfrac{13}{48}$. **25.** $\dfrac{3}{5}$; **26.** (1) $\dfrac{7}{120}$; (2) $\dfrac{119}{120}$.

27. (1) 0.504; (2) 0.902.

28. $p_1=P(A_1A_2)+P(A_3)-P(A_1A_2A_3)=p^2+p-p^3$;

$p_2=P[(A_1\bigcup A_2)(A_3\bigcup A_4)(A_5\bigcup A_6)]=[P(A_1\bigcup A_2)]^3$

$=[P(A_1)+P(A_2)-P(A_1A_2)]^3=[2p-p^2]^3$.

29. 0.902. **30.** $\dfrac{1}{2}$. **31.** 0.027. **32.** 4. **33.** (1) 0.44; (2) $\dfrac{8}{11}\approx0.73$. **34.** $\dfrac{40}{49}$.

35. 0.7595. **36.** $\dfrac{4}{5}$. **37.** $0.75,0.25$. **38.** 0.4, 0.4856, 0.3942.

39. (1) $\dfrac{7}{16}$; (2) $\dfrac{1}{2}$.

习 题 2

1. $P(X=k)=\dfrac{C_5^k C_{95}^{3-k}}{C_{100}^3}$ $(k=0,1,2,3)$.

2. (1) $P(X=k)=C_{20}^k(0.05)^k(0.95)^{20-k}$ $(k=0,1,\cdots,20)$;

(2) $P(Y=k)=\dfrac{C_5^k C_{95}^{20-k}}{C_{100}^{20}}$ $(k=0,1,2,3,4,5)$.

3. (1) $a=55$; (2) $b=\dfrac{21}{64}$.

4. (1) $P(X=2)=C_{20}^2 0.8^2 0.2^{18}\approx0$;

(2) $P(X\leqslant2)=P(X=0)+P(X=1)+P(X=2)\approx0$;

(3) $P(X\geqslant2)=1-P(X=0)-P(X=1)\approx1$.

5. (1) $P(x=2)=C_5^2 0.1^2 0.9^3\approx0.0729$;

(2) $P(x\leqslant3)=1-[P(x=4)+P(x=5)]=0.9995$;

(3) $P(x>0)=1-P(x=0)=0.409\ 51.$

6. (1) $P(X=k)=C_{12}^{k}0.3^{k}0.7^{12-k}$ $(k=0,1,2,\cdots,12)$；(2) $0.7^{12}.$

7. $\lambda=2$, $P(X=k)=\dfrac{2^{k}\mathrm{e}^{-2}}{k!}$ $(k=0,1,2,\cdots).$

8. $P(X\geqslant2)=0.959\ 6.$ (提示:$X\sim B(n,\ p)$, $n=5\ 000$, $p=0.001.$)

因为 n 很大,p 很小,可用 $\lambda=np=5$ 的泊松分布作近似计算.

$$P(X\geqslant2)=\sum_{k=2}^{\infty}\frac{5^{k}\mathrm{e}^{-5}}{k!}-\sum_{k=5000}^{\infty}\frac{5^{k}\mathrm{e}^{-5}}{k!}=0.959\ 6.$$

9. $P(X\geqslant97)=0.981.$

(提示:不发芽的种子数 Y 服从 $n=100$, $p=0.01$ 的二项分布,可用参数为 $\lambda=np=1$ 的泊松分布作近似计算.)

$$P(X\geqslant97)=P(Y\leqslant3)=1-P(Y\geqslant4)=1-\sum_{k=4}^{\infty}\frac{1^{k}\mathrm{e}^{-1}}{k!}=1-0.019=0.981.$$

10. $P(X\leqslant1)=1-\sum_{k=2}^{\infty}\dfrac{\lambda^{k}\mathrm{e}^{-\lambda}}{k!}=1-0.090\ 2=0.909\ 8.$

(提示:以 30 s 为时间单位,$\lambda=\dfrac{60}{3\ 600}\times30=0.5.$)

11. (1)

X	1	2	3
p_k	$\dfrac{4}{5}$	$\dfrac{8}{45}$	$\dfrac{1}{45}$

$$F(x)=\begin{cases}0, & x<1,\\[2mm] \dfrac{4}{5}, & 1\leqslant x<2,\\[2mm] \dfrac{44}{45}, & 2\leqslant x<3,\\[2mm] 1, & x\geqslant3;\end{cases}$$

(2) $0,1,\dfrac{8}{45}.$

12. $a=\dfrac{1}{4}$, $b=\dfrac{3}{4}$；

X	0	1	2
p_k	$\dfrac{1}{4}$	$\dfrac{1}{4}$	$\dfrac{1}{2}$

13. $F(x)=\begin{cases}0, & x<0,\\[2mm] \dfrac{x^{2}}{2}, & 0\leqslant x<1,\\[2mm] 2x-\dfrac{x^{2}}{2}-1, & 1\leqslant x<2,\\[2mm] 1, & x\geqslant2.\end{cases}$

14. (1) $P(X\leqslant1)=F(1)=1-(1+1)\mathrm{e}^{-1}=0.264\ 2$；(2) $f(x)=F'(x)=\begin{cases}x\mathrm{e}^{-x}, & x\geqslant0,\\ 0, & x<0.\end{cases}$

15. (1) $k=\dfrac{1}{2}$；(2) $F(x)=\begin{cases}\dfrac{1}{2}\mathrm{e}^{x}, & x<0,\\[2mm] 1-\dfrac{1}{2\mathrm{e}^{x}}, & x\geqslant0;\end{cases}$ (3) $1-\dfrac{1}{2}(\mathrm{e}^{-10}+\mathrm{e}^{-5}).$

16. (1) $P\left(X \leqslant \dfrac{1}{\lambda}\right) = \displaystyle\int_0^{\frac{1}{\lambda}} \lambda e^{-\lambda x}\,dx = 1 - \dfrac{1}{e} \approx 0.632$;

(2) $C = \dfrac{1}{\lambda}\ln 2$ (提示:令$\displaystyle\int_0^{+\infty} \lambda e^{-\lambda x}\,dx = \dfrac{1}{2}$).

17. (1) $a = 3$; (2) $a = 2$.

18. $P(X > 4) = \displaystyle\int_4^5 \dfrac{1}{5}\,dx = \dfrac{1}{5}$.   **19.** $\dfrac{19}{27}$.   **20.** 0.130 1.

21. (1) $P(2 < X \leqslant 5) = \varPhi\left(\dfrac{5-3}{2}\right) - \varPhi\left(\dfrac{2-3}{2}\right) = 0.523\,8$,

$P(-4 < X < 10) = 1$; $P(X > 3) = 1 - P(X \leqslant 3) = 0.5$,

$P(|X| > 2) = 1 - P(|X| \leqslant 2) = 0.697$;

(2) $C = 3$(提示:$P(X \leqslant C) = P(X > C) = 1 - P(X \leqslant C)$)

则 $P(X \leqslant C) = \dfrac{1}{2}$, $\varPhi\left(\dfrac{C-3}{2}\right) = 0.5$ 查表得 $C = 3$;

(3) $a = 3.335$.

22. $\sigma \approx 12$,   0.682 6.

23. (1) 两种工艺条件均可. $P(0 < X \leqslant 60) = P(0 < Y \leqslant 60) = 0.993\,8$;

(2) 宜选第甲种工艺条件 $P(0 < X \leqslant 50) \approx 0.894\,4 > P(0 < Y \leqslant 50) \approx 0.5$.

24. 长度大于 μ 的概率 $p = 1 - P(X \leqslant \mu) = 1 - \varPhi\left(\dfrac{u-\mu}{\sigma}\right) = \dfrac{1}{2}$.

设长度大于 μ 的个数 $Y \sim B(5, p)$,

$P(Y = 2) = C_5^2 \left(\dfrac{1}{2}\right)^2 \left(\dfrac{1}{2}\right)^3 \approx 0.313$.

25. 0.923 6, $k = 58$.   **26.** 0.939 6.

27. $= \dfrac{1}{\sqrt{2\pi}} e^{-\frac{1}{2}\left(\frac{y-b}{a}\right)^2} \left|\dfrac{1}{a}\right|$ ($-\infty < y < +\infty$).

28. (1)

Y	$-\pi$	0	π
p_k	$\dfrac{1}{4}$	$\dfrac{1}{2}$	$\dfrac{1}{4}$

(2)

Y	0	1
p_k	$\dfrac{1}{2}$	$\dfrac{1}{2}$

29. $F_Y(y) = \begin{cases} 0, & y < 0, \\ \sqrt{y}, & 0 \leqslant y < 1, \\ 1, & y \geqslant 1; \end{cases}$ $f_Y(y) = F'_Y(y) = \begin{cases} \dfrac{1}{2\sqrt{y}}, & 0 < y < 1, \\ 0, & \text{其他.} \end{cases}$

30. (1) $f_Y(y) = \begin{cases} \dfrac{2}{3}\left(1 - \dfrac{y}{3}\right), & 0 < y < 3, \\ 0, & \text{其他}; \end{cases}$ (2) $f_Y(y) = \begin{cases} 2(y-2), & 2 < y < 3, \\ 0, & \text{其他}; \end{cases}$

(3) $f_Y(y) = \begin{cases} \dfrac{1}{\sqrt{y}} - 1, & 0 < y < 1, \\ 0, & \text{其他.} \end{cases}$

31. (1) $f_Y(y)=\begin{cases} \dfrac{1}{\pi}, & -\dfrac{\pi}{2}<y<\dfrac{\pi}{2}, \\ 0, & \text{其他}; \end{cases}$ (2) $f_Y(y)=\dfrac{3(1-y)^2}{\pi[1+(1-y)^6]}, \quad -\infty<y<+\infty.$

32. $f_Y(y)=\dfrac{2e^y}{\pi(e^{2y}+1)} \quad (-\infty<y<+\infty).$

33. $f_Y(y)=\begin{cases} \dfrac{1}{4\sqrt{y}}, & 0<y<4, \\ 0, & \text{其他}. \end{cases}$

34. (1) $a=-\dfrac{1}{2}$; (2) $F(x)=\begin{cases} 0, & x\leqslant 0, \\ x-\dfrac{x^2}{4}, & 0<x<2, \\ 1, & x\geqslant 2; \end{cases}$ (3) $P(1<X<3)=\dfrac{1}{4}$;

(4) $f_Y(y)=\begin{cases} \dfrac{1}{2\sqrt{y}}-\dfrac{1}{4}, & 0<y<4, \\ 0, & \text{其他}. \end{cases}$

35. $e^{-1}-e^{-3}.$

习 题 3

1.

p_{ij} X \ Y	1	2	3
1	0	$\dfrac{1}{6}$	$\dfrac{1}{12}$
2	$\dfrac{1}{6}$	$\dfrac{1}{6}$	$\dfrac{1}{6}$
3	$\dfrac{1}{12}$	$\dfrac{1}{6}$	0

2. (1)

p_{ij} X \ Y	0	1
0	$\dfrac{25}{36}$	$\dfrac{5}{36}$
1	$\dfrac{5}{36}$	$\dfrac{1}{36}$

(2)

p_{ij} $\diagdown$ Y X	0	1
0	$\dfrac{15}{22}$	$\dfrac{5}{33}$
1	$\dfrac{5}{33}$	$\dfrac{1}{66}$

3. $a=\dfrac{1}{6}-\dfrac{1}{8}=\dfrac{1}{24}$　由独立性知 $\dfrac{e}{6}=a=\dfrac{1}{24}$，$e=\dfrac{1}{4}$，$f=1-e=\dfrac{3}{4}$.

由　　　$eg=\dfrac{1}{8}$，$g=\dfrac{1}{2}$，$c=\dfrac{1}{2}-\dfrac{1}{8}=\dfrac{3}{8}$，$h=1-\dfrac{1}{6}-g=\dfrac{1}{3}$，

$$b=eh=\dfrac{1}{12}, \quad d=fh=\dfrac{1}{4}.$$

4.

p_{ij} $\diagdown$ Y X	0	1	2
0	0	0	$\dfrac{1}{15}$
1	0	$\dfrac{8}{15}$	0
2	$\dfrac{2}{5}$	0	0

X	0	1	2
p_i	$\dfrac{1}{15}$	$\dfrac{8}{15}$	$\dfrac{2}{5}$

Y	0	1	2
p_j	$\dfrac{2}{5}$	$\dfrac{8}{15}$	$\dfrac{1}{15}$

5. $f_X(x)=\begin{cases}2(1-x), & 0\leqslant x\leqslant 1,\\ 0, & \text{其他;}\end{cases}$　$f_Y(y)=\begin{cases}2y, & 0\leqslant y\leqslant 1,\\ 0, & \text{其他.}\end{cases}$

6. (1) $\dfrac{1}{8}$;　(2) $\dfrac{3}{8}$;　(3) $\dfrac{27}{32}$.

7. (1) $k=8$;　(2) $P(X+Y<1)=\dfrac{1}{6}$;　(3) $P\left(X<\dfrac{1}{2}\right)=\dfrac{1}{16}$.

8. $1-\mathrm{e}^{-\frac{1}{2}}$.

9. (1) $f(x, y)=\begin{cases}3, & 0<x<1, 0<y<x^2,\\ 0, & \text{其他;}\end{cases}$

(2) $f_X(x)=\begin{cases}3x^2, & 0<x<1,\\ 0, & \text{其他;}\end{cases}$　$f_Y(y)=\begin{cases}3(1-\sqrt{y}), & 0<y<1,\\ 0, & \text{其他.}\end{cases}$

10. $\dfrac{5}{9}$.　　**11.** X 与 Y 相互独立.

12. $k=\dfrac{1}{2}$；$f_X(x)=\begin{cases}\dfrac{1}{2}(\sin x+\cos x),&0\leqslant x\leqslant\dfrac{\pi}{2},\\[2mm]0,&\text{其他};\end{cases}$

$$f_Y(y)=\begin{cases}\dfrac{1}{2}(\sin y+\cos y),&0\leqslant y\leqslant\dfrac{\pi}{2},\\[2mm]0,&\text{其他}.\end{cases}$$

因为 $f(x,y)\neq f_X(x)f_Y(y)$，则 X，Y 不相互独立.

13. (1) $f(x,y)=\begin{cases}25\mathrm{e}^{-5y},&0\leqslant x\leqslant0.2,\ y>0,\\0,&\text{其他};\end{cases}$　(2) $P(Y\leqslant X)=\mathrm{e}^{-1}$.

14. (1) $f_X(x)=\begin{cases}\dfrac{2-x}{2},&0<x<2,\\[2mm]0,&\text{其他},\end{cases}$　$f_Y(y)=\begin{cases}\dfrac{y}{2},&0<y<2,\\[2mm]0,&\text{其他};\end{cases}$

(2) $f(x,y)\neq f_X(x)f_Y(y)$，所以 X 与 Y 不相互独立；(3) $P(X+Y\leqslant1)=\dfrac{1}{8}$.

15. (1) $f_X(x)=\begin{cases}1-\dfrac{x}{2},&0<x<2,\\[2mm]0,&\text{其他},\end{cases}$　$f_Y(y)=\begin{cases}2(1-y),&0<y<1,\\0,&\text{其他};\end{cases}$

(2) $f(x,y)\neq f_X(x)f_Y(y)$，所以 X 与 Y 不相互独立；(3) $P(X\leqslant Y)=\dfrac{1}{3}$.

16. $\dfrac{1}{5}$.

17. (1) $f(x,y)=\begin{cases}\dfrac{1}{2},&(x,y)\in D,\\[2mm]0,&\text{其他};\end{cases}$　(2) $P(X+Y\geqslant2)=1-P(X+Y<2)=0.75$.

18. $f_X(x)=\begin{cases}2x,&0<x<1,\\0,&\text{其他};\end{cases}$　$P\left(Y>0,X<\dfrac{1}{2}\right)=\dfrac{1}{2}$.

习 题 4

1. $EX=44.64$. 提示：得分的可能值为 $0,15,30,55,100$ 得分布律

X	0	15	30	55	100
p_k	$\left(\dfrac{2}{5}\right)^4$	$\mathrm{C}_4^1\dfrac{3}{5}\left(\dfrac{2}{5}\right)^3$	$\mathrm{C}_4^2\left(\dfrac{3}{5}\right)^2\left(\dfrac{2}{5}\right)^2$	$\mathrm{C}_4^3\left(\dfrac{3}{5}\right)^3\left(\dfrac{2}{5}\right)$	$\left(\dfrac{3}{5}\right)^4$

按数学期望的定义算得 EX.

2. $EX=1.375$. 提示：X 的分布律为

X	1	2	3	4
p_k	$\dfrac{7}{10}$	$\dfrac{3}{10} \times \dfrac{7}{9}$	$\dfrac{3}{10} \times \dfrac{2}{9} \times \dfrac{7}{8}$	$\dfrac{3}{10} \times \dfrac{2}{9} \times \dfrac{1}{8}$

3. 26.65.　　**4.** 2.　　**5.** $EY=1$, $DY=1$, $EZ=0.4$, $DZ=0.09$.

6. 10, 0.8.　　**7.** 2.　　**8.** (1)$EZ_1=-5$, $DZ_1=17$;　(2) $EZ_2=10$, $DZ_2=8$.

9. $EX=0.5$, $DX\approx0.43$.　　**10.** -1.6, 4.88.

11. (1) $k=6$; (2) $F(x)=\begin{cases} 0, & x<0, \\ 3x^2-2x^3, & x\leqslant0<1, \\ 1 & x\geqslant1; \end{cases}$ (3) $\dfrac{1}{2}$; (4) $EX=0.5$, $DX=0.05$.

12. $k=6$, $a=\dfrac{1}{2}$, $b=\dfrac{1}{20}$, $P(a-2b<X<a+2b)=0.296$.

13. $EX=3$, $DX=3$, $E\left(\dfrac{2}{3}X-2\right)=0$, $D\left(\dfrac{2}{3}X-2\right)=\dfrac{4}{3}$.

14. (1) 1, $\dfrac{1}{2}$; (2) $\dfrac{2\ln 3+2}{2\ln 3+1}=1+\dfrac{1}{\ln 9e}$; (3) 18.4; (4) 11, 31.　　**15.** $\dfrac{7}{12}$, $\dfrac{7}{12}$, $\dfrac{1}{3}$.

16. (1) X 与 Y 不相互独立; (2) $E(XY)=\dfrac{1}{6}$, $D(X+Y)=\dfrac{5}{36}$.

提示: $f(x, y)\neq f_X(x)\cdot f_Y(y)$.　　$D(X+Y)=DX+DY+2\mathrm{Cov}(X, Y)$.

由于　　　　$EX=EY=\dfrac{5}{12}$,　　$DX=DY=\dfrac{11}{144}$,

$$\mathrm{Cov}(X, Y)=E(XY)-EX\cdot EY=\dfrac{1}{6}-\dfrac{25}{144}=-\dfrac{1}{144},$$

故得　　　　$D(X+Y)=\dfrac{5}{36}$.

17. $\dfrac{1}{18}$.　　**18.** -1.

19. $f_X(x)=\begin{cases} 2(1-x), & 0<x<1, \\ 0, & 其他; \end{cases}$

　　$f_Y(y)=\begin{cases} 2(1-y), & 0<y<1, \\ 0, & 其他, \end{cases}$　　$\mathrm{Cov}(X, Y)=\dfrac{-1}{36}$.

20. $-\dfrac{5}{13}$.　　**21.** -0.325.

22. $\mathrm{Cov}(X, Y)=\dfrac{-1}{9}$, $\rho_{XY}=-\dfrac{1}{2}$.　　**23.** 0.7, 0.6, 0.24, -0.02, $-\dfrac{\sqrt{14}}{42}\approx-0.09$.

24. $\dfrac{\sigma^2}{n}$.　　**25.** 53.

26. $\dfrac{\pi}{4}$, $\dfrac{\pi}{4}$, 0.187 6, 0.187 6, -0.046, -0.245.

27. 因为 $f_X(x)=\begin{cases} \dfrac{3}{4}(1-x^2), & -1\leqslant x\leqslant 1, \\ 0, & \text{其他}; \end{cases}$ $f_Y(y)=\begin{cases} \dfrac{3}{4}\sqrt{1+y}, & -1\leqslant y\leqslant 0, \\ \dfrac{3}{4}\sqrt{1-y}, & 0\leqslant y\leqslant 1, \\ 0, & \text{其他}. \end{cases}$

$f(x,y)\neq f_X(x)\cdot f_Y(y)$，则 X 与 Y 不相互独立，

因为 $\mathrm{Cov}(X,Y)=E(XY)-EXEY=0$，所以 X,Y 不相关.

28. $f_x(x)=\begin{cases} 3x^2, & 0\leqslant x\leqslant 1, \\ 0, & \text{其他}; \end{cases}$ $f_Y(y)=\begin{cases} 2y, & 0\leqslant y\leqslant 1, \\ 0, & \text{其他}. \end{cases}$

$f(x,y)=f_X(x)\cdot f_Y(y)$ 成立,则 X 与 Y 相互独立,从而 X 与 Y 不相关.

29. 5.

习 题 5

1. $p=\dfrac{8}{9}$.（提示:取 $\varepsilon=2\,100$）.　　**2.** 0.006 2.　**3.** 0.874 9.　**4.** 0.866 5.

5. 0.58.　　**6.** 0.5, 0.000 1.　**7.** 0.952 5.　**8.** 0.889, 0.846 1.　**9.** 0.998 4.

10. $n>180\,00$, 0.682 6.　　**11.** 15 个.　　**12.** $n=177$.

13. (1) 0.001 4; (2) 0.5.　**14.** $\dfrac{1}{12}$.

习 题 6

1. (1) $\mu, \dfrac{\sigma^2}{n}, \sigma^2$; (2) $\lambda, \dfrac{\lambda}{n}, \lambda$; (3) $p, \dfrac{p(1-p)}{n}, p(1-p)$; (4) $\dfrac{1}{\lambda}, \dfrac{1}{n\lambda^2}, \dfrac{1}{\lambda^2}$.

2. 2, 5.78.　　　**3.** 均值(156.9, 43.7), 方差(10.1, 8.0).

4. 0.829 3.　　　**5.** 0.133 6.

6. (1) 1.697 3; (2) 2.119 9; (3) 2.441 1, 0.99, 0.01, 0.01, 0.02; (4) 16.919;

(5) 8.897.

7. $\tilde{\mu}=997.1(\mathrm{h})$, $\hat{\theta}=131.552^2(\mathrm{h}^2)$, 0.010 7.

习 题 7

1. $\hat{p}=\bar{X}$.　**2.** 0.32, 0.4.　**3.** (1) $\hat{\theta}=\dfrac{1}{4}$; (2) $\hat{\theta}=\dfrac{1}{12}(7-\sqrt{13})$.

4. $\hat{\theta}=\left(\dfrac{\bar{x}}{\bar{x}-1}\right)^2$, $\hat{\theta}=\dfrac{n^2}{\left(\sum\limits_{i=1}^{n}\ln x_i\right)^2}$.　**5.** $\hat{\theta}=\dfrac{\bar{x}}{\bar{x}-1}$, $\hat{\theta}=\dfrac{n}{\sum\limits_{i=1}^{n}\ln x_i}$.

6. $\hat{\theta}=\sqrt{\dfrac{\sum\limits_{i=1}^{n}x_i^2}{2n}}$.　**7.** $\hat{\theta}=\max\{x_1, x_2, \cdots, x_n\}$.　**8.** $\hat{\theta}=\min\{x_1, x_2, \cdots, x_n\}$.

9. $\hat{a} = \dfrac{-n}{\sum\limits_{i=1}^{n} \ln x_i}$，$\hat{\lambda} = \dfrac{1}{\overline{x}}$．

10. (1) $f(x, \beta) = \begin{cases} \dfrac{\beta}{x^{\beta+1}}, & x > 1, \\ 0, & x \leqslant 1, \end{cases}$ $\beta > 1$； (2) $\hat{\beta} = \dfrac{\overline{X}}{\overline{X} - 1}$；(3) $\hat{\beta} = \dfrac{n}{\sum\limits_{i=1}^{n} \ln X_i}$．

11. (1) $\hat{\beta} = \dfrac{n}{\sum\limits_{k=1}^{n} \ln X_k}$；(2) $\hat{a} = \min\{X_1, X_2, \cdots, X_n\}$．

13. $\hat{a}_1$ 和 $\hat{a}_2$ 是 a 的无偏估计，$\hat{a}_1$ 比 $\hat{a}_2$ 更有效．

14. (1) 由 $E(X_k) = \mu$，得 $\hat{\theta} = \dfrac{1}{4}$ 是无偏估计量；(2) 至少要测量 97 次．

15. 62.   **16.** $n \geqslant 100$ 取 $n = 100$.

17. $n \geqslant \left(\dfrac{2\sigma z_{\frac{\alpha}{2}}}{L}\right)^2 = \left(\dfrac{2 \times 1.96\sigma}{L}\right)^2 = \left(3.92\,\dfrac{\sigma}{L}\right)^2$．

(提示：μ 的置信区间 $\left(\overline{x} \pm \dfrac{\sigma}{\sqrt{n}} z_{\frac{\alpha}{2}}\right)$ 要求区间长度不超过 L，即取 $2\dfrac{\sigma}{\sqrt{n}} z_{\frac{\alpha}{2}} \leqslant L$).

18. $(-2.565, 3.315)$，$(-2.752, 3.502)$．   **19.** $(11.4, 14.6)$．

20. $(2.69, 2.72)$．   **21.** (1) $(21.58, 22.1)$；(2) $(21.29, 22.39)$．

22. $(420.4, 429.7)$，$(38.62, 179.18)$．   **23.** $(1\,485.7, 1\,514.3)$ $(13.8, 36.5)$．

24. $(0.38, 8.71)$，$(0.62, 2.95)$．

25. $(0.013\,8, 0.042\,9)$．

习 题 8

1. $|3.098| > 1.96$ 有差别.   **2.** $|1.242| < 2.776$ 相容.   **3.** 符合.

4. $9.89 < 18.03 < 45.6$，无显著变化.   **5.** 有显著性差异.

6. 可以认为镍含量的均值为 3.25.

7. 认为铁水含碳量的方差为 0.03，认为铁水含碳量的均值为 7，综合可知：可以认为生产正常.

8. 拒绝 H_0.   **9.** 拒绝 H_0.   **10.** 接受 H_0.   **11.** 接受 H_0.